高等职业教育土建类专业规划教材

Jianzhu Cailiao
建筑材料

（第二版）

陈晓明　陈桂萍　主编
钱觉时[重庆大学]
王立久[大连理工大学]　主审

人民交通出版社

内 容 提 要

本书为高等职业教育土建类专业规划教材。全书共分十章,系统地介绍了建筑材料的基本性质、气硬性无机胶凝材料、水泥、水泥混凝土与建筑砂浆、墙体材料、建筑钢材、建筑功能材料、建筑装饰材料、电气材料及相关的试验内容。为了便于学生学习,在每章正文之前提出了学习要求;每章末提供了复习思考题与习题。

本书既可作为高职高专土建类专业教材,也可供成人高校大专层次及自学人员、中等职业技术学校土建类专业的师生学习使用,也可供从事建筑技术类与相关专业的工程技术和管理人员学习参考。

图书在版编目(CIP)数据

建筑材料/陈晓明编.—2版.—北京:人民交通出版社,2013.8
ISBN 978-7-114-10763-4

Ⅰ.①建… Ⅱ.①陈… Ⅲ.①建筑材料-高等职业教育-教材 Ⅳ.①TU5

中国版本图书馆 CIP 数据核字(2013)第 152018 号

高等职业教育土建类专业规划教材

书　　名:	建筑材料(第二版)
著 作 者:	陈晓明　陈桂萍
责任编辑:	丁润铎　刘　君
出版发行:	人民交通出版社
地　　址:	(100011)北京市朝阳区安定门外外馆斜街3号
网　　址:	http://www.ccpress.com.cn
销售电话:	(010)59757973
总 经 销:	人民交通出版社发行部
经　　销:	各地新华书店
印　　刷:	大厂回族自治县正兴印务有限公司
开　　本:	787×1092　1/16
印　　张:	17.25
字　　数:	423 千
版　　次:	2008年7月　第1版 2013年8月　第2版
印　　次:	2019年6月　第2版　第3次印刷　总第8次印刷
书　　号:	ISBN 978-7-114-10763-4
定　　价:	42.00 元

(有印刷、装订质量问题的图书由本社负责调换)

高等职业教育土建类专业规划教材编审委员会

主 任 委 员： 张玉杰(贵州交通职业技术学院)
副主任委员： 刘孟良(湖南交通职业技术学院)
 陈晓明(江西交通职业技术学院)
 易　操(湖北城市建设职业技术学院)
委　　　员： 王常才(安徽交通职业技术学院)
 徐炬平(安徽交通职业技术学院)
 曹孝柏(湖南城建职业技术学院)
 汪迎红(贵州交通职业技术学院)
 张　鹏(陕西交通职业技术学院)
 丰培洁(陕西交通职业技术学院)
 赵忠兰(云南交通职业技术学院)
 田　文(湖北交通职业技术学院)
 李中秋(河北交通职业技术学院)
 张颂娟(辽宁省交通高等专科学校)
 刘凤翰(南京交通职业技术学院)
 王穗平(河南交通职业技术学院)
 杨甲奇(四川交通职业技术学院)
 曹雪梅(四川交通职业技术学院)
 霍轶珍(河套大学)
 王　颖(黑龙江工程学院)
 沈健康(江苏建筑职业技术学院)
 董春晖(山东交通职业学院)
 裴俊华(甘肃林业职业技术学院)
 高　杰(福建船政交通职业学院)
 莫延英(青海交通职业技术学院)
 敬麒麟(新疆交通职业技术学院)
 李　轮(新疆交通职业技术学院)

秘　　　书： 丁润铎(人民交通出版社)

第二版前言

建筑材料是高等职业教育土建类专业的基础课程。《建筑材料》(第一版)自 2008 年出版以来，陆续在一些院校相关专业使用，受到了部分师生的关注与好评。为适应新形势下高等职业教育改革的需要，2012 年高等职业教育土建类专业规划教材编审委员会召开了教学与教材研讨会议，决定对《建筑材料》(第一版)进行修订。

本书的编写指导思想是：以应用为核心，以"必需、够用"为度；以讲清概念、强化应用为重点；加大实践环节的教学力度，注重理论与实践相结合；深入浅出、重视实用。本教材在修订过程中采用了最新规范和标准，力求反映最新的、最先进的技术和知识。

本书根据课程结构模块和专业性构建课程体系的要求，全面介绍了建筑材料的基本性质、气硬性无机胶凝材料、水泥、水泥混凝土与建筑砂浆、墙体材料、建筑钢材、建筑功能材料、建筑装饰材料、电气材料及相关的试验内容。每章前有学习要求，每章后有本章小结、复习思考题与习题，以便于教学与自学、必修与选修的灵活掌握。

本书由陈晓明、陈桂萍负责第二版的修订工作。第一版编写分工如下：绪论、第一章、第三章及第十章由江西省交通职业技术学院陈晓明编写；第二章、第六章由贵州交通职业技术学院饶玲丽编写；第四章由内蒙古河套大学霍轶珍编写；第五章由河北交通职业技术学院布亚芳编写；第七章由青海交通职业技术学院徐忠卫编写；第八章、第九章由辽宁交通高等专科学校陈桂萍编写。本书特邀重庆大学钱觉时教授、大连理工大学王立久教授担任主审，在此表示衷心感谢！

限于编者的水平，本书存在的不足甚至错误之处，敬请各位读者批评指正。

编　者
2013 年 5 月

第一版前言

本书是按照高职高专建筑工程技术专业的培养目标与教学要求,并考虑到成人高校大专层次及自学人员等的特点编写的。

本书的编写指导思想是：以应用为核心,以"必需、够用"为度；以讲清概念、强化应用为重点；加大实践环节的教学力度,注重理论与实践相结合；深入浅出、重视实用。本教材在编写过程中引用了最新规范和标准,力求反映最新的、最先进的技术和知识。

本书根据课程结构模块和专业性构建课程体系的要求,全面介绍了建筑材料的基本性质、气硬性无机胶凝材料、水泥、水泥混凝土与建筑砂浆、墙体材料、建筑钢材、建筑功能材料、建筑装饰材料、电气材料及相关的试验内容。每章前有学习要求,每章后有本章小结与复习思考题,以便于教学与自学、必修与选修的灵活掌握。

本书由陈晓明、陈桂萍任主编,全书由陈晓明负责统稿。绪论、第一章、第三章及第十章由江西省交通职业技术学院陈晓明编写；第二章、第六章由贵州交通职业技术学院铙玲丽编写；第四章由内蒙古河套大学霍轶珍编写；第五章由河北交通职业技术学院布亚芳编写；第七章由青海交通职业技术学院徐忠卫编写；第八章、第九章由辽宁交通高等专科学校陈桂萍编写。本书特邀重庆大学钱觉时教授、大连理工大学王立久教授担任主审,在此表示衷心感谢！

限于编者的水平,本书存在的不足甚至错误之处,敬请各位读者批评指正。

本书在编写过程中引用了大量的参考资料,在此表示谢意。

编　者
2008 年 2 月

目 录

绪论 ·· 1

第一章 建筑材料的基本性质 ·· 4
第一节 建筑材料的物理性质 ·· 4
第二节 建筑材料的力学性质 ·· 10
第三节 材料的化学性质和耐久性 ·· 13
本章小结 ·· 14
复习思考题与习题 ··· 15

第二章 气硬性无机胶凝材料 ·· 16
第一节 石灰 ··· 16
第二节 石膏 ··· 20
第三节 水玻璃 ·· 23
第四节 菱苦土 ·· 26
本章小结 ·· 27
复习思考题与习题 ··· 28

第三章 水泥 ··· 29
第一节 硅酸盐水泥 ·· 29
第二节 掺混合材料的硅酸盐水泥 ·· 34
第三节 其他品种水泥 ··· 38
第四节 水泥的验收及保管 ··· 40
本章小结 ·· 41
复习思考题与习题 ··· 41

第四章 水泥混凝土与建筑砂浆 ··· 43
第一节 概述 ··· 43
第二节 普通混凝土的组成材料 ··· 44
第三节 混凝土拌和物的技术性质 ·· 54
第四节 硬化混凝土的技术性质 ··· 58
第五节 混凝土外加剂 ··· 66
第六节 普通混凝土的配合比设计 ·· 70
第七节 混凝土质量的控制 ··· 79
第八节 其他品种混凝土 ·· 82

  第九节 建筑砂浆 ·········· 91
  本章小结 ·········· 98
  复习思考题与习题 ·········· 99

第五章 墙体材料 ·········· 101

  第一节 砌墙砖 ·········· 101
  第二节 建筑砌块 ·········· 110
  第三节 建筑墙板 ·········· 112
  第四节 墙体材料的验收 ·········· 116
  本章小结 ·········· 118
  复习思考题与习题 ·········· 119

第六章 建筑钢材 ·········· 120

  第一节 概述 ·········· 120
  第二节 建筑钢材的主要技术性能 ·········· 121
  第三节 建筑钢材的标准与选用 ·········· 125
  第四节 钢材的锈蚀及防止 ·········· 138
  第五节 钢材的验收与储运 ·········· 139
  本章小结 ·········· 140
  复习思考题与习题 ·········· 140

第七章 建筑功能材料 ·········· 141

  第一节 建筑防水材料 ·········· 141
  第二节 建筑密封材料 ·········· 156
  第三节 绝热材料 ·········· 159
  第四节 吸声材料与隔声材料 ·········· 161
  本章小结 ·········· 164
  复习思考题与习题 ·········· 165

第八章 建筑装饰材料 ·········· 166

  第一节 建筑装饰石材 ·········· 166
  第二节 建筑装饰陶瓷砖 ·········· 169
  第三节 建筑装饰木材 ·········· 172
  第四节 金属装饰材料 ·········· 176
  第五节 建筑塑料装饰制品 ·········· 179
  第六节 建筑装饰涂料 ·········· 182
  第七节 建筑玻璃 ·········· 185
  第八节 建筑幕墙 ·········· 193
  本章小结 ·········· 198
  复习思考题与习题 ·········· 199

第九章 电气材料 ·········· 200

  第一节 电线导管 ·········· 200

第二节	电线电缆	203
第三节	开关与插座	211
第四节	电气材料的运输及保管	214
本章小结		215
复习思考题与习题		215

第十章　试验技能训练 ··· 216

第一节	绪论	216
第二节	建筑材料基本物理性质试验	217
第三节	水泥试验	220
第四节	水泥混凝土试验	230
第五节	墙体材料试验	238
第六节	钢筋试验	242
第七节	沥青材料试验	247
第八节	装饰材料试验	256

参考文献 ··· 262

绪　论

学习要求

了解建筑材料的含义与分类；熟悉建筑材料产品及其应用的技术标准；明确课程的目的与基本要求。

建筑材料是建筑工程中所使用的各种材料及制品的总称。建筑材料涉及范围非常广泛，在概念上并未明确界定，所有用于建筑物施工的原材料、半成品和各种构配件、零部件都可视作建筑材料。建筑材料是构成建筑工程的物质基础，对建筑工程的质量和造价、建筑技术进步以及建筑业的发展等都有着重要的影响。因此，凡是从事建筑工程的技术人员都应该掌握建筑材料的有关知识。

一、建筑材料在建筑工程中的作用

材料质量的好坏、配制是否合理及选用是否适当等，均直接影响结构物质量。在一般建筑工程的总造价中，材料费用占工程造价的50%以上，有的甚至高达70%。所以，要节约工程投资，降低工程造价，认真合理地选用材料是一个很重要的环节。

二、建筑材料的分类

根据**材料来源**可分为天然材料及人工材料；根据**使用部位**，可分为承重材料、屋面材料、墙体材料和地面材料等；根据**建筑功能**，可分为结构材料、功能性材料等；根据建筑材料的构造，可分为匀质材料、非匀质材料和复合结构材料等；按**化学成分**可分为无机材料、有机材料和复合材料三大类，各大类中又可细分，见表0-1。

表0-1

无机材料	金属材料	黑色金属(碳钢、铁等)；有色金属(铜、铝、锌及其他合金)
	非金属材料	天然石材(包括混凝土用砂、石)、烧结制品(烧结砖、饰面陶瓷)、玻璃及其制品，水泥、石灰、石膏、水玻璃、混凝土、砂浆、硅酸盐制品
有机材料	植物材料	木材、竹材、植物纤维及其制品
	合成高分子材料	塑料、涂料、胶黏剂
	沥青材料	石油沥青、煤沥青、沥青制品
复合材料	无机非金属材料与有机复合材料	玻璃纤维增强塑料、聚合物混凝土、沥青混凝土、水泥刨花板等制品

三、建筑材料发展概况

建筑材料是随着人类社会生产力和科学技术水平的提高而逐步发展起来的。人类最早穴居；随着社会生产力的发展，人类进入能制造简单工具的石器、铁器时代，才开始挖土、凿石为洞、伐木搭竹为棚,利用天然材料建造非常简陋的房屋;到了人类能够用黏土烧制砖、瓦,用岩石烧制石灰、石膏之后,建筑材料才由天然材料进入了人工生产阶段,为较大规模建造房屋创造了基本条件。18～19世纪,建筑材料进入了一个新的发展阶段,钢材、水泥、混凝土及其他材料相继问世,为现代建筑奠定了基础。进入20世纪后,以有机材料为主的化学建筑材料异军突起,使一些具有特殊功能的新型建筑材料,如绝热材料、吸声隔音材料、装饰材料、耐热防火材料、防水抗渗材料以及耐磨、耐腐蚀、防爆和防辐射材料等应运而生。

新型建筑材料的诞生推动了建筑结构设计方法和施工工艺的变化,而新的建筑结构设计方法和施工工艺对建筑材料品种和质量提出了更高和多样化的要求。今后,在原材料方面要充分利用再生资源及工业废料;在生产工艺方面要大力引进现代技术,改造或淘汰陈旧设备,降低原材料及能源消耗,减少环境污染;在性能方面要力求轻质、高强、耐久及多功能以及结构—功能(智能)一体化;在产品形式方面要积极发展预制技术,逐步提高构件化、单元化的水平。

四、建筑材料的检验方法和技术标准

1. 建筑材料的一般检验方法

建筑材料通常可采用试验室室内原材料性能测定、试验室室内模拟结构测定以及现场足尺寸结构物的性能的测定等方法。而本课程主要**着重试验室室内原材料性能的测定**。

2. 建筑材料的技术标准

材料的技术标准是有关部门根据材料自身固有特性,结合研究条件和工程特点,对材料的规格、质量标准、技术指标及相关的试验方法所做出的详尽而明确的规定。科研、生产、设计与施工单位,应以这些标准为依据进行建筑材料的性能评价、生产、设计和施工。

目前我国建筑材料的标准分为国家标准、行业标准、地方标准和企业标准4个等级。

具有法律属性,在一定范围内通过法律、行政法规等手段强制执行的标准是**强制性标准**。其他标准是**推荐性标准**。推荐性标准又称为非强制性标准或自愿性标准。这类标准,不具有强制性,任何单位均有权决定是否采用,违反这类标准,不构成经济或法律方面的责任。应当指出的是,推荐性标准一经接受并采用,或各方商定同意纳入经济合同中,就成为各方必须共同遵守的技术依据,也就具有法律上的约束性。

与土木工程材料技术标准有关的部门代号有 GB——国家标准,GBJ——建筑工程国家标准,JGJ——住建部行业标准,JG——建筑工业行业标准,JC——国家建材局标准,SH——中国石油化学总公司标准,JTG——交通运输部标准,YG——冶金部标准,ZB——国家级专业标准,CECS——中国工程建设标准化协会标准等。

根据《中国标准文献分类法》的规定,国家标准和行业标准表示方法如下。

1) 国家标准的表示方法

国家标准由国家标准代号、编号、制定(修订)年份、标准名称4个部分组成。

(1)《通用硅酸盐水泥》(GB 175—2007):

GB 为国家标准代号,为强制性标准,175 为标准编号,2007 为制定或修订年代号。

(2)《碳素结构钢》(GB/T 700—2006):

GB 为国家标准代号,T 为推荐性,700 为标准编号,2006 为制定或修订年代号。

国家标准修订时标准代号和编号一般不变,只改变制定、修订年代号。例如,上述标准原为1999年制定的GB 175—1999,只改变年号。

2) 行业标准表示方法

行业标准由行业标准代号、一级类目代号、二级类目代号、二级类目顺序号、制定(修订)年代号、标准名称等部分组成。例如:《轻集料混凝土结构技术规程》(JGJ 12—2006)。JGJ为建筑行业标准代号,12 为二级类目顺序号,2006 为修订年号。

3) 地方标准

地方标准是指由地方主管部门发布的地方性指导技术文件。

4) 企业标准

企业标准是指适用于本企业的标准,其代号为QB。凡没有制定国家标准、部标准的产品,均应制定企业标准。

五、本课程学习目的及基本要求

学习目的: 为建筑工程技术专业所涉及的专业课程提供建筑材料知识;为今后从事专业技术工作能够合理选择和使用建筑材料奠定基础。

基本要求: 掌握材料的组成、性质及技术要求;了解材料组成及结构对材料性质的影响;了解外界因素对材料性质的影响;了解各主要性质间的相互关系;掌握主要建筑材料的试验方法。能够根据工程要求合理选用材料;熟悉有关国家标准或行业标准;了解材料用途及使用方法的要点。

第一章 建筑材料的基本性质

学习要求

了解材料的组成与结构,以及它们与材料性质的关系;掌握建筑材料的与质量有关、与水有关、与热有关及与声有关的物理性质的概念及表示方法,并能熟练地运用;了解材料的力学性质、耐久性的基本概念。

建筑材料的基本性质是指材料处于不同的使用条件和使用环境时,通常必须考虑的最基本的、共有的性质,归纳起来有物理性质、力学性质、化学性质和耐久性等。

第一节 建筑材料的物理性质

一、与质量有关的性质

1. 密度

密度是指材料在绝对密实状态下,单位体积的质量。密度可按下式计算:

$$\rho = \frac{m}{V} \tag{1-1}$$

式中:ρ——密度(g/cm^3);

m——材料的质量(g);

V——材料在绝对密实状态下的体积(cm^3)。

绝对密实状态下的体积是指不包括孔隙在内的体积。除了钢材、玻璃等少数材料外,绝大多数材料都有一些孔隙。在测定有孔隙材料的密度时,应把材料磨成细粉,干燥后,用李氏瓶测定其实体积。材料磨得越细,测得的密度数值就越精确。砖、石材等块状材料密度即用此法测得。

在测量某些致密材料(如卵石等)的密度时,直接以块状材料为试样,以排液置换法测量其体积,材料中部分与外部不连通的封闭孔隙无法排除,这时所求得的密度称为近似密度。

材料的密度取决于物质的原子量与分子结构,通常有机材料密度最小,硅酸盐和铝酸盐居中,而金属材料通常最大。

2. 表观密度

表观密度是指材料在自然状态下,单位体积的质量。表观密度可按下式计算:

$$\rho_0 = \frac{m}{V_0} \tag{1-2}$$

式中:ρ_0——表观密度(g/cm^3);

m——材料的质量(g);

V_0——材料在自然状态下的体积(cm^3)。

含孔隙材料体积构成见图1-1。

材料的表观体积是指包含内部孔隙的体积。当材料孔隙内含有水分时,其质量和体积均将有所变化,故测定表观密度时,须注明其含水情况。一般是指材料在气干状态(长期在空气中干燥)下的表观密度。在烘干状态下的表观密度称为干表观密度。

3. 堆积密度

堆积密度是指散粒材料在堆积状态下单位体积的质量。堆积密度可按下式计算:

$$\rho'_0 = \frac{m}{V'_0} \qquad (1-3)$$

式中:ρ'_0——堆积密度(g/cm^3);

m——材料的质量(g);

V'_0——材料的堆积体积(cm^3)。

散粒材料体积构成见图1-2。

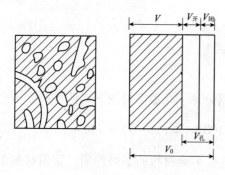

图1-1 含孔隙材料体积构成示意图

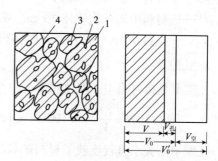

图1-2 散粒材料体积构成示意图
1-颗粒中固体物质;2-颗粒的开口孔隙;
3-颗粒的闭口孔隙;4-颗粒间的空隙

测定散粒材料的堆积密度时,材料的质量是指填充在一定容器内的材料质量,其堆积体积是指所用容器的容积而言。因此,材料的堆积体积包含了颗粒之间的空隙。

在建筑工程中,计算材料用量、构件的自重、配料计算以及确定堆放空间时经常要用到材料的密度、表观密度和堆积密度等数据。常用建筑材料的这方面的有关数据见表1-1。

常用建筑材料的密度、表观密度及堆积密度 表1-1

材 料	密度(g/cm^3)	表观密度(kg/m^3)	堆积密度(kg/m^3)
石灰岩	2.60	1800~2600	—
花岗岩	2.80	2500~2900	—
碎石(石灰岩)	2.60	—	1400~1700
砂	2.60	—	1450~1650
黏土	2.60	—	1600~1800
普通黏土砖	2.50	1600~1800	—
黏土空心砖	2.50	1000~1400	—
水泥	3.10	—	1200~1300

续上表

材　料	密度(g/cm³)	表观密度(kg/m³)	堆积密度(kg/m³)
普通混凝土	—	2100~2600	—
轻集料混凝土	—	800~1900	—
木材	1.55	400~800	—
钢材	7.85	7850	—
泡沫塑料	—	20~50	—

4. 密实度

密实度是指材料体积内被固体物质充实的程度,一般是指土、集料或混合料在自然状态或受外界压力后的密实程度。密实度可按下式计算:

$$D = \frac{V}{V_0} \times 100\% = \frac{\rho_0}{\rho} \times 100\% \tag{1-4}$$

式中:D——材料的密实度(%);
　　　V——材料中固体物质体积(cm³ 或 m³);
　　　V_0——材料体积(包括内部孔隙体积,cm³ 或 m³)。

5. 孔隙率

孔隙率是指材料中孔隙体积所占整个体积的百分率。孔隙率可按下式计算:

$$P = \frac{V_0 - V}{V_0} \times 100\% = \left(1 - \frac{V}{V_0}\right) \times 100\% = (1 - D) \times 100\% \tag{1-5}$$

孔隙率的大小直接反映了材料的致密程度,直接影响材料的多种性质。建筑材料的许多性质不仅与孔隙率的大小有关,还与孔隙特征有关。

6. 填充率

填充率是指散粒材料在某堆积体积中,被其颗粒填充的程度。填充率可按下式计算:

$$D' = \frac{V}{V'_0} \times 100\% = \frac{\rho'_0}{\rho} \times 100\% \tag{1-6}$$

式中:D'——散粒状材料在堆积状态下的填充率(%)。

7. 空隙率

空隙率是指散粒材料在某堆积体积中,颗粒之间的空隙体积所占的比例。空隙率可按下式计算:

$$P' = \frac{V'_0 - V_0}{V'_0} \times 100\% = \left(1 - \frac{V_0}{V'_0}\right) \times 100\% = \left(1 - \frac{\rho'_0}{\rho_0}\right) \times 100\% = (1 - D') \times 100\% \tag{1-7}$$

式中:P'——散粒状材料在堆积状态下的空隙率(%)。

空隙率的大小反映了散粒材料的颗粒互相填充的致密程度。空隙率可作为控制混凝土集料级配与计算含砂率的依据。

二、与水有关的性质

1. 亲水性与憎水性

水与不同固体材料表面之间的相互作用情况各不同,如水分子之间的内聚力小于水分子与材料分子间的相互吸引力,则材料容易被水浸润。此时在材料、水和空气的三相交点处,沿水滴表面所引切线与材料表面所成的夹角称为润湿角 θ。当润湿角 $\theta \leq 90°$ 材料表面就会被水润湿,材料为亲水性材料,如石材、砖瓦、陶器、混凝土、木材等;当润湿角 $90° < \theta < 180°$ 时,材料为憎水性材料,如沥青、石蜡和某些高分子材料等。

亲水性、憎水性材料表面有水时,水在材料表面的分布形态如图1-3所示。

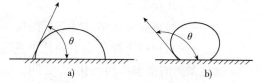

图1-3 亲水性、憎水性材料的湿润边角
a)亲水性材料;b)憎水性材料

2. 吸水性

材料与水接触吸收水分的性质,称为材料的吸水性。在常温常压下,当材料吸水饱和时,其含水率称为吸水率。吸水率的表达方式有质量吸水率和体积吸水率两种。

(1) 质量吸水率 W_m 按下式计算:

$$W_m = \frac{m_b - m}{m} \times 100\% \tag{1-8}$$

式中:W_m——材料的质量吸水率(%);
　　m_b——材料吸水饱和状态下的质量(g);
　　m——材料在干燥状态下的质量(g)。

(2) 体积吸水率 W_V 按下式计算:

$$W_V = \frac{m_b - m}{V_0} \times \frac{1}{\rho_w} \times 100\% \tag{1-9}$$

式中:W_V——材料的体积吸水率(%);
　　m_b——材料吸水饱和状态下的质量(g);
　　m——材料在干燥状态下的质量(g);
　　V_0——材料在自然状态下的体积(cm³);
　　ρ_w——水的密度(g/cm³)。

各种材料的吸水率相差很大,如花岗岩等致密岩石的吸水率仅为0.5%~0.7%,普通混凝土为2%~3%,黏土砖为8%~20%,而木材或其他轻质材料的吸水率则通常大于100%。

3. 吸湿性

材料在潮湿空气中吸收水分的性质称为吸湿性。吸湿作用一般是可逆的,也就是说材料既可吸收空气中的水分,又可向空气中释放水分。如果是与空气湿度达到平衡时的含水率则称为平衡含水率。材料在正常使用状态下,均处在平衡含水率状态。

材料的吸湿性主要与材料的组成、孔隙含量、特别是毛细孔的特征有关,还与周围环境温度有关。材料吸水或吸湿后,除了本身的质量增加外,还会降低绝热性、强度及耐久性,造成体积的增减和变形,对工程产生不利的影响。

4. 材料的耐水性

耐水性是指材料长期在饱和水作用下,保持其原有功能,抵抗破坏的能力。对于结构材料,耐水性主要指强度变化,对装饰材料则主要指颜色、光泽、外形等的变化,以及是否起泡、起层等。不同的材料,耐水性的表示方法也不同。

结构材料的耐水性可用软化系数表示:

$$K_R = \frac{f_b}{f_g} \tag{1-10}$$

式中：K_R——软化系数；

f_b——材料在吸水饱和状态下的抗压强度（MPa）；

f_g——材料在干燥状态下的抗压强度（MPa）。

软化系数的范围波动在 0～1 之间。软化系数的大小，有时成为选择材料的重要依据。受水浸泡或处于潮湿环境的重要建筑物，则必须选用软化系数不低于 0.85 的材料建造。通常软化系数大于 0.80 的材料，可以认为是耐水的。

5. 材料的抗渗性

抗渗性是指材料抵抗压力水渗透的性能。材料的抗渗性用渗透系数 K 和抗渗等级表示。

$$K = \frac{Qd}{AtH} \tag{1-11}$$

式中：K——渗透系数（cm/h）；

Q——透水量（cm³）；

d——试件厚度（cm）；

A——透水面积（cm²）；

t——时间（h）；

H——静水压力水头差（cm）。

渗透系数越小的材料表示其抗渗性越好。

对于混凝土和砂浆材料，抗渗性常用抗渗等级来表示。材料的抗渗等级是指材料用标准方法进行透水试验时，规定的试件在透水前所能承受的最大水压力（以 0.1MPa 为单位）。

如混凝土的抗渗等级为 P6、P8、P12、P16，分别表示能承受 0.6MPa、0.8MPa、1.2MPa、1.6MPa 的水压力而不渗水。

材料抗渗性的好坏，与材料的孔隙率和孔隙特征有密切关系。孔隙率很低而且是封闭孔隙的材料就具有较高的抗渗性能。对于地下建筑及水工构筑物，因常受到压力水的作用，所以要求材料具有一定的抗渗性，对于防水材料，则要求具有更高的抗渗性。材料抵抗其他液体渗透的性质，也属于抗渗性，如储油罐则要求材料具有良好的不渗油性。

6. 抗冻性

抗冻性是指材料在多次冻融循环作用下，保持其原有性质，抵抗破坏的能力。材料的抗冻性用抵抗等级 F_n 表示，如水泥混凝土抵抗等级 F25、F50、F100 等，表示水泥混凝土所能承受的最多冻融循环次数是 25 次、50 次、100 次，强度下降不超过 25%，质量损失不超过 5%。

材料的抗冻性主要与孔隙率、孔隙特征、抵抗胀裂的强度等有关，工程中常从这些方面改善材料的抗冻性。对于室外温度低于 15℃ 的地区，其主要材料必须进行抗冻性试验。

三、与热有关的性质

1. 导热性

导热性是指材料传导热量的能力。材料导热能力的大小可用导热系数 λ 表示。导热系数可通过下例导出。

图 1-4 为一单层平壁,当平壁两侧存在温度差时,热量将由温度高的一侧,通过平壁而传到温度低的一侧。如果是单向稳定热流(其他方向无热的传递,而且单位时间内传递的热量是不变的),则传递过的热量与平壁面积、传递时间及两侧温差成正比,而与平壁厚度成反比,由此可建立如下关系式:

$$\lambda = \frac{Q\delta}{At(T_1 - T_2)} \quad (1\text{-}12)$$

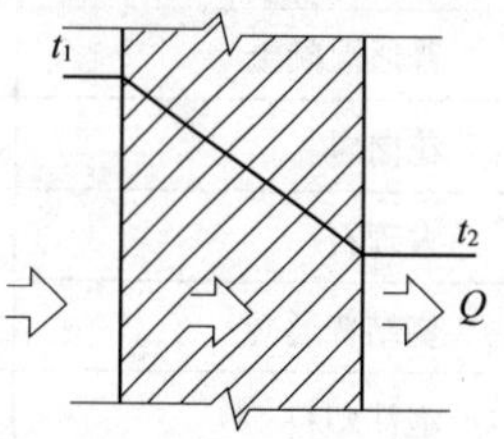

式中:λ——材料导热系数[W/(m·K)];
　　Q——传导的热量(J);
　　δ——材料厚度(m);
　　A——材料的传热面积(m²);
　　t——传热的时间(s);
　$T_1 - T_2$——材料两侧的温度差(K)。

图1-4 材料导热示意图

材料的导热系数大,则导热性能强;反之,绝缘性能强。建筑材料的导热系数相差很大,工程上通常把 $\lambda < 0.175\text{W}/(\text{m·K})$ 的材料作为保温隔热材料。

导热系数与材料的化学组成、显微结构、孔隙率、孔隙形态特征、含水率及导热时的温度等因素有关。材料的表观密度小、孔隙率大、闭口孔隙多、孔隙分布均匀、孔隙尺寸小、含水率小则导热性差,绝缘性好。

2. 热容量

材料的热容量是指材料受热时吸收热量或冷却时放出热量的能力。热容量的大小用比热容表示。

$$C = \frac{Q}{m(T_1 - T_2)} \quad (1\text{-}13)$$

式中:C——材料的比热容[J/(g·K)];
　　Q——材料吸收或放出的热量(J);
　　m——材料的质量(g);
　$T_1 - T_2$——材料升温或降温前后的温度差(K)。

比热容大的材料,本身能吸入或储存较多的热量,能在热流变动或采暖设备供热不均匀时缓和室内的温度波动,对于保持室内温度稳定有良好的作用,并能减少能耗。

3. 温度变形性

材料的温度变形是指温度升高或降低时材料的体积变化。这种变化表现在单向尺寸时为线膨胀或线收缩,温度变形性一般用线膨胀系数 α 表示。

$$\Delta L = (t_1 - t_2)\alpha L \quad (1\text{-}14)$$

式中:ΔL——线膨胀或线收缩量(mm 或 cm);
　$t_1 - t_2$——材料升(降)温前后的温度差(K);
　　α——材料在常温下平均线膨胀系数(1/K);
　　L——材料原来的长度(mm 或 cm)。

建筑工程中,对材料的温度变形往往只考虑某一单向尺寸的变化,因此研究材料的平均线膨胀系数 α 具有重要意义。材料的线膨胀系数与材料的组成和结构有关,工程上常选择合适的材料来满足其对温度变形的要求。几种常用建筑材料的热工参数见表1-2。

几种常用建筑材料的热工参数 表1-2

材料名称	导热系数 λ[W/(m·K)]	比热容 C[J/(g·K)]	线膨胀系数(×10⁻⁶/K)
建筑钢材	55	0.63	10~20
普通混凝土	1.28~1.51	0.48~1.0	6~15
花岗岩	2.91~3.08	0.72~0.79	5.5~8.5
大理石	3.45	0.817	4.41
烧结普通砖	0.4~0.7	0.84	5~7
泡沫塑料	0.035	1.30	—
水	0.60	4.20	—
密封空气	0.023	1.00	—

四、与声学有关的性质

1. 吸声性

吸声性是指声能穿透材料和被材料吸收的性质。材料吸声性能用吸声系数表示,吸声系数是指吸收的能量与声波原先传递给材料的全部能量的百分比。吸声系数用 α 表示。

$$\alpha = \frac{E}{E_0} \times 100\% \tag{1-15}$$

式中:α——材料的吸声系数;
  E——传递给材料的全部入射声能;
  E_0——被材料吸声(包括透过)的声能。

当声波传播到材料表面时,一部分声波被反射,另一部分穿透材料,而其余部分则在材料内部的孔隙中引起空气分子与孔壁的摩擦和黏滞阻力,使相当一部分声能转化为热能而被吸收。材料的吸声特性除与材料的表观密度、孔隙特征、厚度及表面条件(有无空气层及空气层厚度)外,还与声波的入射角及频率有关。一般而言,材料内部具有开放、连通的细小孔隙越多,则吸声性能越好;增加多孔材料的厚度,可提高对低频声音的吸收效果。同一材料,对于高、中、低不同频率的吸声系数不同。规定取125、250、500、1000、2000、4000(Hz)6个频率的平均吸声系数来表示材料吸声的频率特性。材料的吸声系数在0~1之间,平均吸声系数≥0.2的材料为吸声材料。

2. 隔声性

材料能减弱或隔断声波传递的性能称为隔声性。声波在建筑中传播主要通过空气和固体来实现。隔声分为隔空气声和隔固体声两种。

第二节 建筑材料的力学性质

一、强度与比强度

1. 强度

材料在外力(荷载)作用下抵抗破坏的能力称为强度。当材料承受外力作用时,内部就产生应力。外力逐渐增加,应力也相应地加大。直到质点间作用力不再能够承受时,材料即破坏,此时极限应力值就是材料的强度。

根据外力作用方式的不同,材料强度有抗压强度、抗拉强度、抗弯强度及抗剪强度等,如图1-5所示。

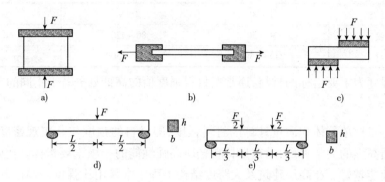

图1-5 材料受力示意图
a)受压;b)受拉;c)受剪切;d)、e)受弯

(1)抗压、抗拉及抗剪强度。

其计算公式如下:

$$f = \frac{F}{A} \tag{1-16}$$

式中:f——材料的抗拉、抗压、抗剪强度(MPa);
F——材料受拉、压、剪破坏时的荷载(N);
A——受力截面面积(mm^2)。

(2)抗弯(抗折)强度。

材料的抗弯强度与受力情况有关,一般试验方法是将试件放在两支点上,中间作用一集中荷载,对矩形截面试件,则其抗弯强度用下式计算:

$$f_m = \frac{3FL}{2bh^2} \tag{1-17}$$

也有时在跨度的三分点上作用两个相等的集中荷载,其抗弯强度要用下式计算:

$$f_m = \frac{FL}{bh^2} \tag{1-18}$$

式中:f_m——抗弯(折)强度(MPa);
F——弯曲破坏时荷载(N);
L——两支点的间距(mm);
b、h——试件横截面的宽度及高度(mm)。

不同种类的材料具有不同的抵抗外力的特点。相同种类的材料,随着其孔隙率及构造特征的不同,使材料的强度也有较大的差异。一般孔隙率越大的材料强度越低,其强度与孔隙率具有近似直线的比例关系。砖、石材、混凝土和铸铁等材料的抗压强度较高,而其抗拉及抗弯强度很低。木材则顺纹抗拉强度高于抗压强度。钢材的抗拉、抗压强度都很高。因此,砖、石材、混凝土等多用在房屋的墙和基础,钢材则适用于承受各种外力的构件。常用材料的强度值见表1-3。

常用材料的强度(单位:MPa)　　　　　表 1-3

材　料	抗压强度	抗拉强度	抗弯强度
花岗岩	100~250	5~8	10~14
普通黏土	5~20	—	1.6~4.0
普通混凝土	5~60	1~9	—
松木(顺纹)	30~50	80~120	60~100
建筑钢材	240~1500	240~1500	—

对于以强度为主要指标的材料,通常按材料强度值的高低划分若干不同的等级。

2. 比强度

比强度是指按单位体积质量计算的材料强度,即材料的强度与其表观密度之比。它是反映材料轻质高强的力学参数,是衡量材料轻质高强性能的一项重要指标。比强度越大,材料轻质高强性能越好。在高层建筑及大跨度结构工程中常采用比强度较高的材料。轻质高强的材料也是未来建筑材料发展的主要方向。

二、弹性与塑性

1. 弹性变形

材料在外力作用下产生变形,当外力取消后,能够完全恢复原来形状的性质称为弹性。这种完全恢复的变形称为弹性变形(或瞬时变形)。

弹性变形的大小与其所受外力的大小成正比,其比例系数对某种理想的弹性材料为常数,这个常数被称为弹性模量。

$$E = \frac{\sigma}{\varepsilon} \tag{1-19}$$

式中:E——材料的弹性模量(MPa);

σ——材料所受的应力(MPa);

ε——在应力σ作用下的应变。

弹性模量是反映材料抵抗变形的能力,其值越大,表明材料的刚度越强,外力作用下的变形较小。弹性模量是建筑工程结构设计和变形验算所依据的主要参数之一。

2. 塑性变形

材料在外力作用下会产生变形,如果取消外力,仍保持变形后的形状和尺寸,并且不产生裂缝的性质称为塑性。这种不能恢复的变形称为塑性变形(或永久变形)。

实际上,单纯的弹性材料是没有的。有的材料在受力不大的情况下,表现为弹性变形,但受力超过一定限度后,则表现为塑性变形,如建筑钢材。有的材料在受力后,弹性变形及塑性变形同时产生,如混凝土。

三、脆性与韧性

1. 脆性

当外力达到一定限度后,材料会突然破坏,而破坏时并无明显的塑性变形,材料的这种性质称为脆性。其特点是材料在外力作用下,达到破坏荷载时的变形值是很小的。脆性材料的抗压强度比其抗拉强度往往要高很多倍。它对承受振动作用和抵抗冲击荷载是不利的。砖、石材、陶瓷、玻璃、混凝土、铸铁等都属于脆性材料。

2. 韧性

在冲击、振动荷载作用下,材料能够吸收较大的能量,并产生一定的变形而不致破坏的性质称为韧性(冲击韧性)。材料的韧性是用冲击试验来检验的。建筑钢材(软钢)、木材等属于韧性材料。用作路面、桥梁、吊车梁以及有抗震要求的结构都要考虑到材料的韧性。

四、硬度与耐磨性

1. 硬度

硬度是指材料表面抵抗其他物质刻划、磨蚀、切削或压入表面的能力。工程中用于表示材料硬度的指标有多种:对于金属、木材等材料用压入法检测其硬度,如洛氏硬度是以金刚石圆锥或圆球的压痕深度计算求得;天然矿物材料的硬度常用摩氏硬度表示,它是用两种矿物质相互对刻的方法确定矿物的相对硬度。常见的天然矿物材料由软到硬依次为滑石、石膏、方解石、萤石、磷灰石、正长石、石英、黄玉、金刚石。混凝土等材料的硬度常用肖氏硬度检测,即以重锤下落回弹高度计算得。

2. 耐磨性

材料的耐磨性是指材料表面抵抗磨损的能力。材料的耐磨性可用磨损率表示。

$$B = \frac{m_1 - m_2}{A} \tag{1-20}$$

式中:B——材料的磨损率(g/cm^2);

$m_1 - m_2$——材料磨损前后的质量损失(g);

A——材料试件受磨面积(cm^2)。

材料的磨损率越小,则耐磨性越好;反之,越差。材料的耐磨性与材料的强度、硬度、密实度、内部结构、组成、孔隙率、孔隙特征、表面缺陷等有关。一般情况下,强度较高且密实的材料,其硬度较大,耐磨性也好。

第三节 材料的化学性质和耐久性

一、化学性质

材料的化学性质是指材料生产、施工或使用过程中发生化学反应,使材料的内部组成发生变化的性质。建筑材料的各种性质都与其化学结构有关,大多是利用化学性质进行生产、施工和使用。材料在生产过程中,较多是利用化学反应生产原材料,如钢筋、水泥的生产。材料在施工过程中,利用化学反应使其方便施工或达到其材料的基本性能,如钢筋的化学除锈、水泥的水化硬化、石灰的消化碳化等。材料在使用过程中,受各种酸、碱、盐及水溶液、各种腐蚀作用或氧化作用,使材料的组成或结构在使用中发生变化,逐渐变质影响其使用功能,甚至造成工程的结构破坏,如金属的氧化腐蚀、水泥混凝土的酸腐蚀、沥青的老化等。人们通常会利用化学性质来改善材料的性能,如材料表面油漆、配制耐酸混凝土、改性沥青等。

材料的化学性质范畴很广,对于建筑工程的应用,主要关心其使用中的化学变化和稳定性。

建筑材料所处的部位、周围环境、使用功能要求和作用的不同,对材料的化学性质的要求也就不同。为了保证良好的化学稳定性,许多材料标准都对某些成分及组成结构进行了限制规定。

二、耐久性

耐久性是指材料保持工作性能直到极限状态的性质。所谓极限状态是根据材料的破坏程度、安全的要求及经济上的因素来确定的。建筑材料的耐久性一般是根据具体气候及使用条件下保持工作性能的期限来度量的。

材料耐久性的具体内容因材料组成和结构不同而有所不同。例如,钢材易产生电化学腐蚀;无机非金属材料常因氧化、溶蚀、冻融、热应力、干湿交替作用而破坏;有机材料多因腐烂、虫蛀、溶蚀和受紫外线照射而变质。

耐久性是材料的一项综合性质,它反映了材料的抗渗性、抗冻性、抗化学侵蚀性、抗碳化性、大气稳定性和耐磨性等有关性能。针对具体的工程环境条件下的某种材料,还须研究其具体的耐久性特征性质。耐久性及破坏因素关系见表1-4。

耐久性及破坏因素关系 表1-4

名　称	破坏因素分类	破坏因素种类	评定指标
抗渗性	物理	压力水	渗透系数、抗渗系数
抗冻性	物理化学	水、冻融作用	抗冻等级、抗冻系数
冲磨气蚀	物理	流水、泥砂	磨蚀率
碳化	化学	CO_2、H_2O	碳化深度
化学侵蚀	化学	酸碱盐及溶液	
老化	化学	阳光、空气、水	
锈蚀	物理化学	H_2O、O_2、Cl^-、电流	锈蚀率
碱集料反应	物理化学	R_2O、活性集料	膨胀
腐朽	生物	H_2O、O_2、菌	
虫蛀	生物	昆虫	
耐热	物理	湿热、冷热交替	
耐火	物理	高温、火焰	

对耐久性最可靠的判断是在使用条件下进行长期的观察和测定,但需要很长的时间。因此,通常是根据使用要求,在实验室进行有关的快速试验,据此对材料耐久性作出判断。这些试验包括:干湿循环、冻融循环、加湿与紫外线干燥循环、碳化、盐溶液浸渍与干燥循环、化学介质浸渍等。

本 章 小 结

建筑材料应具备哪些性质,需要根据它在建筑物中的作用和所处的环境决定。一般来说,建筑材料的性质可分为4个方面——物理性质(表示材料物理状态特征及各种物理过程有关的性质),包括与质量有关的物理性质、与水有关的物理性质、与热有关的物理性质、与声学有关的物理性质;力学性质(材料在应力作用下,抵抗破坏和变形的能力),包括强度、弹性、塑性、脆性、韧性、硬度等;化学性质(材料发生化学变化的能力及抵抗化学腐蚀的稳定性);耐久性(材料在使用过程中能长久保持其原有性质的能力),包括抗渗性、抗冻性、碳化等。

复习思考题与习题

1. 当某一建筑材料的孔隙率增大时,表 1-5 内其他性质将如何变化(用符号填写:↑增大,↓下降,—不变,? 不定)?

表 1-5

孔隙率	密度	表观密度	强度	吸水率	抗冻性	导热性
↑	—	↓	↓	?	↓	↓

2. 普通黏土砖进行抗压试验,浸水饱和后的破坏荷载为 183kN,干燥状态的破坏荷载为 207kN(受压面积为 115mm×120mm),问此砖是否宜用于建筑物中常与水接触的部位?

3. 块体石料的孔隙率和碎石的空隙率各是如何测试的?了解它们有何意义?

4. 建筑物屋面、承重墙及基础所用的材料各应具备哪些性质?

5. 亲水性材料与憎水性材料是怎样区分的?举例说明怎样改变材料的亲水性和憎水性?

6. 材料的吸水性、吸湿性、耐水性、抗渗性和抗冻性的含义是什么?各以什么指标表示?

7. 某混凝土试块质量为 8.1kg,体积为 150mm×150mm×150mm,质量吸水率为 3%,试求该混凝土试块的表观密度及体积吸水率。

8. 材料的强度与强度等级有什么关系?比强度的意义是什么?

9. 简述材料耐久性的概念。

10. 某墙体材料密度为 2.7g/cm^3,浸水饱和状态下的体积密度为 1862kg/m^3,其体积吸水率为 46.2%。试问该材料干燥状态下体积密度及孔隙率各为多少?

第二章 气硬性无机胶凝材料

学习要求

掌握气硬性胶凝材料和水硬性胶凝材料的区别;了解石灰消化和硬化原理、石膏凝结硬化过程,掌握石灰、石膏的技术性质及其应用;了解菱苦土、水玻璃在建筑中的应用。

在建筑工程中,凡在一定条件下,经过自身的一系列物理、化学作用后,能将散粒或块状材料黏结成为具有一定强度的整体的材料,却被统称为胶凝材料。

胶凝材料根据化学成分,分为无机胶凝材料和有机胶凝材料两大类。

无机胶凝材料,按其是否能在水中凝结硬化、保持和发展强度,分为气硬性胶凝材料和水硬性胶凝材料。气硬性胶凝材料只能在空气中凝结硬化,保持并发展其强度,在水中不能硬化,也就不具有强度,一般只适用于地上或干燥环境,不适宜用于潮湿环境,更不可用于水中,若其已硬化并具有强度的制品在水的长期作用下,强度会显著下降以至破坏。常见的气硬性无机胶凝材料,有石灰、石膏、水玻璃、镁质胶凝材料等。

水硬性胶凝材料既能在空气中硬化,又能更好地在水中硬化,保持并继续发展其强度。既可用于空气中,也可用于地下和水中。常见水硬性胶凝材料有各种水泥。

第一节 石 灰

石灰是一种以氧化钙为主要成分的建筑上最早使用的气硬性无机胶凝材料之一。由于生产石灰的原材料广泛,生产工艺简单,成本低廉,使用方便,所以石灰在建筑工程中一直得到广泛使用。

石灰有生石灰和消石灰(即熟石灰),按氧化镁含量(以5%为限)又可进一步将生石灰分为钙质石灰(氧化镁含量≤5%)和镁质石灰(氧化镁含量>5%);同时将消石灰分为钙质消石灰(氧化镁含量<4%)、镁质消石灰(4%≤氧化镁含量<24%)和白云石消石灰(24%≤氧化镁含量<30%)。

另外,根据加工方法的不同,石灰又可分为:

(1)块状生石灰:由原料煅烧而成的原产品,主要成分为CaO。

(2)生石灰粉:块状生石灰经磨细而成的粉状产品,其主要成分也是CaO。

(3)消石灰粉:将生石灰加60%~80%的水,经消化、陈伏而得到的粉状体(略湿,但不成团),也称熟石灰粉,其主要成分为$Ca(OH)_2$。

(4)石灰膏(浆):将生石灰加多量的水(为石灰体积的3~4倍)消化、沉淀后除去水分而成的膏状体,称为石灰膏。石灰膏多用于配制石灰砂浆,如果水分加得更多,则呈白色悬浮液,称为石灰浆(或石灰乳),主要用于粉刷等。

一、石灰的生产

生产石灰的原料,有天然石灰岩和化工副产品,其中天然石灰岩是生产石灰的主要原料,主要含有 $CaCO_3$ 以及少量 $MgCO_3$、SiO_2、Al_2O_3 等杂质。

将石灰石经 900～1100°C 煅烧,即得块状生石灰(CaO)。其反应式如下:

$$CaCO_3 \xrightarrow{\text{大于 900°C}} CaO + CO_2 \uparrow$$

在正常温度下煅烧良好得到的生石灰,色质洁白或略带灰色,呈疏松多孔结构,CaO 含量高,密度为 3.1～3.4g/cm³,堆积密度为 800～1000kg/m³。但实际煅制过程中,如果出现窑中煅烧温度控制不均匀或石灰石原料尺寸过大等现象,会导致石灰石中的 $CaCO_3$ 不能完全分解,煅烧产品中会含有未烧透的内核,生成欠火石灰。欠火石灰是不能消化的残渣,有效 CaO、MgO 含量低,使用时缺乏黏结力,降低了石灰产浆量,同时残渣颗粒还会影响砌筑、抹面等施工操作。若石灰烧制过程中,出现烧制温度过高或时间过长,石灰石中的杂质发生熔融,体积收缩明显,将生成结构较致密,颗粒粗大,颜色呈灰褐色的"过火石灰"。过火石灰使用时也会给工程带来危害,影响工程质量。

二、石灰的消化和硬化

1. 石灰的消化

生石灰可以直接磨细制成生石灰粉使用,更多的是将生石灰加水,使之消解为膏状或粉末状的消石灰,这个过程称为石灰的消化,也称熟化。其反应如下:

$$CaO + H_2O \longrightarrow Ca(OH)_2 + 64.9kJ/mol$$

生石灰消化过程中放出大量的热,消化过程中体积迅速膨胀 1～2.5 倍,生石灰煅烧越好、氧化钙含量越高,其消化速度越快,放热越多,体积增大越多,因此产浆量越高。

在建筑工程中,由于块状生石灰中常含有过火石灰,必须经充分消化后才可使用。否则过火石灰因为消化缓慢,在使用后仍会吸收空气中的水分继续消化,体积膨胀使硬化砂浆或石灰制品表面凸出、开裂或局部脱落,严重影响工程的质量。为了消除过火石灰的危害,一般在工地上利用筛网将较大尺寸块状石灰除去后让石灰浆在储灰池内加水经过半月以上的时间消化,即"陈伏"。在陈伏期间,石灰浆应在其表面覆盖一层(2cm 以上)水,使之与空气隔绝,防止消化形成的 $Ca(OH)_2$ 被空气中的 CO_2 中和形成无胶凝性的 $CaCO_3$。

2. 石灰的硬化

石灰的硬化,是指石灰由塑性状态转变为具有一定结构强度的过程,它包括干燥、结晶、和碳化三个交错进行的过程。

在干燥过程中,消化的石灰浆中多余水分自由蒸发或被砌体吸收,使得各颗粒间形成网状孔隙结构,在毛细管压力作用下,颗粒间距逐渐减小,因而产生一定强度;同时液相中的氢氧化钙的浓度随自由水的蒸发逐步增大,氢氧化钙逐渐从饱和溶液中结晶,并形成一定的结晶强度。其结晶反应如下:

$$Ca(OH)_2 + nH_2O \longrightarrow Ca(OH)_2 \cdot nH_2O$$

另外,由于潮湿空气中有 CO_2 存在,$Ca(OH)_2$ 同时也将与其发生碳化反应,化合生成碳酸钙结晶,其反应如下:

$$Ca(OH)_2 + CO_2 + nH_2O \longrightarrow CaCO_3 \cdot nH_2O$$

新生成的碳酸钙晶体相互交叉连生或与氢氧化钙共生,构成紧密交织的结晶网,使硬化浆体强度进一步提高。

石灰的硬化过程非常缓慢,而且在较长时间内处于湿润状态,不易硬化,强度、硬度不高。其主要原因是空气中 CO_2 含量稀薄,故上述碳化反应速度非常慢,而且表面石灰浆一旦被碳化,形成 $CaCO_3$ 坚硬外壳,阻碍了 CO_2 的透入,同时又使内部的水分无法析出,影响结晶和碳化过程的进行。所以石灰浆硬化体的结构为:表面是一层 $CaCO_3$ 外壳,内部为未碳化的 $Ca(OH)_2$,这是石灰耐水性差的原因所在。

三、石灰的技术标准

建筑工程所用的石灰分成3个品种:建筑生石灰、建筑生石灰粉和建筑消石灰粉。根据建材行业标准将其各分成优等品、一等品、合格品三个等级,相应的技术指标见表2-1、表2-2、表2-3。

建筑生石灰的技术指标(JC/T 479—92)　　　表2-1

项目	钙质生石灰			镁质生石灰		
	优等品	一等品	合格品	优等品	一等品	合格品
CaO+MgO含量,(%),≥	90	85	80	85	80	75
未消化残渣含量(5mm圆孔筛余),(%),≤	5	10	15	5	10	15
CO_2含量(%),≤	5	7	9	6	8	10
产浆量(L/kg),≥	2.8	2.3	2.0	2.8	2.3	2.0

建筑生石灰粉的技术指标(JC/T 480—92)　　　表2-2

项目		钙质生石灰粉			镁质生石灰粉		
		优等品	一等品	合格品	优等品	一等品	合格品
CaO+MgO含量,(%),≥		85	80	75	80	75	70
CO_2含量(%),≤		7	9	11	8	10	12
细度	0.9mm筛筛余(%),≤	0.2	0.5	1.5	0.2	0.5	1.5
	0.125mm筛筛余(%),≤	7.0	12.0	18.0	7.0	12.0	18.0

建筑消石灰粉的技术指标(JC/T 481—92)　　　表2-3

项目		钙质消石灰粉			镁质消石灰粉			白云石消石灰粉		
		优等品	一等品	合格品	优等品	一等品	合格品	优等品	一等品	合格品
CaO+MgO含量,(%),≥		70	65	80	75	70	60	80	75	70
游离水(%)		0.4~2			0.4~2			0.4~2		
体积安定性		合格	合格	—	合格	合格	—	合格	合格	—
细度	0.9mm筛筛余(%),≤	0	0	0.5	0	0	0.5	0	0	0.5
	0.125mm筛筛余(%),≤	3	10	15	3	10	15	3	10	15

四、石灰的技术性质

1. 保水性和可塑性好

生石灰熟化成的石灰浆具有良好的保水性和可塑性,用来配制建筑砂浆可显著提高砂浆的和易性,便于施工。

2. 凝结硬化慢、强度低

石灰浆的碳化很慢,且 $Ca(OH)_2$ 结晶量很少,因而硬化慢、强度很低。如石灰砂浆

(1:3)28d抗压强度通常只有0.2~0.5MPa,不宜用于重要建筑物的基础。

3. 硬化时体积收缩大

石灰浆在硬化过程中要蒸发掉大量水分,引起体积收缩,易出现干缩裂缝,因此除调成石灰乳作薄层粉刷外,不宜单独使用。在使用时常在其中外加砂、麻刀、纸筋等,以抵抗收缩引起的开裂。

4. 耐水性差

石灰浆体尚未硬化之前,就处于潮湿环境中,由于石灰中水分不能蒸发出去,则会阻止石灰硬化。若石灰浆体已经硬化,长期处于潮湿或水环境中,则会由于石灰硬化体中主要成分为微溶于水的$Ca(OH)_2$,也会使硬化的石灰溃散。所以石灰的耐水性较差,不宜在潮湿的环境中应用,其软化系数接近于零。

5. 吸湿性强

生石灰吸湿性强,保水性好,是传统的干燥剂。

6. 化学稳定性差

石灰是碱性材料,与酸性物质接触易发生化学反应。因此,石灰或含石灰的材料长期处于潮湿空气中,容易与二氧化碳作用而被"碳化",生成碳酸钙。石灰材料还容易遭受酸性介质的腐蚀。

五、石灰的应用

石灰通常有块状石灰、生石灰粉、消石灰粉和石灰膏等几类产品形式,各类石灰在建筑上主要用途见表2-4。

各类石灰在建筑上的用途　　　　　　　　表2-4

类　别	主　要　用　途
生石灰	调制石灰膏;磨细成生石灰粉
生石灰粉	配制石灰砌筑砂浆或抹面砂浆;配制无熟料水泥;拌制石灰土和三合土;生产硅酸盐制品(如加气混凝土、灰砂砖及砌块、粉煤灰砖及砌块);制作碳化石灰板;加固含水软土地基(即石灰桩)
消石灰粉	拌制石灰土和三合土;调制石灰膏或石灰乳;生产硅酸盐制品
石灰膏	配制石灰砌筑砂浆或抹面砂浆;稀释成石灰乳涂料,用于内墙和顶棚刷白

1. 硅酸盐制品

将生石灰粉与含硅材料(砂、炉渣、粉煤灰等)加水拌和,经成型、蒸养或蒸压处理等工艺后可制成各种硅酸盐制品,如蒸压灰砂砖、粉煤灰砖、粉煤灰砌块等墙体材料。

2. 石灰乳涂料和砂浆

用消石灰粉或消化好的石灰膏加水稀释成石灰乳涂料,可用于内墙和天棚粉刷;用石灰膏或生石灰粉配制的石灰砂浆或水泥石灰混合砂浆,可用来砌筑墙体,也可用于墙面、柱面、顶棚等的抹灰。

3. 配制灰土和三合土

消石灰粉与黏土拌和后称为灰土,若再加砂(或炉渣、石屑等)即成三合土。灰土或三合土在强力夯打下,大大提高了紧密度,而且黏土颗粒表面的少量活性氧化硅和氧化铝与石灰中的氢氧化钙起化学反应,生成了不溶于水的水化硅酸钙和水化铝酸钙,将黏土颗粒黏结起来,因而提高了黏土的强度和耐水性。灰土和三合土广泛应用于建筑物基础和地面的垫层。

4. 碳化石灰板

将磨细生石灰、纤维状填料或轻质集料和水按一定比例搅拌成型,然后通入高浓度二氧化碳经人工碳化(12~24h)而成的轻质板材称为碳化石灰板。为减轻自重,提高碳化效果,碳化石灰板常作成薄壁空心板,主要用于非承重内墙板、天花板等。

第二节 石 膏

石膏具有比石灰更为优良的建筑性能,它的资源丰富,生产工艺简单,所以石膏不仅是历史悠久的无机胶凝材料,而且是一种有发展前途的新型建筑材料。

一、石膏的生产与品种

1. 石膏的生产

生产石膏的主要原料是天然二水石膏矿石(又称生石膏)或含有硫酸钙的化工副产品。生产石膏的主要工序是破碎、加热和磨细。由于加热方式和温度的不同,可生产出不同的石膏产品。

2. 石膏的品种

1)建筑石膏

将天然二水石膏 $CaSO_4$ 置于常压非密闭状态煅烧(107~170℃),得到 β 型结晶的半水石膏,再经磨细制得。其反应式为:

$$CaSO_4 \cdot 2H_2O \xrightarrow{107~170℃} (\beta 型)CaSO_4 \cdot \frac{1}{2}H_2O + \frac{3}{2}H_2O$$

建筑石膏呈白色或白灰色,粉末状,密度为 $2.6~2.75g/cm^3$,堆积密度为 $800~1000kg/m^3$。

2)模型石膏

模型石膏即为 β 型半水石膏,但杂质少、色白,比建筑石膏更细,常用于陶瓷的制坯工艺,少量用于装饰浮雕。

3)高强度石膏

半水石膏品种有 α 型和 β 型两种。与 β 型半水石膏相比,α 型半水石膏的晶体粗大且致密,达到一定稠度所需的用水量小,只是建筑石膏的一半,因此这种石膏硬化后结构致密,强度较高,硬化7d后的强度可达 15~40MPa。

高强度石膏主要用于室内高级抹灰、装饰制品和石膏板等。若掺入防水剂可制成高强度抗水石膏,用于潮湿环境中。

4)粉刷石膏

粉刷石膏具有节省能源、凝结快、施工周期短、黏结力好、不裂、不起鼓、表面光洁、防火性能好、自动调节湿度等优异性能,且可机械化施工,因此是一种大有发展前途的抹灰材料。

石膏的品种很多,但在建筑中应用最多、用途最广的是建筑石膏。

二、建筑石膏的凝结和硬化

建筑石膏与适量的水混合,形成可塑性的浆体,很快浆体就失去可塑性并产生强度逐渐发展成为坚硬的固体,这一过程称为石膏的凝结硬化。图 2-1 为石膏凝结硬化示意图。

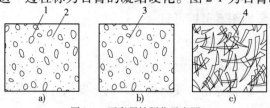

图 2-1 石膏凝结硬化示意图
1-半水石膏;2-二水石膏胶体微粒;3-二水石膏晶体;4-交错的晶体

建筑石膏的凝结硬化分为凝结和硬化两过程。首先,建筑石膏与水之间发生化学反应生成二水石膏,反应式如下:

$$CaSO_4 \cdot \frac{1}{2}H_2O + \frac{3}{2}H_2O \longrightarrow CaSO_4 \cdot 2H_2O$$

生成的二水石膏在水中的溶解度(20℃为2.05g/L)较半水石膏溶解度(20℃为8.16g/L)小得多,所以二水石膏会首先达到过饱和,析出胶体微粒并不断转变为晶体。由于二水石膏的不断析出破坏了原来半水石膏的溶解平衡状态,这时半水石膏也会进一步溶解,以补偿二水石膏析晶而在液相中减少的硫酸钙含量。半水石膏的溶解和二水石膏的析出过程一直会持续到半水石膏水化完全为止。与此同时,伴随着浆体中自由水因水化和蒸发不断减少,浆体逐渐变稠,失去塑性。自由水的减少,水化物晶体的不断增长,最终将带来石膏浆体的完全干燥、硬化,以及强度的提升。

三、建筑石膏的技术要求

根据国家标准《建筑石膏》(GB/T 9776—2008)的规定,建筑石膏的技术要求主要有强度、细度和凝结时间三个指标。按强度和细度的差别,划分为优等品、一等品和合格品 3 个等级,各等级的技术要求见表 2-5。

建筑石膏等级标准(GB 9776—2008) 表 2-5

技 术 指 标		优等品	一等品	合格品
强度(MPa)	抗折强度,不小于	2.5	2.1	1.8
	抗压强度,不小于	4.9	3.9	2.9
细度(%)	0.2mm 方孔筛筛余,不大于	5.0	10.0	15.0
凝结时间(min)	初凝时间,不早于	6		
	终凝时间,不迟于	30		

注:表中强度为 2h 强度值。指标中有一项不合格者,应予以重新检验级别或报废处理。

建筑石膏在储运过程中必须防潮防水。储存 3 个月后,强度下降 30% 左右,所以储存时间不宜过长,一般不超过 3 个月。否则,应重新检验、确定等级。

四、石膏的技术性质

1. 凝结硬化快

建筑石膏一般加水后 3～5min 内即可初凝,30min 左右即达到终凝。为满足施工操作的要求,往往需掺加适量的缓凝剂。

2. 微膨胀性

建筑石膏硬化过程中体积略有膨胀(膨胀率为 0.5%～1%),硬化时不出现裂缝,所以可以单独使用。尤其在装饰材料中,利用其微膨胀性塑造的各种建筑装饰材料制品表面光滑细腻,形体饱满密实,装饰图案可锯可钉。

3. 孔隙率大,表观密度和强度低

石膏硬化后孔隙率可达 50%~60%,因此建筑石膏质轻、保温隔热性能好和吸声性强,是良好的室内装饰材料。但孔隙率大使石膏制品的强度低,抗压强度仅为 3~5MPa。

4. 调湿性

由于石膏多孔结构的特点,石膏制品的热容量大,吸湿性强,当室内温度变化时,由于制品的"呼吸"作用,使环境温度、湿度能得到一定的调节。

5. 耐水性、抗冻性差

建筑石膏是气硬性胶凝材料,软化系数小(0.2~0.3),吸水性大,其制品长期处于潮湿环境中,晶体粒子间的结合力会削弱,直至制品溶解;若吸水后受冻,将因水分结冰而崩裂。故建筑石膏的耐水性和抗冻性都较差,不宜用于室外。

6. 抗火性好

石膏硬化后的结晶物 $CaSO_4 \cdot 2H_2O$ 受到火烧时,约 21% 的结晶水会吸收热量蒸发,并在表面形成水蒸气幕,起到阻止火焰蔓延和温度升高的作用,所以石膏有良好的抗火性。但建筑石膏不适宜长期在 65℃ 以上的高温部位使用,以免二水石膏缓慢脱水分解而降低强度。

7. 有良好的装饰性和可加工性

石膏表面光滑饱满,颜色洁白,质地细腻,具有良好的装饰性。微孔结构使其脆性有所改善,硬度也较低,所以硬化石膏可锯、可刨、可钉,具有良好的可加工性。

五、石膏的应用

1. 室内抹灰及粉刷

建筑石膏加水、砂拌和成石膏砂浆,可用于室内抹灰,具有绝热、阻火特点。抹灰后的墙面和天棚还可以直接涂刷油漆及粘贴墙纸。建筑石膏加水和缓凝剂调成石膏浆体,掺入部分石灰可用作室内粉刷涂料。粉刷后的墙面光滑、细腰、洁白美观,所以称建筑石膏为室内高级粉刷和抹灰材料。

2. 艺术装饰石膏制品

艺术装饰石膏制品以优质建筑石膏粉为基料,配以纤维增强材料、胶黏剂等,与水拌制制成均匀的料浆,浇注在具有各种造型、图案、花纹的模具内,经硬化、干燥、脱模而成。

艺术装饰石膏制品主要是根据室内装饰设计的要求而加工制作的。制品主要包括:浮雕艺术、石膏线角、线板、花角、灯圈、壁炉、罗马柱、圆柱、方柱、麻花柱、灯座、花饰等。在色彩上,可利用优质建筑石膏本身洁白高雅的色彩,造型上可洋为中用,古为今用。

3. 石膏板

我国目前生产的石膏板,主要有纸面石膏板、石膏空心条板、石膏装饰板、纤维石膏板等。

(1)纸面石膏板。

纸面石膏板以建筑石膏为原料,掺入适量特殊功能的外加剂构成芯材,并与特制的护面纸牢固地结合在一起。纸面石膏板现常见的有普通纸面石膏板、耐水纸面石膏板、耐火纸面石膏板和纸面石膏装饰吸声板。常见规格为宽度900~1200mm,厚度9~12mm,长度可按需要而定。

纸面石膏板,可锯、可刨、可钻、可贴,施工安装方便,采用石膏板作墙体材料,可节省墙体占地面积。增加建筑空间利用率,节省占地面积。耐火性能良好,隔热保温性能强,其导热系数只有普通水泥混凝土的9.5%,是空心黏土砖的38.5%;纸面石膏板的线膨胀系数很小,加上石膏板又在室温下使用,所以它的线膨胀系数可以忽略不计;纸面石膏板具有特殊的"呼吸"功能是一种存在大量微孔结构的板材,放在自然环境中,由于其多孔体的不断吸湿与解潮的变化,即"呼吸"作用,维持着动态平衡,能够调节居住及工作环境的湿度,创造一个舒适的小气候。

普通纸面石膏板适用于办公楼、影剧院、饭店等建筑室内吊顶、墙面隔断处的装饰;耐水纸面石膏板主要用于厨房、卫生间等潮湿场合的装饰;耐火纸面石膏板适用于防火等级要求高的建筑物,如影剧院、体育馆博物馆等。

(2)石膏空心条板。

石膏空心条板以建筑石膏为主要原料,规格为(2500~3500)mm×(450~600)mm×(60~100)mm,7~9孔,孔洞率为30%~40%。强度高,可用作住宅和公共建筑的内墙和隔墙等,安装时不需龙骨。

(3)石膏装饰板。

石膏装饰板是一种不带护面纸的装饰板材料,以建筑石膏为主要原料,规格主要有边长为300mm、400mm、500mm、600mm、900mm的正方形,有平板、多孔板、花纹板、浮雕板及装饰薄板等。它花色多样、颜色鲜艳、造型美观,主要用于公共建筑,可作为建筑物室内墙面和吊顶装饰。

(4)纤维石膏板。

纤维石膏板是以石膏为基材,加入适量无机或有机纤维作为增强材料,经打浆、铺浆、脱水、成型、烘干而制成的一种无纸面纤维石膏薄板。它具有质轻、高强、耐火、隔声、韧性高等特点,并可进行加工,施工简便,可用于工业与民用建筑物的内隔墙、天花板和石膏复合隔墙板。

第三节 水 玻 璃

水玻璃又称泡花碱,由不同比例的碱金属氧化物和二氧化硅组成,是一种碱金属气硬性胶凝材料。常见的水玻璃有硅酸钠水玻璃($Na_2O \cdot nSiO_2$)和硅酸钾水玻璃($K_2O \cdot nSiO_2$)等,以硅酸钠水玻璃最为常用。

水玻璃的化学通式为$R_2O \cdot nSiO_2$,其中n即二氧化硅与碱金属氧化物的摩尔比,称为水玻璃的模数。水玻璃的摩尔比一般在1.5~3.5之间。

一、水玻璃的生产

制造水玻璃的方法很多,大体分为湿制法和干制法两种。它的主要原料是以含SiO_2为主的石英岩、石英砂、砂岩、无定形硅石及硅藻土等,和含Na_2O为主的纯碱(Na_2CO_3)、小苏打、硫酸钠(Na_2SO_4)及苛性钠($NaOH$)等。

湿法生产硅酸水玻璃是将石英砂和苛性钠溶液在压蒸锅内用蒸汽加热,直接反应生成液体水玻璃。其反应式如下：

$$SiO_2 + 2NaOH \xrightarrow{\Delta} Na_2SiO_3 + H_2O$$

干制法是根据原料的不同可分为碳酸钠法、硫酸法等。最常用的碳酸钠法生产是根据纯碱（Na_2CO_3）与石英砂（SiO_2）在高温（1350℃）熔融状态下反应后生成硅酸钠的原理进行的。生产工艺，主要包括配料、煅烧、浸溶、浓缩几个过程。其反应式如下：

$$Na_2CO_3 + nSiO_2 \xrightarrow{1400 \sim 1500℃} Na_2O \cdot nSiO_2 + CO_2 \uparrow$$

所得产物为固体块状的硅酸钠，然后用非蒸压法（或蒸压法）溶解，即可得到常用的水玻璃。

二、水玻璃的硬化

水玻璃溶液是气硬性胶凝材料，在空气中，它能与 CO_2 发生反应，生成硅胶。其反应式如下：

$$NaO \cdot nSiO_2 + CO_2 + mH_2O \longrightarrow Na_2CO_3 + nSiO_2 \cdot mH_2O$$

硅胶（$nSiO_2 \cdot mH_2O$）脱水析出固态的 SiO_2。但这种反应很缓慢，所以水玻璃在自然条件下凝结与硬化速度也缓慢。为了促进水玻璃的凝结硬化速度，常加入促硬剂氟硅酸钠（Na_2SiF_6）。氟硅酸钠的适宜掺量为水玻璃质量的 12%～15%。氟硅酸钠有毒，操作时应注意安全。

水玻璃的模数和密度，对于凝结、硬化速度影响较大。一般而言，水玻璃的模数 n 越大时，水玻璃的黏度越大。硬化速度越快、干缩越大，硬化后的黏结强度、抗压强度等越高、耐水性越好、抗渗性及耐酸性越好。其主要原因是硬化时析出的硅酸凝胶较多。对于同一模数的水玻璃而言，密度越大，则其有效成分 $Na_2O \cdot nSiO_2$ 的含量越多，硬化时析出的硅酸凝胶也多，黏结力愈强。然而如果水玻璃的模数或密度太大，往往由于黏度过大而影响到施工质量和硬化后水玻璃的性质，故不宜过大。建筑工程常用水玻璃的模数一般为 2.6～2.8。

此外，水玻璃的凝结硬化速度也受温度和湿度的影响。温度高，湿度越小，水玻璃反应加快，生成的硅酸凝胶脱水、凝结硬化也快；反之，水玻璃凝结硬化速度越慢。

三、水玻璃的性质

以水玻璃为胶凝材料配制的材料，硬化后，变成以 SiO_2 为主的人造石材。它具有 SiO_2 的许多性质，强度高、耐酸和耐热性能优良等。

1. 强度

水玻璃硬化后，具有较高的黏结强度、抗拉强度和抗压强度。水玻璃砂浆的抗压强度以边长 70.7mm 的立方体试块为准。水玻璃混凝土则以边长 150mm 的立方体为准。按规范规定的方法成型，然后在 20～25℃，相对湿度小于 80% 空气中养护（硬化）2d 拆模，再养护至龄期达 14d 时，测得强度值作为标准抗压强度。

水玻璃硬化后的强度与水玻璃模数，相对密度、固化剂用量及细度，以及填料、砂和石的用量及配合比等因素有关，同时还与配制、养护、酸化处理等施工质量有关。

2. 耐酸性

硬化后的水玻璃，其主要成分为 SiO_2，所以它的耐酸性能很强，尤其是在强氧化性酸中具有较高的化学稳定性。除氢氟酸、20%以下的氟硅酸、热磷酸和高级脂肪酸以外,几乎在所有酸性介质中都有较高的耐腐蚀性。如果硬化得完全,水玻璃类材料耐酸,甚至耐酸性水腐蚀的能力也是很强的。水玻璃类材料不耐碱性介质的侵蚀。

3. 耐热性

水玻璃硬化形成SiO_2空间网状骨架,因此具有SiO_2良好的耐热性能。对于水玻璃混凝土,其耐热度可受集料品种的影响。若用花岗石为集料时,其耐热度仅在200℃以下;若用石英岩、玄武岩、辉绿岩、安山岩时,其使用温度在500℃以下;若以耐火黏土砖类耐热集料配制的水玻璃混凝土,使用温度一般在800℃以下;若以镁质耐火材料为集料时耐热度可达1100℃。

四、水玻璃的应用

在建筑工程中水玻璃常用来配制水玻璃砂浆、水玻璃混凝土,以及单独使用水玻璃为主要原料配制涂料。水玻璃在防酸和耐热工程中应用更为广泛。

1. 用作涂料,涂刷材料表面

利用水玻璃溶液多次涂刷或浸渍普通混凝土、黏土砖、硅酸盐制品等多孔建筑材料表面,它可渗入材料的缝隙或孔隙之中,从而增加材料的密实度和强度,提高其不透水性和抗风化性。但不能对石膏制品进行涂刷或浸渍,因为水玻璃与石膏反应生成硫酸钠晶体,会在石膏孔隙内部产生体积膨胀,使石膏制品受到破坏。

2. 用于土加固

水玻璃可用于砂土的加固处理。将水玻璃和氯化钙溶液交替灌入土中,两种溶液发生化学反应,生成冻状硅酸胶体,在土潮湿环境中,硅酸胶体会进一步吸收水分而膨胀,填充了土的孔隙,从而使土固结,抗渗性得到提高。

水玻璃和氯化钙溶液,也是一种价格低廉、效果较好的防水堵漏材料。

3. 配制防水剂

以水玻璃为基料,加入两种、三种或四种矾,配制成防水剂,称为两矾、三矾或四矾防水剂。这种防水剂具有凝结速度快的特点,常与水泥浆调和使用。例如:四矾防水剂是以蓝矾(硫酸铜)、明矾(钾铝矾)、红矾(重铬酸钾)和紫矾(铬矾)各1份,溶于60份的沸水中,降温至50℃,投入400份水玻璃溶液中,搅拌均匀而成的。这种防水剂可以在1min内凝结,适用于堵塞漏洞、缝隙等局部抢修。

4. 配制水玻璃矿渣砂浆

将液体水玻璃、氟硅酸钠、磨细粒化高炉矿渣和砂,按一定的比例配合可制得水玻璃矿渣砂浆,适用于砖墙裂缝修补、轻型内墙的黏结等。

5. 配制耐酸、耐热砂浆及混凝土

水玻璃与促硬剂和耐酸粉料配合,可制成耐酸胶泥,若再加入耐酸集料,则可配制成耐酸混凝土和耐酸砂浆,它们在冶金、化工等行业的防腐工程中,是普遍使用的防腐材料之一。

利用水玻璃耐热性好的特点,可配制耐热砂浆和耐热混凝土,用于高炉基础、热工设备、基础及围护结构等耐热工程中,也可以调制防火漆等材料。

钢筋混凝土中的钢筋,用水玻璃涂刷后,可具有一定的阻锈作用。

第四节 菱 苦 土

菱苦土是一种白色或浅黄色的粉末,密度为 $3.1\sim3.4g/cm^3$,堆积密度为 $800\sim900$ kg/m^3。主要成分是氧化镁(MgO),属镁质气硬性胶凝材料。

一、原材料及制备

制备菱苦土的主要原料是天然菱镁矿($MgCO_3$),也可利用蛇纹石($3MgO \cdot 2SiO_2 \cdot 2H_2O$)、冶炼镁合金的熔渣($MgO$ 含量不低于25%)或从海水中提取。菱镁矿中的 $MgCO_3$ 一般在 $400\sim750$℃ 时开始分解,$600\sim650$℃ 时,反应迅速进行。生产菱苦土时,煅烧温度常控制在 $700\sim850$℃。其反应式如下:

$$MgCO_3 \longrightarrow MgO + CO_2 \uparrow$$

煅烧得到的块状产物经磨细后,即可得到菱苦土。此外,将白云石($MgCO_3 \cdot CaCO_3$)在 $650\sim750$℃ 温度下煅烧,可生成以 MgO 和 $CaCO_3$ 的混合物为主的苛性白云石,它也属于镁质胶凝材料,性质和用途与菱苦土相似。

二、菱苦土的硬化

菱苦土在加水拌和时,MgO 发生水化反应,生成 $Mg(OH)_2$,并放出大量的热:

$$MgO + H_2O \longrightarrow Mg(OH)_2$$

由于氢氧化镁的溶解度很小,生成的氢氧化镁很快饱和,沉淀析出,其内部结构松散,且浆体的凝结硬化速度也很缓慢,硬化后的强度也很低。所以经常使用调和剂,以加速其硬化过程的进行。最常用的调和剂是氯化镁($MgCl_2$)溶液,也可以使用硫酸镁($MgSO_4 \cdot 7H_2O$)、氯化铁($FeCl_3$)或硫酸亚铁($FeSO_4 \cdot H_2O$)等盐类的溶液。其中以氯化镁为最好,拌和后凝结快,硬化后强度高,称为氯镁水泥。但该制品吸湿性大,抗水性差,吸湿后容易变形。为了提高其抗水性,可加入一定量的硫酸亚铁或磷酸、磷酸盐,或加入磨细的黏土砖粉、粉煤灰、沸石凝灰岩等。另外,提高反应温度,也可促进硬化的进行。

三、菱苦土的技术性质

菱苦土用密度为 $1.2g/cm^3$ 的氯化镁溶液调制成标准稠度的净浆,初凝时间不得早于 20min,终凝时间不得迟于6h;体积安定性要合格;硬化24h的抗拉强度不应小于1.5MPa;菱苦土的 MgO 含量不应小于75%。

用氯化镁溶液调和菱苦土,硬化后抗压强度可达 $40\sim60MPa$。但其吸湿性较大,耐水性较差。若改用硫酸镁($MgSO_4 \cdot 7H_2O$)、铁矾($FeSO_4$)等作调和剂,可降低吸湿性,提高耐水性,但强度较用氯化镁时低。氯化镁的用量要严格控制,氯化镁用量过多,将使浆体凝结硬化过快,收缩过大,甚至产生裂缝;用量过少,硬化太慢,而且强度也将降低。一般表现,氯化镁与菱苦土的适宜质量比为 $0.55\sim0.60$。

菱苦土与植物纤维黏结性好,而且碱性较弱,不会腐蚀纤维体。

菱苦土在运输和储存时应避免受潮,不宜用于长期潮湿的地方,存期不宜过长,以防菱苦土吸收空气中的水分成为氢氧化镁,再碳化成为碳酸镁,失去化学活性。

四、菱苦土的应用

由于菱苦土具有以上的优良性能,故在建筑工程中得到较好的应用。

1. 菱苦土地面

将菱苦土与木屑按1:(0.7~4)的比例配合,并用氯化镁溶液调拌,可制成菱苦土木屑地面。若掺入适量滑石粉、石英砂、石屑等,可提高地面的强度和耐磨性;若掺加适量的活性混合材,如粉煤灰等,可提高其耐水性;若掺加耐碱矿物颜料,可将地面着色。这种地面具有一定的弹性,且有防爆、防火、导热性小、表面光洁、不起灰、摩擦冲击噪声小等特点,宜用于室内场所、车间等处。

2. 刨花板

将刨花、木丝等纤维状的有机材料与调制好的菱苦土混合,经加压成型、硬化后,可制成多种刨花板和木丝板。这类板材具有良好的装饰性和绝热性,建筑上常用作内墙板、天花板、门窗框和楼梯扶手等。

3. 木屑板

先将锯木屑、颜料及其他填料与菱苦土干拌均匀,再与配制好的氯化镁溶液拌和,此混合物可以经压制后成为各种板材,也可以直接铺于底层,经压实、修饰而成无缝地板。

4. 人造大理石

在氯氧镁水泥胶凝物中掺拌大理石粉或集料,放入预制模板中可以制成大理石预制块。大理石块料具有白水泥或彩色水泥的装饰效果。如果用玻璃作模具底板,预制的大理石块表面光滑,不用再压光;若振动模子底板,制成的预制块表面无气泡、砂眼,且平整光滑;如果掺入颜色,则预制块具有更加鲜艳的色彩。

5. 镁纤复合材料制品

镁纤复合材料制品是以氯氧镁水泥为基料,以玻璃纤维(或竹筋)为增强材料组成的复合材料,具有抗折强度高、抗冲击能力强、耐腐蚀、气密性好、耐热(大于300℃)等特性。若用耐高温的玻璃纤维配制则可耐900℃以上的高温。玻璃纤维增强的菱苦土制品可用作通风道、烟道、垃圾道以及形瓦等,竹筋增强的菱苦土制品可用作机电产品的代木包装材料,如大梁、底板、侧板和盖板等。

另外,用氯化镁调制好菱苦土加入发泡剂等材料,还可制成多孔轻质的绝热材料。

菱苦土制品与水泥类制品相比,耐水性差,故不宜用在与水接触的环境中或湿度较大的条件下。因其容易吸水反卤,故不宜用在有干湿循环的环境中。又因其常用氯化镁溶液调和,故应注意其对钢筋的锈蚀作用。

本 章 小 结

气硬性胶凝材料和水硬性胶凝材料的硬化条件不同,适用范围也不同,在使用时应注意合理地选择。

生石灰熟化时放出大量的热量且体积膨胀,故生石灰必须充分熟化后才能使用,同时要注意防止过火石灰的危害。建筑生石灰、建筑生石灰粉、建筑消石灰粉按建筑行业标准,划分为优等品、一等品和合格品3个等级。

建筑石膏按照强度、细度和凝结时间划分为优等品、一等品和合格品3个等级，建筑石膏由于性能良好、成本低，是一种较好的室内装饰材料。

水玻璃是由不同比例的碱金属氧化物和二氧化硅组成的能溶于水的硅酸盐，具有良好的强度、耐热性和耐酸性。

菱苦土是一种主要成分为氧化镁（MgO）的镁质气硬性胶凝材料，与植物纤维黏结性好，碱性弱，可制成各类地面、地板等制品，但其制品不能长期用于潮湿地方。

复习思考题与习题

1. 什么是气硬性胶凝材料和水硬性胶凝材料？两者有何区别？
2. 过火石灰与欠火石灰对石灰的性能有什么影响？如何消除？
3. 石灰的主要性质有哪些？
4. 石灰的主要应用在哪些方面？为什么石灰本身不耐水，但用是石灰配置的三合土和灰土却有较高的强度和耐水性？
5. 某单位宿舍楼的内墙使用石灰砂浆抹面。数月后，墙面上出现了许多不规则的网状裂纹。同时在个别部位还发现了部分凸出的放射状裂纹。试分析上述现象产生的原因。
6. 建筑石膏的主要成分是什么？其主要性质有哪些？
7. 用于墙面抹灰时，建筑石膏与石灰相比较，具有哪些优点？
8. 水玻璃的性质有哪些？在建筑工程中主要应用于哪些方面？
9. 水玻璃的化学组成是什么？水玻璃的模数、密度（浓度）对水玻璃的性能有什么影响？
10. 生产菱苦土制品时，常出现如下问题：①硬化太慢；②硬化太快，并容易吸湿返潮。你认为是什么原因？如何改善？

第三章 水 泥

学习要求

了解硅酸盐水泥凝结硬化过程及技术要求;掌握硅酸盐水泥熟料矿物的组成及其特性,硅酸盐水泥水化产物及其特性;掌握通用硅酸盐水泥的技术性能及应用;了解其他品种水泥的主要特性及应用;熟悉水泥的储存、运输、验收、保管及质量检验。

水泥是一种粉末状材料,当它与水混合后,在常温下经物理、化学作用,可由可塑性浆体逐渐凝结硬化成坚硬的石状体。水泥不仅能在空气中凝结硬化,还能在水中凝结硬化并保持和发展强度。因此水泥为水硬性胶凝材料。

水泥是重要的建筑材料之一,广泛应用于工业、农业、国防、水利、交通、城市建设等的基本建设中,用来生产各种混凝土、钢筋混凝土及其他水泥产品。水泥已是任何建筑工程都离不开的建筑材料。

水泥按其化学成分,可分为硅酸盐类水泥、铝酸盐类水泥、硫铝酸盐类水泥、铁铝酸盐类水泥、氟铝酸盐类水泥等;按用途和性能可分为通用水泥、专用水泥和特性水泥。通用水泥是指土木建筑工程中大量使用的具有一般用途的水泥,即硅酸盐水泥、普通硅酸盐水泥、矿渣硅酸盐水泥、火山灰质硅酸盐水泥、粉煤灰硅酸盐水泥和复合硅酸盐水泥六大品种水泥;专用水泥则指具有专门用途的水泥,如道路硅酸盐水泥、油井水泥、大坝水泥等;特性水泥是指某种性能比较突出的一类水泥,如快硬硅酸盐水泥、膨胀水泥、抗硫酸盐硅酸盐水泥等。水泥品种虽然很多,但建筑工程中使用最多的是硅酸盐类通用水泥。

第一节 硅酸盐水泥

现行国家标准(GB 175—2007)定义:凡由硅酸盐水泥熟料、0%~5%的石灰石或粒化高炉矿渣、适量石膏磨细制成的水硬性胶凝材料称为硅酸盐水泥。硅酸盐水泥分两种类型,不掺加混合材料的称Ⅰ型硅酸盐水泥,代号P·Ⅰ。在硅酸盐水泥熟料粉磨时掺入不超过水泥质量5%的石灰石或粒化高炉矿渣混合材料的称Ⅱ型硅酸盐水泥,代号P·Ⅱ。

硅酸盐水泥在国际上统称波特兰水泥。

一、硅酸盐水泥的生产工艺简述

硅酸盐水泥的生产工艺可概括为三个阶段,简称"两磨一烧":

(1)生料制备:以石灰石、黏土和铁矿粉为主要原料(有时需加入校正原料),将其按一定比例配合、磨细,制得具有适当化学成分、质量均匀的生料。

(2)熟料煅烧:将生料在水泥窑内,经1450℃高温煅烧至部分熔融,得到以硅酸钙为主要成分的硅酸盐水泥熟料。

(3)水泥粉磨:将熟料加适量石膏和0%~5%的石灰石或粒化高炉矿渣共同磨细,即得到硅酸盐水泥。

硅酸盐水泥的生产流程可用图3-1表示。

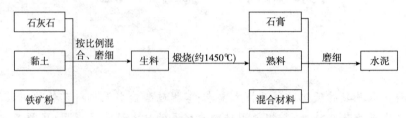

图3-1 硅酸盐水泥生产流程示意图

二、硅酸盐水泥熟料的矿物组成及特性

1. 硅酸盐水泥熟料的矿物组成

硅酸盐水泥熟料主要矿物组成的名称和含量如下:

硅酸三钙:$3CaO \cdot SiO_2$(简称C_3S),含量36%~60%;

硅酸二钙:$2CaO \cdot SiO_2$(简称C_2S),含量15%~37%;

铝酸三钙:$3CaO \cdot Al_2O_3$(简称C_3A),含量7%~15%。

铁铝酸四钙:$4CaO \cdot Al_2O_3 \cdot Fe_2O_3$(简称$C_4AF$),含量10%~18%。

前两种称硅酸盐矿物,一般占总量的75%以上;后两种占总量的25%左右。

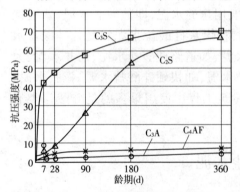

图3-2 水泥熟料矿物强度发展曲线

2. 硅酸盐水泥熟料矿物的性能

(1)水化反应速度:以铝酸三钙(C_3A)最快,硅酸三钙(C_3S)较快,铁铝酸四钙(C_4AF)次之,硅酸二钙(C_2S)最慢。

(2)水化放热量:C_3A最大,C_3S较大,C_4AF居中,C_2S最小。

(3)强度:C_3S最高,C_2S早期强度低,但后期增长率较大。故C_3S和C_2S是硅酸盐水泥强度的主要来源,C_3A强度不高,C_4AF对抗折强度有利。水泥熟料矿物强度发展规律如图3-2所示。

(4)耐化学侵蚀性:C_4AF最优,其次为C_2S、C_3S,C_3A最差。

(5)干缩性:C_4AF和C_2S最小,C_3S居中,C_3A最大。

硅酸盐水泥的主要矿物组成的特性可归纳,如表3-1所示。

硅酸盐水泥的矿物组成、含量及特性　　　　表3-1

矿物名称	硅酸三钙	硅酸二钙	铝酸三钙	铁铝酸四钙
矿物组成	$3CaO \cdot SiO_2$	$2CaO \cdot SiO_2$	$3CaO \cdot Al_2O_3$	$4CaO \cdot Al_2O_3 \cdot Fe_2O_3$
简写式	C_3S	C_2S	C_3A	C_4AF
大致含量(%)	36~60	15~37	7~15	10~18

续上表

矿物名称		硅酸三钙	硅酸二钙	铝酸三钙	铁铝酸四钙	
各矿物特性	与水反应速度	快	慢	最快	中	
	水化放热量	高	低	最高	中	
	对强度的作用 早期	高	低	低	中	对抗折强度有利
	对强度的作用 后期	高	高	低	低	
	耐化学侵蚀	中	良	差	优	
	干缩性	中	小	大	小	

水泥是由多种矿物成分组成的,改变各熟料矿物组分之间的含量比例,水泥的性质就会发生相应的变化。例如,提高 C_3S 的相对含量可制得高强水泥和早强水泥;提高 C_2S 的相对含量,同时适当降低 C_3S 和 C_3A 的相对含量,即可制得低热水泥;提高 C_4AF 和 C_3S 含量,则可制得具有较高抗折强度的道路硅酸盐水泥。

三、硅酸盐水泥的技术性质和技术标准

1. 技术性质

1)细度

细度是指水泥颗粒的粗细程度。细度越大,凝结硬化速度越快,早期强度越高。一般认为,水泥颗粒粒径小于 $40\mu m$ 时才具有较大的活性。但水泥颗粒太细,在空气中的硬化收缩也较大,使混凝土发生裂缝的可能性增加。此外,水泥颗粒细度提高会导致粉磨能耗增加,生产成本提高。为充分发挥水泥熟料的活性,改善水泥性能,同时考虑能耗的节约,就要合理控制水泥细度。水泥细度可用下列方法表示:

(1)筛析法:以 $45\mu m$ 方孔筛和 $80\mu m$ 方孔筛上的筛余量百分率表示。筛析法分负压筛法和水筛法两种,鉴定结果发生争议时,以负压筛法为准。

(2)比表面积法:以每千克水泥所具有的总表面积(m^2)表示。比表面积采用勃氏法测定。

2)标准稠度用水量

在测定水泥的凝结时间和安定性时,为使其测定结果具有可比性,必须采用标准稠度的水泥净浆进行测定。水泥净浆达到标准稠度时所需的拌和水量称为标准稠度用水量。

3)凝结时间

凝结时间是指水泥从加水时至水泥浆失去可塑性所需的时间。凝结时间分初凝时间和终凝时间。初凝时间是从水泥加水至水泥浆开始失去可塑性所经历的时间;终凝时间是从水泥加水至水泥浆完全失去可塑性所经历的时间。凝结时间以试针沉入水泥标准稠度净浆至一定深度所需的时间表示。凝结时间的测定,是以标准稠度的水泥净浆在标准温度、湿度下用凝结时间测定仪测定。具体方法详见试验部分。

水泥的凝结时间,对水泥混凝土的施工具有十分重要的意义。水泥的初凝时间不宜过短,以便在施工过程中有足够的时间对混凝土进行搅拌、运输、浇筑和振捣等操作;终凝时间不宜过长,以使混凝土能尽快硬化,产生强度,提高模具周转率,加快施工进度。我国现行国家标准(GB 175—2007)规定:硅酸盐水泥初凝不得小于45min,终凝不得迟于390min。普通

硅酸盐水泥初凝不得早于45min,终凝不得迟于600min。

4)体积安定性

水泥的体积安定性是指水泥在凝结硬化过程中体积变化的均匀程度。安定性不良水泥在凝结硬化过程中或硬化后,会产生不均匀的体积膨胀、开裂,甚至引起工程事故。

引起水泥体积安定性不良的主要原因是熟料中含有过量的游离CaO、MgO、SO_3或掺入的石膏过多。

国家标准(GB 175—2007)规定:硅酸盐水泥的体积安定性用沸煮法检验必须合格。沸煮法分雷氏法(标准法)和试饼法(代用法)两种。

如果水泥的体积安定性不良,则该水泥必须作为废品处理,不得用于任何工程中。

5)强度

强度是水泥技术要求中最基本的指标,它直接反映了水泥的质量水平和使用价值。水泥的强度越高,其胶结能力也越大。硅酸盐水泥的强度主要取决于熟料的矿物组成和水泥的细度,此外还与水胶比、试验方法、试验条件、养护龄期等因素有关。

我国现行标准《水泥胶砂强度检验方法(ISO法)》(GB 17671—1999)规定:将水泥、标准砂及水按规定的比例(水泥∶标准砂∶水 = 1∶3∶0.5),用规定方法制成40mm×40mm×160mm的标准试件,在标准条件(24h之内在温度20℃±1℃,相对湿度不低于90%的养护箱或雾室内,24h后在20℃±1℃的水中或20℃±1℃、大于90%的相对湿度)下养护,测定其3d和28d的抗折强度和抗压强度,根据3d、28d的抗折强度和抗压强度划分硅酸盐水泥的强度等级。硅酸盐水泥强度等级分为42.5、42.5R、52.5、52.5R、62.5和62.5R。硅酸盐水泥及普通硅酸盐水泥各强度等级、各龄期的强度指标列于表3-2。

硅酸盐水泥、普通硅酸盐水泥的强度指标 表3-2

品种	强度等级	抗压强度(MPa)		抗折强度(MPa)	
		3d	28d	3d	28d
硅酸盐水泥	42.5	≥17.0	≥42.5	≥3.5	≥6.5
	42.5R	≥22.0		≥4.0	
	52.5	≥23.0	≥52.5	≥4.0	≥7.0
	52.5R	≥27.0		≥5.0	
	62.5	≥28.0	≥62.5	≥5.0	≥8.0
	62.5R	≥32.0		≥5.5	
普通硅酸盐水泥	42.5	≥17.0	≥42.5	≥3.5	≥6.5
	42.5R	≥22.0		≥4.0	
	52.5	≥23.0	≥52.5	≥4.0	≥7.0
	52.5R	≥27.0		≥5.0	

硅酸盐水泥分两种型号:普通型和早强型(也称R型)。早强型水泥早期强度发展较快,3d强度可达到28d强度的50%,可用于早期强度要求高的工程中。

2. 技术标准

硅酸盐水泥的技术标准,按我国现行国标(GB 175—2007)的有关规定,汇总摘列于表3-3。

硅酸盐水泥、普通硅酸盐水泥的技术标准（GB 175—2007） 表3-3

序号	项目	品质指标
1	不溶物	I型硅酸盐水泥不超过0.75%；II型硅酸盐水泥不超过1.5%
2	氧化镁	熟料中氧化镁的含量不得超过5.0%。如水泥经压蒸安定性试验合格，则允许放宽到6.0%
3	三氧化硫	水泥中三氧化硫的含量不得超过3.5%
4	烧失量	I型硅酸盐水泥不大于3%，II型硅酸盐水泥不大于3.5%，普通水泥不大于5%
5	细度	硅酸盐水泥比表面积大于300m^2/kg
6	凝结时间	初凝时间不得早于45min；终凝时间硅酸盐水泥不得迟于6.5h，普通硅酸盐水泥不得迟于10h
7	安定性	用沸煮法检验，必须合格
8	强度	各龄期强度不低于表3-2中规定的数值
9	氯离子	不大于0.06%
10	碱含量	水泥中碱含量按$Na_2O + 0.658K_2O$计算值表示。若使用活性集料，要限制水泥中的碱含量时，由供需双方商定

四、水泥石的腐蚀与防止

硅酸盐水泥硬化后形成的水泥石，在正常环境条件下将继续硬化，强度不断增长。但在某些腐蚀性液体或气体的长期作用下，水泥石就会受到不同程度的腐蚀，严重时会使水泥石强度明显降低，甚至完全破坏，这种现象称为水泥石的腐蚀。

1. 腐蚀类型

在土木工程中，水泥石常见的腐蚀类型有如下几种。

（1）淡水侵蚀（溶析性侵蚀）。

它是指一种硬化后混凝土中的水泥水化产物被淡水溶解而带走，从而造成混凝土孔隙率增大、强度降低的侵蚀现象。

水泥石中的各种水化物与水作用时，$Ca(OH)_2$溶解度最大，首先被溶出。在静水或无水压的情况下，由于周围的水会被$Ca(OH)_2$所饱和，会使溶出作用停止，因此，溶出仅限于表层，对整体水泥石影响不大。但在流水及压力水的作用下，溶出的$Ca(OH)_2$不断被流水带走，水泥石中的$Ca(OH)_2$就会不断被溶析，使混凝土的孔隙率增大，强度降低，而且水泥石液相中$Ca(OH)_2$的浓度降低，还会导致水化硅酸钙和水化铝酸钙的不断分解，使水泥石内部不断受到破坏，强度不断降低，最终可能导致整个结构物的破坏。当环境水中有重碳酸盐时，重碳酸盐与水泥石中的氢氧化钙作用，会生成几乎不溶于水的碳酸钙。生成的碳酸钙积聚在水泥石的孔隙中，形成了致密的保护层，阻止了外界水的侵入和内部氢氧化钙的扩散和析出。其反应式如下：

$$Ca(HCO_3)_2 + Ca(OH)_2 \longrightarrow CaCO_3 + 2H_2O$$

这种"自动填实"可以防止溶析性侵蚀。

(2)硫酸盐的侵蚀。

当水泥石受到海水、沼泽水、工业污水的侵蚀时,如果水中含有碱性硫酸盐,就会与水泥石中的 $Ca(OH)_2$ 作用形成硫酸钙,硫酸钙会结晶析出,并与水泥石中的水化铝酸钙发生反应,生成钙矾石,体积膨胀,在水泥石内产生很大的内应力,使混凝土强度降低,造成结构物的破坏。

(3)镁盐侵蚀。

海水或地下水中常含有较多的镁盐,它主要以氯化镁、硫酸镁形态存在。而镁盐与水泥石中的氢氧化钙会起置换作用,生成强度低无胶结能力的氢氧化镁,使液相中氢氧化钙浓度降低;而且还会引起水泥石中氢氧化钙、水化硅酸钙、水化铝酸钙等强度组分的分解,导致水泥石的破坏。此外,氯化钙易溶于水,二水石膏能引起硫酸盐的破坏作用。

(4)碳酸侵蚀。

在工业污水或地下水中常溶解有较多的 CO_2,这种水对水泥石有侵蚀作用。CO_2 与水泥石中的 $Ca(OH)_2$ 作用,可生成碳酸钙;碳酸钙再与水中的碳酸作用,生成可溶的碳酸氢钙,从而使水泥石的强度降低。

2. 腐蚀原因

(1)水泥石内存在易受腐蚀的成分,如氢氧化钙和水化铝酸钙,它们极易与外界侵蚀性介质发生化学反应生成易溶于水的物质、无胶结力的物质或结晶膨胀物质,引起水泥石的破坏。

(2)水泥石存在孔隙,腐蚀介质容易进入水泥石内部与其成分互相作用,从而会加剧腐蚀。

3. 防止腐蚀的措施

(1)根据环境特点,合理选择水泥品种。

当水泥石遭受淡水侵蚀时,可使用水化产物中 $Ca(OH)_2$ 含量少的水泥;若水泥石遭受硫酸盐的腐蚀,可选择 C_3A 含量小的水泥;在水泥生产时掺入适当的混合材料,可以降低水化产物中的 $Ca(OH)_2$ 含量,提高水泥的抗腐蚀能力。

(2)提高水泥石的密实度,降低孔隙率。

在施工过程中,合理选择水泥混凝土的配合比,降低水胶比,改善集料级配,掺加外加剂等措施均可使水泥石的密实度提高。另外,在水泥石表面进行碳化处理或采取其他的表面密实措施,也可以提高水泥石的表面密实度,从而减少腐蚀介质进入水泥石内部,起到防腐作用。

(3)在水泥石表面设置保护层。

当腐蚀作用较强时,可在混凝土表面敷设一层耐腐蚀性强且不透水的保护层,如陶瓷、玻璃、塑料、沥青、耐酸石料等,从而可以隔断腐蚀介质与水泥石接触,保护水泥石不受腐蚀。

当水泥石处于多种介质同时侵蚀时,应分析清楚对水泥石侵蚀最严重的介质,采取相应措施,提高水泥石的耐腐蚀性。

第二节 掺混合材料的硅酸盐水泥

在水泥生产过程中加入的人工的或天然的矿物材料称为水泥混合材料。为改善硅酸盐水泥的某些性能,同时达到增加产量降低成本的目的,在硅酸盐水泥熟料中掺加适量的各种混合材料与石膏共同磨细制得的水硬性胶凝材料,称为掺混合材料硅酸盐水泥。

一、水泥混合材料

混合材料按其在水泥中所起的作用,分为活性混合材料和非活性混合材料。

1. 活性混合材料

在常温条件下,能与 $Ca(OH)_2$ 和水发生水化反应的混合材料称为活性混合材料。活性混合材料能参与水泥的水化反应,明显改善水泥的性能。常用的活性混合材料有粒化高炉矿渣、火山灰质混合材料和粉煤灰。

2. 非活性混合材料

在常温条件下,不能与 $Ca(OH)_2$ 或水泥发生水化反应的混合材料称为非活性混合材料。非活性混合材料不参与水泥的水化反应,仅起到提高产量、降低成本、调整水泥强度等级、降低水化热和改善新拌混凝土和易性的作用,所以也称为填充性混合材料。磨细的石灰石、石英砂、黏土、慢冷矿渣及各种废渣都属于非活性混合材料。

二、普通硅酸盐水泥

《通用硅酸盐水泥》国家标准(GB 175—2007)定义:凡由硅酸盐水泥熟料、活性混合材料掺加量 >5% 且 ≤20%,其中允许用不超过水泥质量 8% 的非活性混合材料或不超过水泥质量 5% 的窑灰,适量石膏共同磨细制成的水硬性胶凝材料,称为普通硅酸盐水泥(简称普通水泥),代号为 P·O。

普通硅酸盐水泥强度等级分为 42.5、42.5R、52.5、52.5R。普通硅酸盐水泥各强度等级、各龄期的强度指标参见表 3-2。

国家标准对普通硅酸盐水泥的技术要求见表 3-3。

三、矿渣硅酸盐水泥、火山灰硅酸盐水泥和粉煤灰硅酸盐水泥

1. 定义

按照国家标准《通用硅酸盐水泥》(GB 175—2007)的定义:凡由硅酸盐水泥熟料、粒化高炉矿渣和适量石膏共同磨细制成的水硬性胶凝材料称为矿渣硅酸盐水泥(简称矿渣水泥),代号为 P·S。水泥中粒化高炉矿渣的掺量按质量百分比计为 >20% 且 ≤70%。并分为 A 型或 B 型。A 型矿渣掺量为 >20% 且 ≤50%,代号为 P·S·A;B 型矿渣掺量为 >50% 且 ≤70%,代号为 P·S·B。

凡由硅酸盐水泥熟料和火山灰质混合材料、适量石膏共同磨细制成的水硬性胶凝材料称为火山灰质硅酸盐水泥(简称火山灰水泥),代号为 P·P。水泥中火山灰质混合材料掺量按质量百分比计为 >20% 且 ≤40%。

凡由硅酸盐水泥熟料和粉煤灰、适量石膏共同磨细制成的水硬性胶凝材料称为粉煤灰硅酸盐水泥(简称粉煤灰水泥),代号为 P·F。水泥中粉煤灰掺量按质量百分比计为 >20% 且 ≤40%。

2. 技术要求

我国现行标准《通用硅酸盐水泥》(GB 175—2007),对矿渣水泥、火山灰水泥及粉煤灰水泥的技术要求列于表 3-4。

矿渣水泥、火山灰水泥和粉煤灰水泥的强度等级分为 32.5、32.5R、42.5、42.5R、52.5、52.5R。各强度等级水泥不同龄期的抗压强度、抗折强度指标列于表 3-5。

矿渣水泥、火山灰水泥和粉煤灰水泥的技术标准　　　　　　　　　　表 3-4

序号	项目	品质指标
1	氧化镁	熟料中氧化镁的含量不得超过 5.0%，如水泥经压蒸安定性试验合格，则允许放宽到 6.0%
2	三氧化硫	矿渣水泥中三氧化硫的含量不得超过 4.0%；火山灰水泥和粉煤灰水泥中三氧化硫的含量不得超过 3.5%
3	细度	80μm 方孔筛筛余不得超过 10.0%，或 45μm 方孔筛筛余不得超过 30.0%
4	凝结时间	初凝时间不得早于 45min，终凝时间不得迟于 10h
5	安定性	用沸煮法检验，必须合格
6	强度	各龄期强度不低于表 3-5 中规定的数值
7	碱含量	水泥中碱含量按 $Na_2O + 0.658K_2O$ 计算值表示。若使用活性集料，要限制水泥中的碱含量时，由供需双方商定

矿渣水泥、火山灰水泥、粉煤灰硅酸盐水泥的强度指标　　　　　　　　　　表 3-5

强度等级	抗压强度（MPa）		抗折强度（MPa）	
	3d	28d	3d	28d
32.5	≥10.0	≥32.5	≥2.5	≥5.5
32.5R	≥15.0		≥3.5	
42.5	≥15.0	≥42.5	≥3.5	≥6.5
42.5R	≥19.0		≥4.0	
52.5	≥21.0	≥52.5	≥4.0	≥7.0
52.5R	≥23.0		≥4.5	

四、复合硅酸盐水泥

凡由硅酸盐水泥熟料、两种或两种以上规定的混合材料、适量石膏磨细制成的水硬性胶凝材料，称为复合硅酸盐水泥（简称复合水泥），代号为 P·C。水泥中混合材料的总掺加量按质量百分比计应 >20% 且 ≤50%。

水泥中允许用不超过 8% 的窑灰代替部分混合材料；掺矿渣时混合材料掺量不得与矿渣硅酸盐水泥重复。复合水泥的水化、凝结硬化过程基本上与掺混合材料的硅酸盐水泥相同。

按我国现行标准《复合硅酸盐水泥》(GB 175—2007) 规定，对复合硅酸盐水泥的技术要求：细度、氧化镁、三氧化硫、安定性等指标与矿渣水泥、火山灰水泥和粉煤灰水泥相同。强度等级分为 32.5R、42.5、42.5R、52.5、52.5R。各强度等级、各龄期的强度指标列于表 3-6。

复合硅酸盐水泥的强度指标　　　　　　　　　　表 3-6

强度等级	抗压强度（MPa）		抗折强度（MPa）	
	3天	28天	3天	28天
32.5R	≥15.0	≥32.5	≥3.5	≥5.5
42.5	≥15.0	≥42.5	≥3.5	≥6.5
42.5R	≤19.0		≥4.0	

续上表

强度等级	抗压强度（MPa）		抗折强度（MPa）	
	3 天	28 天	3 天	28 天
52.5	≥21.0	≥52.5	≥4.0	≥7.0
52.5R	≥23.0		≥4.5	

复合硅酸盐水泥中掺入了两种或两种以上的混合材料，可以互相取长补短，克服了掺单一混合材料水泥的一些弊病。复合硅酸盐水泥的早期强度接近于普通水泥，而其他性能与其掺混合料的种类、掺量及相对比例有密切关系。当掺混合材料较多（30%以上）时，其性能向掺加数量多的混合材料性质转移。如以粒化高炉矿渣为主要混合材料时，其性质与矿渣水泥接近；当以火山灰质混合材料为主要混合材料时，其性质与火山灰水泥接近。因此，使用复合硅酸盐水泥时，应当弄清楚水泥中主要混合材料的品种。为此，国家标准规定：在包装袋上应标明主要混合材料的名称。

五、通用水泥的主要特点及适用范围

通用水泥是指硅酸盐水泥、普通硅酸盐水泥、矿渣硅酸盐水泥、火山灰硅酸盐水泥和粉煤灰硅酸盐水泥、复合硅酸盐水泥 6 种水泥。复合硅酸盐水泥的使用，应根据所掺混合材料种类，参照其他掺混合材料的硅酸盐水泥的适用范围和工程实践经验选用。现将五种硅酸盐水泥的主要特点及适用范围列于表 3-7。

五种硅酸盐水泥的主要特点及适用范围　　　　表 3-7

品 种	主要特点	适用范围	不适用范围
硅酸盐水泥	1. 早强快硬 2. 水化热高 3. 耐冻性好 4. 耐热性差 5. 耐腐蚀性差 6. 对外加剂的作用比较敏感	1. 适用快硬早强工程 2. 配制强度等级较高混凝土	1. 大体积混凝土 2. 受化学侵蚀水及压力水作用的工程
普通硅酸盐水泥	1. 早期强度高 2. 水化热较高 3. 耐冻性较好 4. 耐热性较差 5. 耐腐蚀性较差 6. 低温时凝结时间有所延长	1. 地上、地下及水中的混凝土、钢筋混凝土和预应力混凝土结构，包括早期强度要求较高的工程 2. 配制建筑砂浆	1. 大体积混凝土 2. 受化学侵蚀水及压力水作用的工程
矿渣硅酸盐水泥	1. 早期强度低，后期强度增长较快 2. 水化热较低 3. 耐热性较好 4. 抗硫酸侵蚀性好 5. 抗冻性较差 6. 干缩性较大	1. 大体积工程 2. 配制耐热混凝土 3. 蒸汽养护的构件 4. 一般地上地下的混凝土和钢筋混凝土结构 5. 配制建筑砂浆	1. 早期强度要求较高的混凝土工程 2. 严寒地区并在水位升降范围内的混凝土工程

续上表

品　　种	主要特点	适用范围	不适用范围
火山灰质硅酸盐水泥	1. 早期强度低,后期强度增长较快 2. 水化热较低 3. 耐热性较差 4. 抗硫酸侵蚀性好 5. 抗冻性较差 6. 干缩性较大 7. 抗渗性较好	1. 大体积工程 2. 有抗渗要求工程 3. 蒸汽养护的构件 4. 一般地上地下的混凝土和钢筋混凝土结构 5. 配制建筑砂浆	1. 早期强度要求较高的混凝土工程 2. 严寒地区并在水位升降范围内的混凝土工程 3. 干燥环境中的混凝土工程 4. 有耐磨要求的工程
粉煤灰硅酸盐水泥	1. 早期强度低,后期强度增长较快 2. 水化热较低 3. 耐热性较差 4. 抗硫酸侵蚀性好 5. 抗冻性较差 6. 干缩性较小	1. 大体积工程 2. 有抗渗要求工程 3. 一般混凝土工程 4. 配制建筑砂浆	1. 早期强度要求较高的混凝土工程 2. 严寒地区并在水位升降范围内的混凝土工程 3. 有抗碳化要求的工程

第三节　其他品种水泥

一、快硬硅酸盐水泥

由硅酸盐水泥熟料和适量石膏磨细制成,以3d抗压强度表示强度等级的水硬性胶凝材料称为快硬硅酸盐水泥(简称快硬水泥)。

与硅酸盐水泥比较,快硬水泥在组成上适当提高了C_3S和C_3A的含量,达到了早强快硬的效果。

技术要求:细度要求为80μm方孔筛筛余不得超过10.0%;初凝时间不得早于45min,终凝时间不得迟于10h;安定性必须合格。快硬水泥有325、375、425三个强度等级,各强度等级、各龄期的强度指标列表于3-8。

快硬硅酸盐水泥的强度指标　　表3-8

强度等级	抗压强度(MPa)			抗折强度(MPa)		
	1d	3d	28d	1d	3d	28d
325	15.0	32.5	52.5	3.5	5.0	7.2
375	17.0	37.5	57.5	4.0	6.0	7.6
425	19.0	42.5	62.5	4.5	6.4	8.0

快硬硅酸盐水泥凝结硬化快,早期强度高,后期强度也高,抗冻性及抗渗性强,水化放热量大,耐腐蚀性差。快硬硅酸水泥适用于紧急抢修工程、冬季施工的混凝土工程;不宜应用大体积混凝土工程和耐腐蚀要求高的工程。另外,快硬水泥干缩率较大,容易吸湿降低强度,储存期超过一个月时,需重新检验其技术性质。

二、白色硅酸盐水泥

白色硅酸盐水泥是以适当成分的生料烧至部分熔融,得以硅酸钙为主要成分的熟料,氧化铁含量少的熟料,加入适量石膏,磨细制成的水硬性胶凝材料,称为白色硅酸盐水泥,简称为白色水泥。

白色水泥为了保证其白度,生产过程中应严格控制FeO_3含量,减少MnO、TiO_2等着色氧化物的掺量。生产原料应选用纯净的石灰石、石英砂等。白色水泥与硅酸盐水泥主要区别在于氧化铁含量少,因而色白。

按我国现行标准《白色硅酸盐水泥》(GB/T 2015—2005)规定:细度要求为80μm方孔筛筛余不得超过10.0%;初凝时间不得早于45min,终凝时间不得迟于10h;安定性用沸煮法检验必须合格;氧化镁的含量不得超过5.0%,三氧化硫的含量不得超过3.5%;白度值应不低于87。白色水泥有32.5、42.5、52.5三个强度等级,各强度等级、各龄期的强度不得低于表3-9所示数值。

白色硅酸盐水泥的强度指标　　　　表3-9

强度等级	抗压强度(MPa)		抗折强度(MPa)	
	3d	28d	3d	28d
32.5	12.0	32.5	3.0	6.0
42.5	17.0	42.5	3.5	6.5
52.5	22.0	52.5	4.0	7.0

白色酸盐水泥具有强度高、色泽洁白等特点,在建筑装饰工程中常用来配制彩色水泥浆,用于建筑物内、外墙的粉刷及天棚、柱子的粉刷;还可用于贴面装饰材料的勾缝处理;配制各种彩色水泥浆用于装饰抹灰,如常用的水刷石、斩假石等,模仿天然石材的色彩、质感,具有较好装饰效果;配制彩色混凝土,制作彩色水磨石等。

三、膨胀水泥及自应力水泥

膨胀水泥是硬化过程中不产生收缩,而具有一定膨胀性能的水泥。

一般水泥在凝结硬化过程中都会产生一定的收缩,使水泥混凝土出现裂纹,影响混凝土的强度及其他性能。而膨胀水泥则克服了这一弱点,在硬化过程中能够产生一定的膨胀,增加水泥石的密实度,消除由收缩带来的不利影响。

膨胀水泥主要是比一般水泥多了一种膨胀组分,在凝结硬化过程中,膨胀组分使水泥产生一定量的膨胀值。常用的膨胀组分是在水化后能形成膨胀性产物水化硫铝酸钙。

按膨胀值的大小,膨胀水泥可分为补偿收缩水泥和自应力水泥两大类。补偿收缩水泥膨胀率较小,大致可补偿水泥在凝结硬化过程中产生的收缩,因此又叫做无收缩水泥,这种水泥可防止混凝土产生收缩裂缝;自应力水泥的膨胀值较大,在限制膨胀的条件下(如有配筋时),由于水泥石的膨胀作用,使混凝土产生压应力,从而达到预应力的目的。这种靠水泥自身水化产生膨胀来张拉钢筋达到的预应力称为自应力。混凝土中所产生的压应力数值即为自应力值。

膨胀水泥按自应力的大小分为两类:当其自应力值大于或等于2.0MPa时,称为自应力水泥;当其值小于2.0MPa(常为0.5MPa)时,则称为膨胀水泥。

按基本组成,我国常用的膨胀水泥品种有以下几种:

(1)硅酸盐膨胀水泥:以硅酸盐水泥为主要成分,外加高铝水泥和石膏配制而成;

(2)铝酸盐膨胀水泥:以高铝水泥熟料外加石膏磨细而成;

(3)硫铝酸盐膨胀水泥:以无水硫铝酸钙和硅酸二钙外加石膏磨细而成;

(4)铁铝酸盐膨胀水泥:以铁相、无水硫铝酸钙和硅酸二钙外加石膏磨细而成。

上述4种膨胀水泥的膨胀均来自在水泥石中形成钙矾石所产生体积膨胀。在工程中调整各种组成的配合比,控制生成钙矾石的数量,就可以制得不同膨胀值、不同类型的膨胀水泥。膨胀水泥主要用于补偿混凝土收缩的结构工程、制作屋面刚性防水或防渗混凝土、锚固地脚螺栓或修补;还适用制造自应力钢筋混凝土压力管及配件。

第四节 水泥的验收及保管

一、水泥的验收

1. 品种验收

水泥包装袋上应清楚标明:执行标准、水泥品种、代号、强度等级、生产者名称、生产许可证标志(QS)及编号、净含量、出厂编号、包装日期。包装袋两侧应根据水泥的品种采用不同颜色印刷水泥名称和强度等级,硅酸盐水泥采用红色;矿渣硅酸盐水泥采用绿色;火山灰硅酸盐水泥、粉煤灰硅酸盐水泥和复合硅酸盐水泥采用黑色或蓝色。

散装水泥发运时应提交与袋装标志内容的卡片。

2. 数量验收

水泥可以是袋装或散装,袋装水泥每净含量50kg,且不少于标志质量的99%;随机抽取20袋总质量不得少于1000kg,其他包装形式由供需双方协商确定。

3. 质量检验

1)检验内容和检验批确定

(1)同一水泥厂生产的同品种、同等级同一出厂编号的水泥为一批。但散装水泥一批的总量不得超过500t,袋装水泥一批不得超过200t。

(2)当采用同一旋窑厂生产的质量长期稳定的、生产间隔不超过10d的散装水泥可以500t作为一批检验批。

(3)取样时随机从不少于3个车罐中各取等量水泥,经混合均匀后,再从中称取不少于12kg水泥作为检验样。

2)检验项目

水泥进场时应对品种、级别、包装或散装仓号、出厂日期进行检查,并对其细度、凝结时间、安定性、抗折强度和抗压强度等性能指标进行复检。

4. 质量验收

交货时水泥的质量验收可抽取实物试样以其检查结果为依据,也可以水泥厂同编号水泥的检验报告为依据。采用何种方法验收由双方商定,并在合同或协议中注明。

以抽取实物试样的检验结果为验收依据时,买卖双方应在发货前或发货地共同取样和鉴封,取样数量20kg,分为二等份,一份由卖方保存40d,一份由买方按标准规定的项目和方法进行检验。在40d内买方检验认为水泥质量不符合标准要求时,而卖方又有异议时,则双方应将卖方保存的一份试样送省级或省级以上国家认可的水泥质量监督检验机构进行仲裁检验。水泥安定性仲裁检验时,应在取样之日起10d以内完成。

以水泥厂同编号水泥的检验报告为验收依据时,在发货前或交货时买方在同编号水泥抽取试样,双方共同签封后由卖方保存90d,或认可卖方自行取样、签封并保存90d的同编号水泥的封存样。在 90d 内,买方对水泥质量有疑问时,由买卖双方应将共同认可的试样送省级或省级以上国家认可的水泥质量监督检验机构进行仲裁检验。

5. 结论

经检验化学指标、凝结时间、安定性、强度符合标准规定为合格品,上述指标中的任何一项不符合标准要求即为不合格品。

二、水泥的保管和使用

硅酸盐水泥在储存和运输过程中,应按不同品种、不同强度等级及出厂日期分别储运,不得混杂,要注意防潮、防水,地面应铺放防水隔离材料或用木板加设隔离层。袋装水泥的堆放高度不得超过 10 袋。即使是良好的储存条件,水泥也不宜久存。在空气中水蒸气及 CO_2 的作用下,水泥会发生部分水化和碳化,使水泥的强度及胶结力降低。一般水泥在储存 3 个月后,强度降低 10% ~20%,6 个月后降低 15% ~30%,1 年后降低 25% ~40%。水泥的有效储存期是 3 个月,存放期超过 3 个月的水泥在使用时必须重新鉴定其技术性能。

虽未过期但已受潮结块的水泥,必须重新检验后方可使用。

不同品种的水泥不得混合使用;对同一品种的水泥,强度等级不同,或出厂期相差太久,也不得混合使用。

本 章 小 结

硅酸盐水泥是一种水硬性胶凝材料,其基本成分为硅酸盐熟料。熟料的主要矿物组成是:硅酸三钙、硅酸二钙、铝酸三钙和铁铝酸四钙。其中硅酸三钙和硅酸二钙对水泥的强度起主要作用;硅酸三钙和铝酸三钙对水泥的水化热贡献较大;铁铝酸四钙有助于提高水泥的抗折强度,改变矿物组成比例将会显著影响水泥的技术性质,以满足不同的使用要求。

为了改善水泥的某些性能,增加水泥产量和降低成本的目的,在硅酸盐熟料中掺加适量的各种混合材料并与石膏共同磨细制成各种掺混合材料的水泥,如矿渣水泥、火山灰质水泥、粉煤灰水泥和复合水泥等。

目前常用的水泥有硅酸盐水泥、普通硅酸盐水泥、矿渣硅酸盐水泥、火山灰硅酸盐水泥、粉煤灰硅酸盐水泥和复合硅酸盐水泥统称通用硅酸盐水泥。

水泥的主要技术指标是:细度、凝结时间、安定性和强度等。

在建筑工程中经常使用的其他水泥有:快硬硅酸盐水泥、白色硅酸盐水泥、膨胀水泥及自应力水泥等。

复习思考题与习题

1. 硅酸盐水泥熟料矿物成分有哪些?它们相对含量的变化,对水泥性能有什么影响?
2. 硅酸盐水泥水化后的主要产物有哪些?
3. 引起水泥体积安定性不良的原因有哪些?安定性不良的水泥应如何处理?
4. 硫酸盐对水泥有腐蚀作用,为什么在水泥生产过程中还要加入石膏($CaSO_4 \cdot 2H_2O$)?
5. 什么是水泥的凝结时间?凝结时间对水泥混凝土的施工具有什么意义?
6. 硅酸盐水泥有哪些特性,适用于哪些工程?

7. 什么叫混合材料？活性混合材料掺入水泥中会产生什么影响？

8. 如何按技术指标来判断水泥的质量？

9. 判断下列说法是否正确。

(1) 储存期超过 3 个月的水泥，使用时应重新测定其强度。

(2) 水泥熟料矿物中，水化反应速度最快的是 C_2S。

(3) 水泥标准稠度用水量是国家标准规定的。

(4) 水泥技术性质中，凡氧化镁、三氧化硫、终凝时间、体积安定性中的任一项不符合国家标准规定均为废品水泥。

(5) 生产水泥时掺入适量的石膏的主要目的是提高强度。

(6) 水泥的初凝不能过早，终凝不能过迟。

(7) 水泥颗粒越细，水化速度越快，早期强度越高。

(8) 国家标准规定，以标准维卡仪的试杆沉入水泥净浆距底板 6mm±1mm 时的净浆稠度为标准稠度。

(9) 安定性不合格的水泥应降级使用。

(10) 按现行规范，水泥胶砂强度是评定水泥强度等级的依据。

10. 下列混凝土工程中，应优先选用什么水泥？不宜使用什么水泥？

(1) 干燥环境中的混凝土；

(2) 采用湿热养护的混凝土；

(3) 厚大体积的混凝土；

(4) 位于水下的混凝土工程；

(5) 配制强度等级为 C60 的混凝土；

(6) 热工窑炉的基础；

(7) 路面水泥混凝土；

(8) 冬季施工的混凝土；

(9) 严寒地区水位升降范围内的混凝土；

(10) 有抗渗要求的混凝土；

(11) 经常与流动淡水接触的混凝土；

(12) 紧急抢修工程；

(13) 修补建筑物裂缝；

(14) 经常受硫酸盐腐蚀的混凝土。

11. 某工地新购入一批 42.5 级普通硅酸盐水泥，取样送实验室检测，试验结果见表 3-10。

42.5 级普通硅酸盐水泥检验结果 表 3-10

龄期	抗折破坏荷载(kN)			抗压破坏荷载(kN)					
3d	1.45	1.80	1.70	25	31	31	30	28	29
28d	3.20	3.35	3.05	80	76	75	73	74	75

试问该水泥强度是否达到规定的强度等级？若该水泥存放 6 个月后，是否可以凭上述试验结果判定该水泥仍按原强度等级使用？为什么？

第四章 水泥混凝土与建筑砂浆

学习要求

了解普通水泥混凝土组成材料的技术要求；掌握水泥混凝土的主要技术性质及其影响因素；掌握水泥混凝土配合比设计；熟悉水泥混凝土的强度评定；了解混凝土外加剂的作用与效果；了解其他品种混凝土的主要用途。掌握建筑砂浆的主要技术性能。

第一节 概　　述

一、混凝土定义

混凝土是以胶凝材料、颗粒状集料以及必要时加入化学外加剂和矿物掺和料等组分的混合料经硬化后形成具有堆聚结构的复合材料。由水泥、砂、石子、水、外加剂组成的叫普通混凝土。

二、混凝土的分类

1. 按胶凝材料不同分类

混凝土分为水泥混凝土、沥青混凝土、聚合物浸渍混凝土、聚合物胶结混凝土、水玻璃混凝土等。

2. 按体积密度分类

混凝土分为重混凝土（体积密度 $>2500kg/m^3$）、普通混凝土（体积密度 $>1900\sim2500 kg/m^3$）、轻混凝土（体积密度 $<1900kg/m^3$）。

3. 按施工方法不同分类

混凝土分为现浇混凝土、预制混凝土（商品混凝土）、泵送混凝土、喷射混凝土。

4. 按性能特点分类

混凝土分为抗渗混凝土、耐热混凝土、高性能混凝土。

5. 按强度等级分类

普通混凝土（$<C60$）、高强混凝土（$\geq C60$）、超高强混凝土（28d 抗压强度$\geq100MPa$）。

6. 按用途分类

混凝土分为结构混凝土、装饰混凝土、防水混凝土、道路混凝土、大体积混凝土、膨胀混凝土等。

三、混凝土的特点

1. 混凝土的优点

混凝土材料在建筑工程中得到广泛应用是因为与其他材料相比具有许多优点：

(1)材料来源广泛;
(2)性能可调整范围大;
(3)易于加工成型;
(4)匹配性好,可用其他材料增强;
(5)耐久性好,维修费用少。

2. 混凝土的缺点

(1)自重大,比强度小;
(2)抗拉强度低,变形能力差而易产生裂缝;
(3)硬化时间长,在施工中影响质量的因素较多,质量波动较大。

四、混凝土的应用与发展

由于混凝土具有上述特点,使其成为主要的结构材料,广泛应用于工业与民用建筑工程、水利工程、地下工程、公路、铁路、桥涵及国防工程中。

随着科学技术的发展,混凝土的缺点正被逐渐克服。如采用轻质集料可显著降低混凝土的自重,提高强度;掺入纤维或聚合物,可提高抗拉强度,大大降低混凝土的脆性;掺入减水剂、早强剂等外加剂,可显著缩短硬化时间,改善力学性能。

混凝土的技术性能也在不断的发展,高性能混凝土(HPC)将是今后混凝土的发展方向之一。高性能混凝土除了要求具有高强度($f_{cu} \geq 60$MPa)等级外,还必须具备良好的工作性、体积稳定性和耐久性。

目前,我国发展高性能混凝土的主要途径主要有以下方面:

(1)采用高性能的原料以及与其相适应的工艺。
(2)采用多种复合途径提高混凝土的综合性能:可在基本组成材料之外加入其他有效材料,如高效减水剂、早强剂、缓凝剂、硅灰、优质粉煤灰、沸石粉等一种或多种复合的外加组分,以调整各改善混凝土的浇筑性能及内部结构,综合提高混凝土的性能和质量。
(3)从节约资源、能源,减少工业废料排放和保护自然环境的角度考虑,则要求混凝土及原材料的开发、生产,建筑施工作业等均应既能满足当代人的建设需要,又不危及后代人的延续生存环境,因此绿色高性能混凝土(GHPC)也将成为今后的发展方向。许多国家正在研究开发新技术混凝土,如灭菌、环境调色、变色、智能混凝土等,这些新的发展动态可以说明混凝土的潜力很大,混凝土技术与应用领域有待开拓。

五、对混凝土的基本要求

(1)混凝土拌和物有一定的和易性,便于施工,并获得均匀密实的混凝土。
(2)要满足结构安全所要求的强度,以承受荷载。
(3)要有与工程环境相适应的耐久性。
(4)在保证质量的前提下,尽量节省水泥,满足经济性的要求。

第二节 普通混凝土的组成材料

普通混凝土是以通用水泥为胶结材料,用普通砂石材料为集料,并以普通水为原材料,按专门设计的配合比,经搅拌、成型、养护而得到的复合材料。现代水泥混凝土中,为了调节和改善其工艺性能和力学性能,还加入各种化学外加剂和磨细矿质掺和料。

砂石在混凝土中起骨架作用,统称集料。水泥和水组成水泥浆,包裹在砂石表面并填充砂石空隙,在拌和物中起润滑作用,赋予混凝土拌和物一定的流动性,使混凝土拌和物容易施工;在硬化过程中胶结砂、石,将集料颗粒牢固地黏结成整体,使混凝土有一定的强度。混凝土的组成及各材料的大致比例见表4-1。

混凝土组成及各组分材料绝对体积比　　　表4-1

组成成分	水泥	水	砂	石	空气
占混凝土总体积的(%)	10~15	15~20	20~30	35~48	1~3
	25~35		66~78		1~3

一、水泥

1. 水泥品种的正确选择

水泥是水泥混凝土的胶结材料,混凝土的性能很大程度上取决于水泥的质量和数量,在保证混凝土性能的前提下,应尽量节约水泥,降低工程造价。首先根据工程特点、所处环境气候条件,特别是工程竣工后可能遇到的环境因素以及设计、施工的要求进行分析,并考虑当地水泥的供应情况选用适当品种的水泥。

2. 水泥强度等级的正确选择

水泥的强度等级,应与混凝土设计强度等级相适应。用高强度等级的水泥配低强度等级混凝土时,水泥用量偏少,会影响和易性及强度,可掺适量混合材料(火山灰、粉煤灰、矿渣等)予以改善。反之,如水泥强度等级选用过低,则混凝土中水泥用量太多,非但不经济,而且降低混凝土的某些技术品质(如收缩率增大等)。

一般情况下(C30以下),水泥强度为混凝土强度的1.5~2.0倍较合适。若采用某些措施(如掺减水剂和掺入材料),情况则大不相同,用42.5级的水泥也能配制出C60~C80的混凝土,其规律主要受水胶比定则控制。

3. 水泥用量的确定

为保证混凝土的耐久性,水泥用量满足有关技术标准规定的最小和最大水泥用量的要求。如果水泥用量少于规定的最小水泥用量,则取规定的最小水泥用量值;如果水泥用量大于规定的最大水泥用量,应选择更高强度等级的水泥或采用其他措施使水泥用量满足规定要求。水泥的具体用量由混凝土的配合比设计确定。

二、细集料——砂

在混凝土中粗细集料的总体积占混凝土体积的70%~80%,因此混凝土用集料的性能对于所配制的混凝土的性能有很大的影响。集料按粒径大小分为细集料和粗集料,粒径在150μm~4.75mm之间的集料称为细集料,粒径大于4.75mm的集料称为粗集料。根据集料的密度的大小集料又可分为普通集料、轻集料及重集料。

集料的分类:

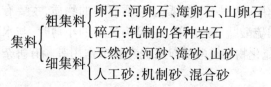

1. 细集料的质量要求

混凝土用砂要求砂粒的质地坚实、清洁、有害杂质含量要少。我国标准《建筑用砂、石》(GB/T 14684—2011)中的质量技术要求如下：

砂按技术要求分为Ⅰ类、Ⅱ类、Ⅲ类。

(1)密度和空隙率要求。

密度 $\rho_s \geq 2.5\text{g/cm}^3$；堆积密度 $\rho_{os} \geq 1.4\text{g/cm}^3$；空隙率 $P_s < 45\%$。

(2)含泥量、泥块含量和石粉含量。

含泥量是指砂中粒径小于 $75\mu m$ 的岩屑、淤泥和黏土颗粒总含量的百分数。泥块含量是颗粒粒径大于 1.18mm，水浸碾压后可成为小于 $600\mu m$ 块状黏土或淤泥颗粒的含量。石粉含量是人工砂生产过程中不可避免产生的粒径小于 $75\mu m$ 的颗粒的含量，粉粒径虽小，但与天然砂中的泥成分不同，粒径分布($40 \sim 75\mu m$)也不同。含量要求应符合表4-2。

细集料的技术要求(GB/T 14684—2011)　　　　表4-2

项　目		指　　标		
		Ⅰ类	Ⅱ类	Ⅲ类
亚甲蓝试验	MB值<1.40或快速法试验合格	≤10.0	≤10.0	≤10.0
	MB值>1.40或快速法试验不合格	≤1.0	≤3.0	≤5.0
云母(按质量计),%		≤1.0	≤2.0	≤2.0
轻物质(按质量计),%		≤1.0	≤1.0	≤1.0
有机物(比色法),%		合格	合格	合格
硫化物和硫酸盐(按SO_3质量计),%		≤0.5	≤0.5	≤0.5
氯化物(按氯离子质量计),%		≤0.01	≤0.02	≤0.06
天然砂含泥量(按质量计),%		1.0	3.0	5.0
天然砂、机制砂泥块含量(按质量计),%		0	≤1.0	≤2.0
坚固性(质量损失),%		≤8	≤8	≤10
机制砂单级最大压碎指标,%		≤20	≤25	≤30
表观密度,kg/cm³		≥2500		
松散堆积密度,kg/cm³		≥1400		
空隙率,%		≤44		
碱集料反应		经碱集料反应后,由砂配制的试件无裂缝、酥裂、胶体外溢等现象,在规定试验龄期的膨胀率小于0.01%		

注：1. Ⅰ类宜用于强度等级大于C60的混凝土。
　　2. Ⅱ类宜用于强度等级 C30～C60 及抗冻、抗渗或其他要求的混凝土。
　　3. Ⅲ类宜用于强度等级小于C30的混凝土。

(3)有害杂质含量。

砂在生成过程中，由于环境的影响和作用，常混有对混凝土性质有害的物质，主要有黏土、淤泥、黑云母、轻物质、有机质、硫化物和硫酸盐、氯盐等。云母为光滑的小薄片，与水泥的黏结性差，影响混凝土的强度和耐久性；硫化物和硫酸盐对水泥有腐蚀作用等。有害杂质含量限制见表4-2。

(4)坚固性。

天然砂的坚固性采用硫酸钠溶液法进行试验检测,砂样经5次循环后其质量损失应符合表4-3中的规定;人工砂采用压碎指标法进行试验检测,压碎指标值应小于表4-3中的规定。

2. 砂的粗细程度和颗粒级配

1)砂的粗细程度

砂的粗细程度,是指不同粒径砂粒混合在一起的平均粗细程度。砂子通常分为粗砂、中砂、细砂三种规格。在混凝土各种材料用量相同的情况下,若砂过粗,砂颗粒的表面积较小,混凝土的黏聚性、保水性较差;若砂过细,砂子颗粒表面积过大,虽黏聚性、保水性好,但因砂的表面积大,需较多水泥浆来包裹砂粒表面,当水泥浆用量一定时,富余的用于润滑的水泥浆较少,混凝土拌和物的流动性差,甚至还会影响混凝土的强度。所以,拌混凝土用的砂,不宜过粗,也不宜过细。颗粒大小均匀的砂是级配不良的砂。砂的粗细程度通常用细度模数(M_x)表示。

2)砂的颗粒级配

砂的颗粒级配是指不同粒径的颗粒互相搭配及组合的情况。级配良好的砂,其大小颗粒的含量适当,一般有较多的粗颗粒,并有适当数量的中等颗粒及少量的细颗粒填充其空隙,砂的总表面积及空隙率均较小。使用级配良好的砂,填充空隙用的水泥浆较少,不仅可以节省水泥,而且混凝土的和易性好,强度耐久性也较高。

3)砂的粗细程度与颗粒级配的测定

砂的粗细程度和颗粒级配是由砂的筛分试验来进行测定的。筛分试验是采用过9.50mm方孔筛后取500g烘干的待测砂,用一套孔径从大到小(孔径分别为4.75mm、2.36mm、1.18mm、600μm、300μm、150μm)的标准金属方孔筛进行筛分,然后称其各筛上所得的粗颗粒的质量(称为筛余量),将各筛余量分别除以500得到分计筛余百分率(%)a_1、a_2、a_3、a_4、a_5、a_6,再将其累加得到累计筛余百分率(简称累计筛余率)A_1、A_2、A_3、A_4、A_5、A_6,其计算过程见表4-3。

累计筛余百分率(%)与分计筛余百分率(%)的关系　　　　表4-3

筛孔尺寸(mm)	分计筛余		累计筛余百分率(%)
	分计筛余量(g)	分计筛余百分率(%)	
4.75mm	m_1	a_1	$A_1 = a_1$
2.36mm	m_2	a_2	$A_2 = a_1 + a_2$
1.18mm	m_3	a_3	$A_3 = a_1 + a_2 + a_3$
600μm	m_4	a_4	$A_4 = a_1 + a_2 + a_3 + a_4$
300μm	m_5	a_5	$A_3 = a_1 + a_2 + a_3 + a_4 + a_5$
150μm	m_6	a_6	$A_6 = a_1 + a_2 + a_3 + a_4 + a_5 + a_6$

4)砂的粗细及级配的判定

(1)砂的粗细判定。

砂按细度模数大小分为粗砂、中砂、细砂3种规格,细度模数越大,砂越粗,反之越细。细度模数按下式计算:

$$M_x = \frac{(A_2 + A_3 + A_4 + A_5 + A_6) - 5A_1}{100 - A_1} \qquad (4-1)$$

式中： M_x——细度模数；

A_1、A_2、A_3、A_4、A_5、A_6——分别为 4.75mm、2.36mm、1.18mm、600μm、300μm、150μm 筛的累计筛余百分率,%。

细度模数越大,表示砂越粗,普通混凝土用砂的细度模数在 3.7~1.6 之间。当 M_x = 3.7~3.1时为粗砂；M_x = 3.0~2.3 为中砂；M_x = 2.2~1.6 为细砂。普通混凝土在可能的情况下应选用粗砂或中砂,以节约水泥。

(2)砂的级配判定。

砂的颗粒级配用级配区表示,以级配区或筛分曲线判定砂级配的合格性。根据计算和试验结果,GB/T 14684—2011 规定将砂的合理级配以 600μm 级的累计筛余率为准,划分为 3 个级配区,分别称为 I、II、III 区,任何一种砂,只要其累计筛余率 A_1~A_6 分别分布在某同一级配区的相应累计筛余率的范围内,即为级配合理,符合级配要求。砂的颗粒级配要求见表 4-4。除 4.75mm 和 600μm 级外,其他级的累计筛余可以略有超出,但超出总量应小于 5%。由表中数值可见,在 3 个级配区内,只有 600μm 级的累计筛余率是重叠的,故称其为控制粒级,控制粒级使任何一个砂样只能处于某一级配区内,避免出现属两个级配区的现象。其中,I 区为粗砂区,用过粗的砂配制混凝土,拌和物的和易性不易控制,内摩擦角较大,混凝土振捣困难。III 区砂较细,为细砂区,适宜配制富混凝土和低动流性混凝土。超出 III 区范围过细的砂,配成的混凝土不仅水泥用量大,而且强度将显著降低。II 区为中砂区,应优先选择级配在 II 区的砂;当采用 II 区砂时,应适当提高砂率;当采用 III 区砂时,应适当减小砂率,以保证混凝土强度。

工程中,若砂的级配不合适;可采用人工掺配的方法予以改善,即将粗、细砂按适当的比例掺和使用。也可将砂过筛,筛除过粗或过细的颗粒。

砂的颗粒级配(GB/T 14684—2011)　　　　　　　表 4-4

方孔筛(mm)	级配区 I	II	III
9.50	0	0	0
4.75	10~0	10~0	10~0
2.36	35~5	25~0	15~0
1.18	65~35	50~10	25~0
0.6	85~71	70~41	40~16
0.3	95~80	92~70	85~55
0.15	100~90	100~90	100~90

注：1. 表中的数据为累计筛余数(%)。
2. 砂的实际颗粒级配与表列累计百分率相比,除 4.75mm 和 0.6mm 筛孔外,允许稍有超出分界线,但其总量百分率不应大于 5%。
3. I 区砂中 0.15mm 筛孔累计筛余可放宽 100~85,II 区砂中 0.15mm 筛孔累计筛余可放宽 100~80,III 区砂中 0.15mm 筛孔累计筛余可放宽 100~75。

三、粗集料——石子

粗集料是指粒径大于 4.75mm 的岩石颗粒。常用的粗集料有卵石(砾石)和碎石。由人工破碎而成的石子称为碎石,或人工石子;由天然形成的石子称为卵石。卵石按其产源特点,也可分为河卵石、海卵石和山卵石。其各自的特点与相应的天然砂类似,各有其优缺点。通常,卵石的用量很大,故应按就地取材的原则给予选用。卵石的表面光滑,混凝土拌和物比碎石流动性要好,但与水泥砂浆黏结力差,故强度较低。

卵石和碎石按技术要求分为Ⅰ类、Ⅱ类、Ⅲ类三个等级。Ⅰ类用于强度等级大于C60的混凝土;Ⅱ类用于强度等级C30~C60及抗冻、抗渗或有其他要求的混凝土;Ⅲ类适用于强度等级小于C30的混凝土。

根据《建筑用卵石、碎石》(GB/T 14685—2011),粗集料的技术性能主要有以下各项。

1. 最大粒径及颗粒级配

与细集料相同,混凝土对粗集料的基本要求也是颗粒的总表面积要小和颗粒大小搭配要合理,以达到节约水泥和逐级填充而形成最大的密实度的要求。

1)最大粒径

粗集料公称粒径的上限称为该粒级的最大粒径。如公称粒级5~20mm的石子其最大粒径即20mm。最大粒径反映了粗集料的平均粗细程度。拌和混凝土中粗集料的最大粒径加大,总表面积减小,单位用水量有效减少。在用水量和水胶比固定不变的情况下,最大粒径加大,集料表面包裹的水泥浆层加厚,混凝土拌和物可获较高的流动性。若在工作性一定的前提下,可减小水胶比,使强度和耐久性提高。通常加大粒径可获得节约水泥的效果。但最大粒径过大(大于150mm)不但节约水泥的效率不再明显,而且会降低混凝土的抗拉强度,会对施工质量,甚至对搅拌机械造成一定的损害。

根据《混凝土结构工程施工质量验收规范》(GB 50204—2015)的规定:混凝土用的粗集料,其最大粒径不得超过构件截面最小尺寸的1/4,且不得超过钢筋最小净间距的3/4。对混凝土的实心板,集料的最大粒径不宜超过板厚的1/3,且不得超过40mm。

2)颗粒级配

粗集料与粗集料一样,也要求有良好的颗粒级配,以减小空隙率,增强密实度性,从而节约水泥,保证混凝土的和易性及强度。特别是配制高强度混凝土,粗集料级配特别重要。

粗集料的颗粒级配也是通过筛分实验来确定,所采用的方孔标准筛孔径为2.36mm、4.75mm、9.50mm、16.0mm、19.0mm、26.5mm、31.5mm、37.5mm、53.0mm、63.0mm、75.0mm、90.0mm12个。根据各筛的分计筛余量计算而得的分计筛余百分率及累计筛余百分率的计算方法也与砂相同。依国家标准,普通混凝土用碎石及卵石的颗粒级配应符合表4-5规定。

卵石或碎石颗粒级配范围(GB/T 14685—2011) 表4-5

级配情况	公称粒级(mm)	累计筛余(%)										
		筛孔尺寸(mm)										
		2.36	4.75	9.50	16.0	19.0	26.5	31.5	37.5	53.0	63.0	75.0	90.0
连续粒级	4.75~9.50	95~100	80~100	0~15	0	—	—	—	—	—	—	—	—
	4.75~16	95~100	85~100	30~60	0~10	0	—	—	—	—	—	—	—
	4.75~19	95~100	90~100	40~80	—	0~10	0	—	—	—	—	—	—
	4.75~26.5	95~100	90~100	—	30~70	—	0~5	0	—	—	—	—	—
	4.75~31.5	95~100	90~100	70~90	—	15~45	—	0~5	0	—	—	—	—
	4.75~37.5	—	95~100	75~90	—	30~65	—	—	0~5	0	—	—	—

续上表

级配情况	公称粒级(mm)	累计筛余(%) 筛孔尺寸(mm)										
		2.36	4.75	9.50	16.0	19.0	26.5	31.5	37.5	53.0	63.0	75.0	90.0
单粒粒级	9.5~19	—	95~100	85~100	—	0~15	0	—	—	—	—	—	—
	16~31.5	—	95~100	—	85~100	—	—	0~10	0	—	—	—	—
	19~37.5	—	—	95~100	—	80~100	—	—	0~10	0	—	—	—
	31.5~63	—	—	—	95~100	—	—	75~100	45~75	—	0~10	0	—
	37.5~75.0	—	—	—	—	95~100	—	—	70~100	30~60	—	0~10	0

粗集料的颗粒级配,按供应情况分为连续粒级和单粒粒级。按实际使用情况分为连续级配和间断级配两种。连续级配是石子的粒径从大到小连续分级,每一级都占适当的比例。连续级配的颗粒大小搭配连续合理(最小粒径为4.75mm起),颗粒上下限粒径之比接近2,用其配制的混凝土拌和物工作性好,不易发生离析,在工程中应用较多。但其缺点是,当最大粒径较大(大于37.5mm)时,天然形成的连续级配往往与理论最佳值有偏差,且在运输、堆放过程中易发生离析,影响到级配的均匀合理性。实际应用时,除直接采用级配理想的天然连续级配外,常采用由预先分级筛分形成的单粒粒级进行掺配组合成人工连续级配。

间断级配是石子粒级不连续,人为剔去某些中间粒级的颗粒而形成的级配方式。间断级配能更有效降低石子颗粒间的空隙率,使水泥达到最大程度的节约,但由于粒径相差较大,故混凝土拌和物易发生离析,间断级配需按设计进行掺配而成。

2. 强度及坚固性

(1)强度。

粗集料在混凝土中要形成紧实的骨架,故其强度要满足一定的要求。粗集料的强度有立方体抗压强度和压碎指标值两种。

立方体抗压强度是浸水饱和状态下的集料母体岩石制成的 $50mm \times 50mm \times 50mm$ 立方体试件,在标准试验条件下测得的抗压强度值。根据标准规定,要求岩石抗压强度火成岩不小于80MPa,变质岩不小于60MPa,水成岩不小于30MPa。

压碎指标是对粒状粗集料强度的另一种测定方法。该种方法是将气干状态下 9.5~13.5mm 的石子按规定方法填充于压碎指标测定仪(内径152mm的圆筒)内,其上放置压头,在压力机试验机上均匀加荷至200kN并稳荷5s,卸荷后称量试样质量(m_1),然后再用孔径为2.36mm的筛进行筛分,称其筛余量(m_2),则为压碎指标Q_c可用下式表示:

$$Q_c = \frac{m_1 - m_2}{m_1} \times 100\% \tag{4-2}$$

式中:Q_c——压碎值指标,%;

m_1——试样质量,g;

m_2——试样的筛余量,g。

压碎指标值越大,说明集料的强度越小。该种方法操作简便,在实际生产质量控制中应用较普遍。根据标准粗集料的压碎指标值控制可参照表4-6选用。

(2)坚固性。

集料颗粒在气候、外力及其他物理力学因素作用下抵抗碎裂的能力称为坚固性。集料由于干湿循环或冻融交替等作用引起体积变化会导致混凝土破坏。集料越密实,强度越高、吸水率越小时,其坚固性越好;而结构疏松,矿物成分越复杂、构造不均匀,其坚固性越差。

集料的坚固性,采用硫酸钠溶液浸泡法来检验。该种方法是将集料颗粒在硫酸钠溶液中浸泡若干次,取出烘干后,测其在硫酸钠结晶晶体的膨胀作用下集料的质量损失率来说明集料的坚固性,其指标应符合表4-6所示的要求。

3. 针片状颗粒

为提高混凝土强度和减小集料间的空隙,粗集料颗粒的理想形状应为三维长度相等或相近的立方体形或球形颗粒。但实际集料产品中常会出现颗粒长度大于平均粒径4倍的针状颗粒和厚度小于平均粒径0.4倍的片状颗粒。针片状颗粒的外形和较低的抗折能力,会降低混凝土的密实度和强度,并使其工作性变差,故其含量应予控制。针、片状颗粒含量按标准规定的针状规准仪及片状规准仪来逐粒测定,凡颗粒长度大于针状规准仪上相应间距者为针状颗粒;颗粒厚度小于片状规准仪上相应孔宽者,为片状颗粒。卵石或碎石的针片状颗粒允许含量应符合表4-6规定。

4. 含泥量和泥块含量

卵石、碎石的含泥量是指粒径小于75μm的颗粒含量;泥块含量粒径大于4.75mm经水洗、手捏后小于2.36mm颗粒含量。各类产品中含泥量和泥块含量应符合表4-6所示的规定。

粗集料技术要求 表4-6

项 目		技术要求		
		Ⅰ类	Ⅱ类	Ⅲ类
碎石压碎指标(%)		≤10	≤20	≤30
卵石压碎指标(%)		≤12	≤14	≤16
坚固性(质量损失)(%)		≤5	≤8	≤12
针、片状颗粒总含量(%)		≤5	≤10	≤15
有害物质含量	含泥量(%)	≤0.5	≤1.0	≤1.5
	泥块含量(%)	0	≤0.2	≤0.5
	有机物含量(比色法)	合格	合格	合格
	硫化物及硫酸盐含量(按SO_3质量计)(%)	≤0.5	≤1.0	≤1.0
吸水率(%)		≤1.0	≤2.0	≤2.0
空隙率(%)		≤43	≤45	≤47
表观密度(kg/m³)		≥2600		
松散堆积密度(kg/m³)		报告其实测值≥1400		
岩石抗压强度(水饱和状态,MPa)		火成岩应不小于80; 变质岩应不小于60; 水成岩应不小于30		
碱集料反应		经碱集料反应试验后,试件无裂缝、酥裂、胶体外溢等现象,在规定试验龄期的膨胀率应小于0.10%		

注:1. Ⅰ类宜用于强度等级大于C60的混凝土。

2. Ⅱ类宜用于强度等级C30~C60及抗冻、抗渗或有其他要求的混凝土。

3. Ⅲ类宜用于强度等级小于C30的混凝土。

当粗细集料中含有活性二氧化硅（如蛋白石、凝灰岩、鳞石英等岩石）时，可与水泥中的碱性氧化物 NaOH 或 KOH 发生化学反应，生成体积膨胀的碱—硅酸凝胶体。该种物质吸水体积膨胀，会造成硬化混凝土的严重开裂，甚至造成工程事故，这种有害作用称为碱—集料反应。国标《建筑用卵石、碎石》(GB/T 14685—2011)规定，当集料中含有活性二氧化硅，而水泥含碱量超过 0.6% 时，需进行专门试验，以免发生碱—集料反应。

四、拌和用水

混凝土拌和用水，按水源可分为饮用水、地表水、地下水、再生水、混凝土企业设备洗刷水和海水。拌制宜采用饮用水。对混凝土拌和用水的质量要求是所含物质对混凝土、钢筋混凝土和预应力混凝土不应产生以下有害作用：

(1) 影响混凝土的工作性及凝结。
(2) 有碍于混凝土强度发展。
(3) 降低混凝土的耐久性，加快钢筋腐蚀及导致预应力钢筋脆断。
(4) 污染混凝土表面。

根据以上要求，符合国家标准的生活用水（自来水、河水、江水、湖水）可直接拌制各种混凝土。混凝土拌和用水水质要求应符合表 4-7 的规定。

混凝土拌和用水水质要求(JGJ 63—2006) 表 4-7

项 目	预应力混凝土	钢筋混凝土	素混凝土
pH 值	≥5.0	≥4.5	≥4.5
不溶物(mg/L)	≤2000	≤2000	≤5000
可溶物(mg/L)	≤2000	≤5000	≤10000
氯化物（以 Cl 计）(mg/L)	≤500	≤1000	≤3500
硫化物（以 SO_4^{2-} 计）(mg/L)	≤600	≤2000	≤2700
碱含量(mg/L)	≤1500	≤1500	≤1500

注：碱含量按 $Na_2O+0.658K_2O$ 计算值来表示。采用非碱活性集料时，可不检验碱含量。

对于使用年限为 100 年的结构混凝土，氯离子含量不超过 500mg/L；对使用钢丝或经热处理钢筋的预应力混凝土，氯离子含量不超过 350mg/L。

被检验水样应与饮用水样进行水泥凝结时间对比试验。对比试验的水泥初凝时间差及终凝时间差均不应大于 30min；同时，初凝和终凝时间应符合现行国家标准《通用硅酸盐水泥》(GB 175—2007)的规定。

被检验水样应与饮用水样进行水泥胶砂强度对比试验，被检验水样配制的水泥胶砂 3d 和 28d 强度不低于饮用水配制的水泥胶砂 3d 和 28d 强度的 90%。

五、矿物掺和料

矿物掺和料在混凝土中的作用是改善混凝土拌和物的施工和易性，降低混凝土的水化热、调节凝结时间等。混凝土用掺和料有粉煤灰、粒化高炉矿渣、钢渣粉、磷渣粉、硅粉及复合掺和料等，其中硅灰是指从冶炼硅铁合金或硅钢等排放的硅蒸汽养护后搜集到的极细粉末颗粒。混凝土用粉煤灰的质量应满足《用于水泥和混凝土中的粉煤灰》(GB/T 1596—2005)的要求，见表 4-8。

混凝土用粉煤灰技术要求 表4-8

项　目		技 术 要 求		
		Ⅰ级	Ⅱ级	Ⅲ级
细度(45μm方孔筛筛余),不大于(%)	F类粉煤灰	12.0	25.0	45.0
	C类粉煤灰			
需水量比,不大于(%)	F类粉煤灰	95	105	115
	C类粉煤灰			
烧失量,不大于(%)	F类粉煤灰	5.0	8.0	15.0
	C类粉煤灰			
含水率,不大于(%)	F类粉煤灰	1.0		
	C类粉煤灰			
三氧化硫,不大于(%)	F类粉煤灰	3.0		
	C类粉煤灰			
游离氧化钙,不大于(%)	F类粉煤灰	1.0		
	C类粉煤灰	4.0		
安定性 雷氏夹沸煮后增加距离,不大于(mm)	C类粉煤灰	5.0		

矿物掺和料在混凝土中的掺量应通过试验确定。采用硅酸盐水泥或普通硅酸盐水泥时,钢筋混凝土矿物掺和料最大掺量宜符合表4-9的规定,预应力混凝土中矿物掺和料最大掺量宜符合表4-10的规定。对于大体积混凝土,粉煤灰、粒化高炉矿渣粉和复合掺和料的最大掺量可增加5%。采用掺量大于30%的C类粉煤灰混凝土,应以实际使用的水泥和粉煤灰掺量进行安定性检验。

钢筋混凝土中矿物掺和料最大掺量 表4-9

矿物掺和料种类	水胶比	最 大 掺 量(%)	
		采用硅酸盐水泥时	采用普通硅酸盐水泥
粉煤灰	≤0.40	45	35
	>0.40	40	30
粒化高炉矿渣	≤0.40	65	55
	>0.40	55	45
钢渣粉	—	30	20
磷渣粉	—	30	20
硅灰	—	10	10
复合掺和料	≤0.40	65	55
	>0.40	55	45

注:1. 采用其他通用硅酸盐水泥时,宜将水泥混合材料掺量20%以上的混合材料计入矿物掺和料。
2. 复合掺和料各组分的掺量不宜超过单掺时的最大掺量。
3. 在混合使用两种或两种以上矿物掺和料时,矿物掺和料总掺量应符合表中复合掺和料的规定。

预应力钢筋混凝土中矿物掺和料最大掺量 表4-10

矿物掺和料种类	水胶比	最大掺量(%)	
		采用硅酸盐水泥时	采用普通硅酸盐水泥
粉煤灰	≤0.40	35	25
	>0.40	25	20
粒化高炉矿渣	≤0.40	55	45
	>0.40	45	35
钢渣粉	—	20	10
磷渣粉	—	20	10
硅灰	—	10	10
复合掺和料	≤0.40	55	45
	>0.40	45	35

注：1. 采用其他通用硅酸盐水泥时，宜将水泥混合材料掺量20%以上的混合材料计入矿物掺和料；
2. 复合掺和料各组分的掺量不宜超过单掺时的最大掺量；
3. 在混合使用两种或两种以上矿物掺和料时，矿物掺和料总掺量应符合表中复合掺和料的规定。

第三节 混凝土拌和物的技术性质

混凝土的技术性质常以混凝土拌和物和硬化混凝土分别研究。混凝土的各组成材料按一定的比例配合、搅拌而成的尚未凝固的材料，称为混凝土拌和物。混凝土拌和物的主要技术性质是工作性(和易性)。

一、混凝土拌和物的和易性

1. 和易性的概念

和易性又称工作性，是指混凝土拌和物在一定的施工条件和环境下，是否易于各种施工工序的操作，以获得均匀密实混凝土的性能。工作性在搅拌时体现为各种组成材料易于均匀混合，均匀卸出；在运输过程中体现为拌和物不离析，稀稠程度不变化；在浇筑过程中体现为易于浇筑、振实、流满模板；在硬化过程中体现为能保证水泥水化以及水泥石和集料的良好黏结。混凝土的工作性，应是一项综合性的技术指标，包括：流动性、黏聚性、保水性3个方面的技术性能。

(1)流动性。

流动性是指混凝土拌和物在本身自重或机械振捣作用下产生流动，能均匀密实流满模板的性能，它反映了混凝土拌和物的稀稠程度及充满模板的能力。流动性的大小，反映混凝土拌和物的稀稠，直接影响着浇捣施工的难易和混凝土的质量。

(2)黏聚性。

黏聚性是指混凝土拌和物的各种组成材料在施工过程中具有一定的黏聚力，能保持成分的均匀性，在运输、浇筑、振捣、养护过程中不发生离析、分层现象，它反映了混凝土拌和物的均匀性。黏聚性差的拌和物，易发生分层、离析、硬化后产生"蜂窝""空洞"等缺陷，影响强度与耐久性。

（3）保水性。

保水性是指混凝土拌和物在施工过程中具有一定的保持水分的能力,在施工过程中不产生严重泌水的性能。保水性也可理解为水泥、砂、石子与水之间的黏聚性。保水性差的混凝土,会造成水的泌出,造成毛细管通道或由于受集料的阻挡,集聚于粗集料之下,影响水泥的水化,并严重影响水泥浆与集料的胶结;同时会使混凝土表层疏松,泌水通道会形成混凝土的连通孔隙而降低其耐久性。它反映了混凝土拌和物的稳定性。

混凝土的工作性是一项由流动性、黏聚性、保水性构成的综合指标体系,各性能间有联系也有矛盾。如提高水胶比可提高流动性,但往往又会使黏聚性和保水性变差。在实际操作中,要根据具体工程特点、材料情况、施工要求及环境条件,既有所侧重,又要全面考虑。

2. 流动性的选择

塑性混凝土、干硬性混凝土分别按坍落度、维勃稠度分为四级,如表4-11所示。

混凝土按坍落度、维勃稠度分级表　　　　表4-11

名　称		指　标	数　值
塑性混凝土(坍落度≥10mm)	低塑性混凝土	坍落度(mm)	10～40
	塑性混凝土		50～90
	流动性混凝土		100～150
	大流动性混凝土		≥160
干硬性混凝土(坍落度<10)	超干硬性混凝土	维勃稠度(s)	>31
	特干硬性混凝土		30～21
	干硬性混凝土		20～11
	半干硬性混凝土		10～5

根据我国现行标准《普通混凝土拌和物性能试验方法标准》(GB/T 50080—2002)规定,用坍落度试验法和维勃稠度测定法来测定混凝土拌和物流动性,并辅以直观经验来评定黏聚性和保水性。

（1）坍落度试验法。

坍落度法是将按规定配合比配制的混凝土拌和物按规定方法分层装填至坍落筒内,并分层用捣棒插捣密实,然后提起坍落度筒,测量筒高与坍落后混凝土试体最高点之间的高度差,即为坍落度值(以mm计),如图4-1所示。当混凝土的坍落度大于220mm时,应采用坍落度扩展度值。坍落度是流动性(亦称稠度)的指标,坍落度值越大,流动性越大。

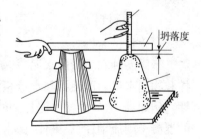

图4-1　坍落度测定

在测定坍落度的同时,观察确定黏聚性。如果用捣棒侧击混凝土拌和物的侧面,如其逐渐下沉,表示黏聚性良好;若混凝土拌和物发生坍塌,部分崩裂,或出现离析,则表示黏聚性不好。保水性以在混凝土拌和物中稀浆析出的程度来评定。坍落度筒提起后如有较多稀浆自底部析出,部分混凝土因失浆而集料外露,则表示保水性不好。若坍落度筒提起后无稀浆或仅有少数稀浆自底部析出,则表示保水性好。具体操作过程,可参看试验部分。

采用坍落度试验法测定混凝土拌和物的工作性,操作简便,故应用广泛。但该种方法的结果受操作技术的影响较大,尤其是黏聚性和保水性主要靠试验者的主观观测而定,不定量,人为因素较大。该法一般仅适用集料最大粒径不大于 37.5mm,坍落度值不小于 10mm 的混凝土拌和物流动性的测定。

(2)维勃稠度试验法。

该种方法主要适用于干硬性的混凝土,若采用坍落度试验,测出的坍落度值过小,不易准确说明其工作性。维勃稠度试验法是将坍落度筒置于一振动台的圆桶内,按规定方法将混凝土拌和物分层装填,然后提起坍落度筒,启动振动台。测定从起振开始至混凝土拌和物在振动作用下逐渐下沉变形直到其上部的透明圆盘的底面被水泥浆布满时的时间为维勃稠度(单位 s),如图 4-2 所示。维勃稠度值越大,说明混凝土拌和物的流动性越小。根据国家标准,该种方法适用于集料粒径不大于 37.5mm、维勃稠度在 5~30s 间的混凝土拌和物工作性的测定。

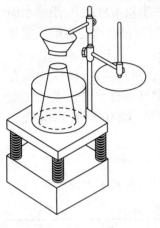

图 4-2　维勃稠度仪

混凝土拌和物坍落度的选择,应根据施工条件、构件截面尺寸、配筋情况、施工方法等来确定,见表 4-12。

混凝土浇筑时的坍落度　　　　　　　　表 4-12

结构种类	坍落度(mm)
基础或地面等垫层,无配筋的大体积结构(挡土墙、基础等)或配筋稀疏的结构	10~35
板、梁和大型及中型截面的柱子等	30~50
配筋密列的结构(如薄壁、斗仓、筒仓、细柱等)	50~70
配筋特密的结构	25~90

二、影响混凝土拌和物工作性的因素

影响混凝土拌和物工作性的因素较复杂,大致分为组成材料、环境条件和时间三方面。

1. 组成材料

1)水泥的特性

不同品种和质量的水泥,其矿物组成、细度,所掺混合材料种类的不同都会影响混凝土拌和物用水量。即使拌和水量相同,所得水泥浆的性质也会直接影响混凝土拌和物的工作性。例如:矿渣硅酸盐水泥拌和的混凝土流动性较小而保水性较差;粉煤灰硅酸盐水泥拌和的混凝土则流动性、黏聚性、保水性都较好。水泥的细度越细,在相同用水量情况下其混凝土物流动性小,但黏聚性及保水性较好。

2)用水量及水泥浆用量

在水胶比不变的前提下,用水量加大,则水泥浆量增多,会使集料表面包裹的水泥浆层厚度加大,从而减小集料间的摩擦,增加混凝土拌和物的流动性。大量试验证明,当水胶比在一定范围(0.40~0.80)内而其他条件不变时,混凝土拌和物的流动性只与单位用水量(每立方米混凝土拌和物的拌和水量)有关,这一现象称为"恒定用水量法则",它为混凝土配合比设计中单位用水量的确定提供了一种简单的方法,即单位用水量可主要由流动性来确定。

现行行业标准《普通混凝土配合比设计规程》(JGJ 55—2011)提供的塑性混凝土用水量见表4-13。

塑性混凝土用水量(kg/m³)(JGJ 55—2011)　　　　　　　表4-13

拌和物稠度		卵石最大粒径(mm)				碎石最大粒径(mm)			
项目	指标	10	20	31.5	40	16	20	31.5	40
坍落度(mm)	10~30	190	170	160	150	200	185	175	165
	35~50	200	180	170	160	210	195	185	175
	55~70	210	190	180	170	220	205	195	185
	75~90	215	195	185	175	230	215	205	195

注:1. 本表用水量系采用中砂时的平均取值。采用细砂时,每立方米混凝土用水量增加5~10kg,采用粗砂时,则可减少5~10kg。
　　2. 采用各种外加剂或掺和料时,用水量应相应调整。

3)水胶比及水泥浆稠度

水胶比即每立方米混凝土中水和水泥质量之比,用 W/B 表示,水胶比的大小,代表水泥浆的稀稠程度,水胶比越大,水泥浆越稀软,混凝土拌和物的流动性越大,这一依存关系,在水胶比在0.4~0.8的范围内时,又呈现得非常不敏感,这是"恒定用水量法则"的又一体现,为混凝土配合比设计中水胶比的确定提供了一条捷径,即在确定的流动性要求下,胶水比(水胶比的倒数)与混凝土的试配强度间呈简单的线性关系。

4)集料性质

(1)砂率。

砂率是每立方米混凝土中砂与砂石总质量之比,砂率的变动,会使集料的空隙率和集料的总表面积有显著改变,因而对混凝土拌和物的和易性产生显著影响。

砂率的高低说明混凝土拌和物中粗集料所占比例的多少。在集料中,粗集料越多,则集料的总表面积就越大,吸附的水泥浆也越多,同时粗集料充填于粗集料间也会减小粗集料间的摩擦。砂率对混凝土拌和物的工作性是主要影响因素,图4-3是砂率对混凝土拌和物流动性和水泥用量影响的试验曲线。

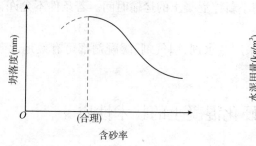

砂率与坍落度的关系(水与水泥用量一定)　　砂率与水泥用量的关系(达到相同的坍落度)

图4-3　砂率对混凝土拌和物流动性和水泥用量的试验曲线

当砂率适宜时,砂不但填满石子间的空隙,而且还能保证粗集料间有一定厚度的砂浆层,以减小粗集料间的摩擦阻力,使混凝土拌和物有较好的流动性。这个适宜的砂率,称为合理砂率。当采用合理砂率时,在用水量及水泥用量一定的情况下,能使混凝土拌和物获得最大的流动性,保持良好的黏聚性和保水性,或者当采用合理砂率时,能使混凝土拌和物获得所要求的流动性及良好的黏聚性与保水性,而水泥用量为最少。

(2)集料粒径、级配和表面状况。

在用水量和水胶比不变的情况下,加大集料粒径可提高流动性,采用细度模数较小的砂,黏聚性和保水性可明显改善。级配良好的集料,空隙率小,在水泥浆量相同的情况下,包裹集料颗粒水泥浆较厚,流动性好。表面光滑圆整的集料(如卵石)所配制的混凝土流动性较表面粗糙的集料(如碎石)要好。

5)外加剂

外加剂可改变混凝土组成材料间的作用关系,加入少量的外加剂能使混凝土拌和物在不增加水泥用量的条件下,获得良好的和易性,不仅流动性显著增加而且能有效改善混凝土拌和物的黏聚性和保水性。

2. 环境条件及时间

新搅拌的混凝土的工作性在不同的施工环境条件下往往会发生变化。尤其是当前推广使用集中搅拌的商品混凝土与现场搅拌最大的不同就是要经过长距离的运输,才能到达施工面。混凝土拌和物的和易性受温度的影响较明显,环境温度升高,水分蒸发及水化反应加快,相应使流动性降低。另外还受空气湿度、风速等环境条件的影响。

新拌制的混凝土随着时间的推移,部分拌和水挥发、被集料吸收,同时水泥矿物会逐渐水化,进而使混凝土拌和物变稠,流动性减小,造成坍落度损失,影响混凝土的施工质量。

三、改善混凝土拌和物工作性的措施

根据上述影响混凝土拌和物工作性的因素,可采取以下相应的技术措施来改善混凝土拌和物的工作性。

(1)通过试验,采用合理砂率。

(2)在水胶比不变的前提下,适当增加水泥浆的用量。

(3)改善砂、石料的级配,调整砂、石料的粒径,一般情况下尽可能采用连续级配。如要加大流动性可加大粒径,若欲提高黏聚性和保水性可减小集料的粒径。

(4)根据具体环境条件,尽可能缩小新拌混凝土的运输时间。若条件不允许,可掺缓凝、流变剂,以减少坍落度损失。

(5)有条件时尽量掺用外加剂。采用减水剂、引气剂、缓凝剂都可有效地改善混凝土拌和物的工作性。

第四节 硬化混凝土的技术性质

一、混凝土的强度

1. 混凝土的抗压强度及强度等级

混凝土的抗压强度,是指其标准试件在压力作用下直到破坏时单位面积所能承受的最大应力,混凝土的结构常以抗压强度为主要参数进行设计,而且抗压强度与其他强度及变形有良好的相关性。因此,抗压强度常作为评定混凝土质量的指标,并作为确定强度等级的依据,在实际工程中提到的混凝土强度一般是指抗压强度。

(1)立方体抗压强度。

按照国家标准《普通混凝土力学性能试验方法》(GB/T 50081—2002)的规定,边长为150mm的立方体试件,在标准养护条件(温度20±3℃,相对湿度大于90%)下养护28d进行抗压强度试验所测得的抗压强度称为混凝土的立方体抗压强度,用f_{cu}表示。

(2)轴心抗压强度。

立方体抗压强度是评定混凝土强度系数的依据,而实际工程中绝大多数混凝土构件都是棱柱体或圆柱体。同样的混凝土,试件形状不同,测出的强度值会有较大差别。为与实际情况相符,结构设计中采用混凝土的轴心抗压强度作为混凝土轴心受压构件设计强度的取值依据。根据《普通混凝土力学性能试验方法》(GB/T 50081—2002)规定,混凝土的轴心抗压强度是采用150mm×150mm×300mm的棱柱体标准试件,在标准养护条件下所测得的28d抗压强度值,用f_{cp}表示,根据大量的试验资料统计,轴心抗压强度与立方体抗压强度之间的关系为:$f_{cp} = (0.7 - 0.8)f_{cu}$。

(3)立方体抗压强度标准值和强度等级。

立方体抗压强度的标准值是指按标准试验方法测得的立方体抗压强度总体分布中的一个值,强度低于该值的百分率不超过5%(即具有95%的强度保证率)。立方体抗压强度标准值用$f_{cu,k}$表示。

为便于设计和施工中选用混凝土,将混凝土按立方体抗压强度的标准值分成若干等级,即强度等级。混凝土的强度等级采用符号C与立方体抗压强度的标准值(以MPa计)表示,普通混凝土划分为C7.5、C10、C15、C20、C25、C30、C35、C40、C45、C50、C55、C60、C65、C70、C75、C80等16个等级。

如强度等级为C20的混凝土,是指$20\text{MPa} \leqslant f_{cu,k} \leqslant 25\text{MPa}$的混凝土。

2. 影响混凝土强度的因素

影响混凝土强度的因素很多,大致有各组成材料的性质、配合比、养护条件、施工质量等几个方面:

1)水泥强度和水胶比

水胶比是反映水与水泥质量之比的一个参数。一般来说,水泥水化需要的水分仅占水泥质量的25%左右,即水胶比为0.25即可保证水泥完全水化,但此时水泥浆稠度过大,混凝土的工作性满足不了施工的要求。为了满足浇筑混凝土对工作性的要求,水胶比通常需在0.4以上,这样在混凝土完全硬化后,多余的水分就挥发会形成众多的孔隙,影响混凝土强度和耐久性。大量试验表明,水胶比大于0.25时,随着水胶比的加大,混凝土的强度将下降。图4-4所示为1919年美国学者D.阿布拉姆斯提出的普通混凝土的抗压强度与水胶比间的指数关系。1930年瑞士的J.鲍罗米又提出了图4-5所示的普通混凝土的抗压强度与灰水比间的线性关系,该关系极易通过试验样本值用线性拟合的方法求出,因此在国际上广泛应用。

根据各国大量工程实践及我国大量的实践资料统计结果,提出水胶比、水泥实际强度与混凝土28d立方体抗压强度的关系公式为:

$$f_{cu,28} = \alpha_a \cdot f_b \left(\frac{B}{W} - \alpha_b \right) \tag{4-3}$$

式中:$f_{cu,28}$——混凝土的抗压强度(MPa);

f_b——胶凝材料(水泥与矿物掺和料按使用比例混合)28d胶砂强度(MPa);

$\dfrac{B}{W}$——胶水比；

α_a、α_b——粗集料回归系数,按《普通混凝土配合比设计规程》(JGJ 55—2011)规定,α_a、α_b 可按表4-14选用。

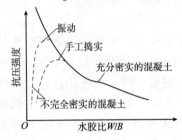

图4-4 混凝土抗压强度与水胶比(W/B)间的关系

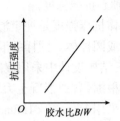

图4-5 混凝土抗压强度与胶水比(B/W)间的关系

回归系数 α_a、α_b 选用表(JTJ 55—2011)　　　　表4-14

石子品种 系数	碎 石	卵 石
α_a	0.53	0.49
α_b	0.20	0.13

该经验公式一般只适用于是流动性混凝土及低流动性混凝土,对于干硬性混凝土则不适用。

2)集料的影响

当集料级配良好、砂率适当时,由于组成了坚强密实的骨架,有利于混凝土强度的提高。如果混凝土集料中有害杂质较多,品质低,级配不好时,会降低混凝土的强度。

由于碎石表面粗糙有棱角,提高了集料与水泥浆之间的机械啮合力和黏结力,所以在原材料坍落度相同的情况下,用碎石拌制的混凝土比用卵石的强度高。

集料的强度影响混凝土的强度,一般集料强度越高,所配制的混凝土强度越高,这在低水胶比和配制高强度混凝土时,特别明显。

集料粒形以三维长度相等或相近的球形或立方体形为好,若含有较多扁平或细长的颗粒,会增加混凝土的孔隙率,扩大混凝土中集料的表面积,增加混凝土的薄弱环节,导致混凝土强度下降。

3)养护条件

混凝土强度是一个渐进发展的过程,其发展的程度和速度取决于水泥的水化状况,而温度和湿度是影响水泥水化速度和程度的重要因素。因此,混凝土浇筑后必须保持足够的湿度和温度,才能保持水泥的不断水化,以使混凝土的强度不断发展。混凝土的养护条件一般情况下可分为标准养护和同条件养护,标准养护主要为确定混凝土的强度等级时采用。同条件养护是为检验浇筑混凝土工程或预制构件中混凝土强度时采用。

为满足水泥水化的需要,浇筑后的混凝土,必须保持一定时间的湿润,过早失水,会造成强度的下降,而且形成的结构疏松,产生大量的干缩裂缝,进而影响混凝土的耐久性。图4-6是以潮湿状态下,养护龄期为28d的强度为100%,得出的不同的湿度条件对强度的影响曲线。

按照《混凝土结构工程施工质量验收规范》(GB 50240—2015)规定,浇筑完毕的混凝土应采取以下保水措施：

（1）浇筑完毕12h以内对混凝土加以覆盖并保温养护。

（2）混凝土浇水养护的时间，对采用硅酸盐水泥、普通硅酸盐水泥或矿渣硅酸盐水泥拌制的混凝土，不得少于7d；对掺用缓凝型外加剂或有抗渗要求的混凝土不得少于14d。浇水次数应能保持混凝土处于湿润状态。

（3）日平均气温低于5℃，不得浇水。

（4）混凝土表面不便浇水养护时可采用塑料布覆盖或涂刷养护剂（薄膜养护）。

水泥的水化是放热反应，维持较高的养护温度，可有效提高混凝土强度的发展速度。当温度降至0℃以下时拌和用水结冰，水泥水化停止并受冻遭破坏作用。图4-7是不同养护温度对混凝土的强度发展的影响曲线。在生产预制混凝土构件时，可采用蒸汽高温养护来缩短生产周期。而在冬期现浇混凝土施工中，则需采用保温措施来维持混凝土中水泥的正常水化。

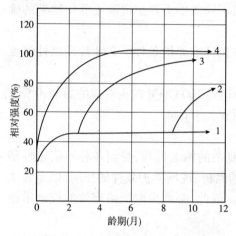

图4-6 养护湿度条件对混凝土强度的影响
1-空气养护；2-9个月后水中养护；3-3个月后水中养护；4-标准湿度条件下养护

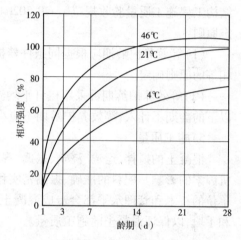

图4-7 混凝土强度与养护温度的关系

4）龄期

龄期是指混凝土在正常养护条件下所经历的时间。在正常不变的养护条件下混凝土的强度随龄期的增长而提高，一般早期（7~14d）增长较快，以后逐渐变缓，28d后增长更加缓慢，但可延续几年，甚至几十年之久，如图4-8所示：

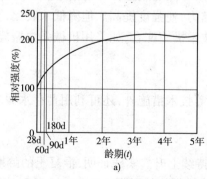
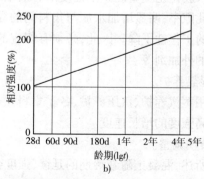

图4-8 普通混凝土强度与龄期的变化关系
a）龄期为常数坐标；b）龄期为对数坐标

在标准养护条件下,混凝土强度与其龄期的对数大致成正比,工程中常常利用这一关系,根据混凝土早期强度,估算其后期强度,其表达式为:

$$f_{cu,n} = f_{cu,a} \frac{\lg n}{\lg a} \tag{4-4}$$

式中:$f_{cu,n}$——n 天龄期的混凝土抗压强度(MPa),$n \geqslant a$;

$f_{cu,a}$——a 天龄期的混凝土抗压强度(MPa),$a \geqslant 3$。

根据上式可以由所测混凝土的早期强度估算其 28d 龄期的强度。或者由混凝土的 28d 强度,推算 28d 前混凝土达到某一强度需要养护的天数,如确定混凝土拆模、构件起吊、放松预应力钢筋、制品养护、出厂日期。但上式适用于标准养护条件下所测强度的龄期小于等于 3d,且为中等强度等级硅酸盐水泥所拌和的混凝土强度和龄期间的关系,其他测定龄期和具体条件下,仅可作为参考。

在工程实践中,通常采用同条件养护,以便更准确地检验混凝土的质量。为此《混凝土结构工程施工质量验收规范》(GB 50204—2015)提出了同条件下养护混凝土养护龄期的确定原则:

(1)等效养护龄期应根据同条件养护试件强度与在标准养护条件下 28d 龄期试件强度相等的原则确定。

(2)等效养护龄期可采用按日平均温度逐日累计达到 600℃·d 时所对应的龄期,0℃ 及以下的龄期不计入;等效养护龄期不应小于 14d,也不宜大于 60d。

5)施工质量

混凝土的搅拌、运输、浇筑、振捣、现场养护是一复杂的施工过程,受到各种不确定性随机因素的影响。配料的准确、振捣密实程度、拌和物的离析、现场养护条件的控制,以至施工单位的技术和管理水平都会造成混凝土强度的变化。因此,必须采取严格有效的控制措施和手段,以保证混凝土的施工质量。

3. 提高混凝土强度的措施

(1)采用高强度等级的水泥。

提高水泥的强度等级可有效增长混凝土的强度,但由于水泥强度等级的增加受到原料、生产工艺的制约,故单纯靠提高水泥强度来达到提高混凝土强度的目的,往往是不现实的,也是不经济的。

(2)降低水胶比。

降低水胶比是提高混凝土强度的有效措施。降低混凝土拌和物的水胶比,可降低硬化混凝土的孔隙率,明显增加水泥与集料间的黏结力,使强度提高。但降低水胶比,会使混凝土拌和物的工作性下降。因此,必须有相应的技术措施配合,如采用机械强力振捣、掺加提高工作性的外加剂等。

(3)湿热养护。

除采用蒸汽养护、蒸压养护、冬季集料预热等技术措施外,还可利用蓄存水泥本身的水化热来提高强度的增长速度。

(4)龄期调整。

如前所述,混凝土随着龄期的延续,强度会持续上升。实践证明,混凝土的龄期在 3~6 个月时,强度较 28d 会提高 25%~50%。工程某些部位的混凝土如在 6 个月后才能满载使用,则该部位的强度等级可适当降低,以节约水泥。但具体应用时,应得到设计、管理单位的批准。

(5)改进施工工艺。

如采用机械搅拌和强力振捣,都可使混凝土拌和物在低水胶比的情况下更加均匀、密实地浇筑,从而获得更高的强度。近年来,国外研制的高速搅拌法、二次投料搅拌法及高频振捣法等新的施工工艺在国内的工程中应用,都取得了较好的效果。

(6)掺外加剂。

掺加外加剂是提高混凝土强度的有效方法之一,减水剂和早强剂都对混凝土的强度发展起到明显的作用。尤其是在高强混凝土(强度等级大于C60)的设计中,采用高效减水剂已成为关键的技术措施。但需指出的是,早强剂只可提高混凝土的早期($\leqslant 10d$)强度,对28d的强度影响不大。

二、混凝土的耐久性

混凝土作为各类工程的主要结构材料,不但要有设计要求的强度,以保证其能安全地承受设计的荷载外,还应有在所处环境及使用条件下经久耐用的性能,所谓经久耐用的概念也已从几十年扩展到了上百年,甚至数百年(如大型水库、海底隧道)。这就将混凝土的耐久性提到了更重要的地位,而且国内外的专家一致认为高耐久性的混凝土是当代高性能混凝土发展的主要方向,高性能混凝土就是以耐久性作为设计的主要指标。它不但可保证建筑物、构筑物的安全、长期的使用,对资源的保护和环境污染的治理都有重要意义。

混凝土的耐久性主要由抗渗性、抗冻性、抗腐蚀性、抗碳化性、抗磨性及抗碱—集料反应等性能综合评定。每一项性能又都可从内部和外部影响因素两方面去分析。

1. 混凝土的抗渗性

混凝土的抗渗性是指混凝土抵抗有压介质(水、油、溶液等)渗透作用的能力,它是决定混凝土耐久性最基本的因素。它不但关系到混凝土本身的防渗性能(地下工程、海洋工程等),还直接影响到混凝土的抗冻性、抗腐蚀性等其他耐久性指标。若混凝土抗渗性差,不仅周围水等溶液物质易渗入内部,而且当遇有负气温或环境水中含有侵蚀性介质时,混凝土就易遭受冰冻或侵蚀作用而破坏,对钢筋混凝土还会引起其内部钢筋锈蚀,并导致表面混凝土保护层开裂与剥落,因此,要求混凝土必须具有一定的抗渗性。

混凝土渗透的主要原因是其本身内部的连接孔隙形成的渗水通道,这些通道是由于拌和水的占据作用和养护过程中的泌水造成的,同时外界环境的温度和湿度不宜也会造成局部水泥石的干缩裂缝,加剧混凝土的抗渗能力下降。混凝土的抗渗性除与水胶比关系密切外,还与水泥品种、集料的级配、养护条件、用外加剂的种类等因素有关。

混凝土的抗渗性能试验是采用圆台体或圆柱体试件(视抗渗试验设备要求而定)6个为一组,养护至28d,套装于抗渗试验仪上,从下部通压力水,以6个试件中三个试件正面出现渗水而第4个试件未出现渗水时的最大水压力(MPa)计,称为抗渗等级。表4-15列出水胶比与混凝土的抗渗等级间的大致关系:

水胶比与混凝土的抗渗等级间的大致关系   表 4-15

水 胶 比	0.50~0.55	0.55~0.60	0.60~0.65	0.65~0.75
抗渗等级	F8	F6	F4	F2

改善混凝土抗渗性的主要技术措施是采用低水胶比的干硬性混凝土,同时加强振捣和养护,以提高密实度,减少渗水通道的形成。

2. 抗冻性

混凝土的抗冻性是指混凝土在饱水状态下,能经受多次冻融循环而不破坏,同时也不严重降低所具有性能的能力。在寒冷地区,特别是接触水又受冻的环境下的混凝土,要求具有较高的抗冻性。即使是温暖地区的混凝土,虽没有冰冻的影响,但长期处于干湿循环状态,具有一定的抗冻能力也可提高其耐久性。

混凝土冻融破坏的原因是由于混凝土内部孔隙中的水在负气温下结冰后体积膨胀形成的静水压力,当这种压力产生的内应力超过混凝土的抗拉强度,混凝土就会产生裂缝,多次冻融循环使裂缝不断扩展直至破坏。

影响混凝土抗冻性的因素很多。从混凝土内部来说主要因素是孔隙的多少、连通情况、孔径大小和孔隙的充水饱满程度。孔隙率越低、连通孔隙越少、毛细孔越少、孔隙的饱满程度越差,抗冻性越好。从外部环境看,所经受的冻融、干湿变化越剧烈,冻害越严重。在养护阶段,水化热高,会有效提高混凝土的抗冻性。提高混凝土的抗冻性的主要措施是降低水胶比,提高密实度,同时采用合适品种的外加剂也可改善混凝土的抗冻能力。

混凝土的抗冻性可由抗冻试验得出的抗冻等级来评定。它是将养护 28d 的混凝土试件浸水饱和后置于冻融箱内,在标准条件下测其质量损失率不超过 5%,强度损失率不超过 25% 时所能经受的冻融循环的最多次数。如抗冻等级为 F8 的混凝土,代表其所能经受的冻融循环次数为 8 次。不同使用环境和工程特点的混凝土,应根据要求选择相应的抗冻等级。

3. 抗腐蚀性

当混凝土所处的环境中含有有侵蚀性介质时,混凝土便会遭受侵蚀,因此要求混凝土具有抗腐蚀的性能。混凝土的抗腐蚀性取决于水泥品种及混凝土的密实性。密实度越高、连通孔隙越少,外界的侵蚀性介质越不易侵入,故混凝土的抗腐蚀性好。

提高混凝土抗侵蚀性的主要措施是合理选择水泥品种,降低水胶比,提高混凝土的密实性和改善孔结构。

4. 抗碳化

混凝土的碳化是指空气中的二氧化碳及水通过混凝土的裂隙与水泥石中的氢氧化钙反应生成碳酸钙,从而使混凝土的碱度降低的过程。

混凝土的碳化可使混凝土表面的强度适度提高,但对混凝土的有害作用却更大,碳化造成的碱度降低可使钢筋混凝土中的钢筋丧失碱性保护作用而发生锈蚀,锈蚀的生成物体积膨胀进一步造成混凝土的微裂。碳化还能引起混凝土的收缩,使碳化层处于受拉压力状态而开裂,降低混凝土的受拉强度。采用水化后氢氧化钙含量高的硅酸盐水泥比采用掺混合材料的硅酸盐水泥的混凝土碱度要高,碳化速度慢,抗碳化能力强。

低水胶比的混凝土孔隙率低,二氧化碳不易侵入,故抗碳化能力强。此外,环境的相对湿度在50%~75%时碳化最快,相对湿度小于25%或达到饱和时,碳化会因为水分过少或水分过多堵塞了二氧化碳的通道而停止。此外,二氧化碳浓度以及养护条件也是影响混凝土碳化速度及抗碳化能力的原因。研究表明,钢筋混凝土当碳化达到钢筋位置时,钢筋发生锈蚀,其寿命终结。故对于钢筋混凝土来说,提高其抗碳化能力的措施之一就是提高保护层的厚度。

混凝土的碳化试验是将经烘烤处理后的28d龄期的混凝土试件置于碳化箱内,在标准条件下(温度$20±5℃$,湿度$70±5℃$)通入二氧化碳,在3d、7d、14d及28d时,取出试件,用酚酞酒精溶液作用于碳化层,测出碳化深度,然后以各龄期的平均碳化深度来评定混凝土的抗碳化能力及对钢筋的保护作用。

在实际工程中,为减少碳化作用对钢筋混凝土结构的不利影响,可以采取以下措施:

(1)在钢筋混凝土结构中加适当的保护层,使碳化深度在建筑物使用年限内达不到钢筋表面。

(2)根据工程使用环境及使用条件,合理选择水泥品种。

(3)使用减水剂,改善混凝土的和易性,提高混凝土的密实度。

(4)采用水胶比小,单位水泥用量较大的混凝土配合比。

(5)加强施工质量控制,加强养护,保证振捣质量,减少或避免混凝土出现蜂窝等质量事故。

(6)在混凝土表面涂刷保护层,防止二氧化碳侵入。

5. 碱—集料反应

碱—集料反应是指水泥中的碱(Na_2O、K_2O)与集料中的活性硅发生化学反应,在集料表面生成复杂的碱—硅酸凝胶,吸水,产生体积膨胀从而导致混凝土膨胀开裂破坏,使混凝土的耐久性严重下降的现象。

产生碱集料反应的必须具备三个条件:

(1)水泥中碱(Na_2O或K_2O)的含量较高;

(2)集料中含有活性氧化硅成分;

(3)存在水分的作用。

解决碱集料反应的技术措施主要是选用低碱度水泥(含碱量$<0.6\%$);在水泥中掺活性混合材料以吸取水泥中钠、钾离子;掺加引气剂,释放碱—硅酸凝胶的膨胀压力。

6. 提高混凝土耐久性的措施

混凝土的耐久性要求主要应根据工程特点、环境条件而定。工程上主要应从材料的质量、配合比设计、施工质量控制等多方面采取措施给以保证。具体的有以下几点:

(1)选择合适品种的水泥。

(2)控制混凝土的最大水胶比和最小水泥用量。水胶比的大小直接影响到混凝土密实性,而保证水泥的用量,也是提高混凝土密实性的前提条件,大量实践证明,耐久性的两个有效指标是最大水胶比和最小水泥用量,这两项指标在国家相关规范中都有(详见配合比设计一节相关内容)。

(3)选用质量良好的集料,并注意颗粒级配的改善。

近年来的国内外研究成果表明,在集料中掺加粒径在砂和水泥之间的超细矿物粉能有效改善混凝土的颗粒级配,提高混凝土的耐久性。

(4)掺加外加剂。改善混凝土耐久性的外加剂有减水剂和引气剂。

(5)严格控制混凝土施工质量,保证混凝土的均匀、密实。

第五节　混凝土外加剂

混凝土的外加剂是指在混凝土拌和过程中加入的能按要求改善混凝土性能的材料。除特殊情况外的,掺量一般不超过水泥用量的5%。

混凝土外加剂的使用是近代混凝土技术的重大突破,随着混凝土工程技术的发展,对混凝土性能提出了许多新的要求,如泵送混凝土要求高的流动性,高层建筑要求高强度、高耐久性。这些性能的实现,需要应用高性能外加剂。

外加剂种类繁多,虽掺量很少,但其对混凝土工作性、强度、耐久性、水泥的节约都有明显的改善,常称为混凝土的第五组分。特别是高效能外加剂的使用成为现代高性能混凝土的关键技术,发展和推广使用外加剂有重要的技术和经济意义。

一、外加剂的分类

混凝土外加剂种类繁多,根据国家标准《混凝土外加剂的分类、命名与定义》(GB 8075—2005)的规定,混凝土外加剂按其主要功能可分为4类。

(1)调节混凝土凝结时间、硬化性能的外加剂。如缓凝剂、早强剂、速凝剂等。

(2)改善混凝土拌和物流变性的外加剂。如减水剂、引气剂、塑化剂等。

(3)改善混凝土耐久性的外加剂。如引气剂、阻锈剂、防水剂等。

(4)改善混凝土其他性能的外加剂。如膨胀剂、发泡剂、泵送剂、着色剂等。

混凝土外加剂大部分为化工制品,还有部分为工业副产品。因其掺量小、作用大,故对掺量(占水泥质量的百分比)、掺配方法和适用范围要严格按产品说明和操作规程执行。目前在工程常用的外加剂有减水剂、缓凝剂、速凝剂、防冻剂、加气剂等。

二、减水剂

减水剂是指在保持混凝土拌和物流动性的条件下,能显著减少拌和用水量的外加剂。

1. 减水剂的作用效果

(1)增大流动性。在原配合比不变,即水、水胶比、强度均不变的条件下,增加土拌和物的流动性。

(2)提高强度。在保持流动性及水泥用量的条件下,可减少拌和用水,使水胶比下降,从而提高混凝土的强度。

(3)节约水泥。在保持强度不变,即水胶比不变以及流动性不变的条件下,可减少拌和用水,从而使水泥用量减少,达到保证强度而节约水泥的目的。

(4)改善其他性质。掺加减水剂还可改善混凝土拌和物的黏聚性、保水性;提高硬化混凝土的密实度,改善耐久性;降低、延缓混凝土的水化热等。

2. 减水剂的类型

常用的减水剂,按减水效果可分为普通减水剂和高效减水剂;按凝结时间可分为标准型、早强型、缓凝型;按其化学成分主要有木质素系、萘系、水溶性树脂类、糖蜜类和复合型减水剂。

(1)木质素系减水剂。

该类减水剂又称木质素磺酸盐减水剂(M型减水剂),是提取酒精后的木浆废液,经蒸发、磺化浓缩、喷雾、干燥所制成的棕黄色粉状物,常用的掺量为0.2%~0.3%。M型减水剂是缓凝型减水剂,在0.25%掺量下可缓凝1~3h,故可延缓水化热,但掺量过多,会造成严重缓凝,以至强度下降的后果。M型减水剂不适宜蒸养也不利于冬期施工。由于其采用工业废料,成本低廉,生产工艺简单,曾在我国广泛应用。

该类减水剂的技术经济效果为:在保持工作性不变的前提下,可减水10%左右;在保持水胶比不变的条件下,使坍落度增大100mm左右;在保持水泥用量不变的情况下,提高28d抗压强度10%~20%;在保持坍落度及强度不变的条件下,可节约水泥用量10%。

(2)萘系减水剂。

萘系减水剂,是用萘或萘的同系物经磺化与甲醛缩合而成。常用的适宜掺量为0.2%~1.0%,是目前广泛应用的减水剂。

萘系减水剂的技术经济效果是:减水率15%~20%;混凝土28d抗压强度可提高20%以上,在坍落度及28d抗压强度不变的情况下可节约水泥用量20%。

萘系减水剂大部分品种是非引气型,可用于要求早强或高强的混凝土。少数品种(MF、NNO等型号)属引气型,适用于抗渗性、抗冻性要求较高的混凝土,该类减水剂有耐热性,适于蒸养。

(3)树脂系减水剂。

树脂系减水剂是一种水溶性密胺树脂,属非引气型高效减水剂。国产的品种有SM减水剂等,合适的掺量为0.5%~2%。该类减水剂特别适宜配置早强、高强混凝土,泵送混凝土和蒸养预制混凝土。

SM减水剂技术经济效果为:减水率可达20%~27%;混凝土1d抗压强度可提高30%~100%,28d抗压强度可提高30%~60%;强度不变,可节约水泥25%左右;混凝土的抗渗、抗冻等性能也明显提高。

三、早强剂

早强剂是一种能提高混凝土早期强度,并对后期强度无显著影响的外加剂。早强剂或对水泥的水化产生催化作用,或与水泥成分发生反应生成固相产物,可有效提高混凝土的早期强度。

早强剂按其化学组成分为无机早强剂和有机早强剂两类。无机早强剂常用的有氯盐、硅酸盐、亚硝酸盐等。有机早强剂有尿素、乙醇、三乙醇胺等。

1. 氯盐类早强剂

氯盐类早强剂包括钙、钾、钠的氯化物。其中以氯化钙应用最广。氯化钙为白色粉状物,其适宜掺量为水泥质量的1%~2%,能使混凝土3d强度提高50%~100%,7d强度提高

20%~40%,同时能降低混凝土中水的冰点,防止混凝土早期受冻。

采用氯化钙做早强剂,最大的缺点是可增加水泥浆中的 Cl^- 离子浓度,从而对钢筋造成锈蚀,进而使混凝土发生开裂,严重影响混凝土的强度及耐久性。国家标准《混凝土质量控制标准》(GB 50164—2011)中对混凝土拌和物中的氯化物总含量作出了以下规定规定:

(1)对素混凝土,不得超过水泥质量的2%。

(2)对处于干燥环境或有防潮措施的混凝土,不得超过水泥质量的1%。

(3)对处于潮湿而不含氯离子或含有氯离子的钢筋混凝土,应分别不超过水泥质量的0.3%或1%。

(4)对预应力混凝土及处于易腐蚀环境中的钢筋混凝土,不得超过水泥质量0.06%。

(5)在使用冷拉钢筋或冷拔低碳钢筋的混凝土结构及预应力混凝土结构中,不允许使用氯化钙。

2. 硫酸盐早强剂

硫酸盐早强剂包括硫酸钠、硫代硫酸钠、硫酸钙等。应用最多的是硫酸钠。它是缓凝型早强剂,对钢筋无锈蚀作用,可用于不允许使用氯盐早强剂的混凝土中。但硫酸钠与水泥水化产物 $Ca(OH)_2$ 反应后可生成 NaOH,与碱集料可发生反应,故严禁用于含有活性集料的混凝土中。其掺量为0.05%~2%可使混凝土3d强度提高20%~40%。

四、引气剂

引气剂是一种在混凝土搅拌过程中,能引入大量分布均匀的微小气泡,以减少混凝土拌和物泌水离析、改善工作性,并能显著提高硬化混凝土抗冻耐久性的外加剂。

引气剂按化学组成可分为松香树脂类、烷基苯磺类、脂肪酸磺类等。其中,应用较为普遍的是松香树脂类中的松香热聚物和松香皂,其掺量极小,均为0.005%~0.015%。

长期处于潮湿严寒环境中的混凝土,应掺用引气剂或引气减水剂。引气剂的掺量根据混凝土的含气量要求并经试验确定。最小含气量与集料的最大粒径有关,含气量不宜超过7%。

由于,外加剂技术的不断发展,近年来引气剂已逐渐被引气型减水剂所代替,减水剂不仅能起到引气作用,而且对强度有提高作用,还可节约水泥,因此应用范围扩大。

五、缓凝剂

缓凝剂是一种能延缓混凝土的凝结时间并对混凝土的后期强度发展无不利影响的外加剂。缓凝剂常用的品种有多羟基碳水化合物、木质素磺酸盐类、羟基羧酸及盐类、无机盐4类。其中,我国常用的为木钙(木质素磺酸盐类)和糖蜜(多羟基碳水化合物类)。

缓凝剂因其在水泥及其水化物表面的吸附或与水泥矿物反应生成不溶层而延缓水泥的水化达到缓凝的效果。糖蜜的掺量为0.1%~0.3%,可缓凝2~4h。木钙既是减水剂又是缓凝剂,其掺量为0.1%~0.3%,当掺量为0.25%时,可缓凝2~4h。羟基羧酸及其盐类柠檬酸或酒石酸钾钠等,当掺量为0.03%~0.1%时,凝结时间可达8~19h。

缓凝剂有延缓混凝土的凝结、保持工作性、延长放热时间、消除或减少裂缝以及增强等多种功能,对钢筋也无锈蚀作用,适于高温季节施工和泵送混凝土、滑模混凝土及大体积混凝土的施工或远距离运输的商品混凝土。但缓凝剂不宜用于日最低气温在5℃以下施工的混凝土,也不宜单独用于有早强要求的混凝土或蒸养混凝土。

六、其他品种的外加剂

1. 膨胀剂

膨胀剂是一种能使混凝土(砂浆)在水化过程中产生一定的体积膨胀,并在有约束的条件下产生适宜自应力的外加剂,可补偿混凝土的收缩,使抗裂性、抗渗性提高,掺量较大时可在钢筋混凝土中产生自应力。膨胀剂常用的品种有硫铝酸钙类(如明矾石膨胀剂)、氧化镁类(如氧化镁膨胀剂)、复合类(如氧化钙—硫铝酸钙膨胀剂)等。膨胀剂主要应用于屋面刚性防水、地下防水、基础浇缝、堵漏、底座灌浆、梁柱接头及自应力混凝土。

2. 速凝剂

速凝剂是一种使混凝土迅速凝结和硬化的外加剂。速凝剂与水泥和水拌和后立即反应,使水泥中的石膏失去缓凝作用,促成C_3A迅速水化,并在溶液中析出其化合物,导致水泥迅速凝结。国产速凝剂有"711"和"782"型,当其掺量为2.5%~4.0%时,可使水泥在5min内初凝,10min内终凝,并能提高早期强度,虽然28d强度比不掺速凝剂时有所降低,但可长期保持稳定值不再下降。速凝剂主要用于道路、隧道、机场的修补、抢修工程以及喷锚支护时的喷射混凝土施工。

3. 防冻剂

防冻剂是指在规定温度下能显著降低混凝土的冰点,使混凝土液相不冻结或仅部分冻结,以保证水泥的水化作用,并在一定时间内获得预期强度的外加剂。

防冻剂常由防冻组分、早强组分、减水组分和引气组分组成,形成复合防冻剂。其中防冻组分有以下几种:亚硝酸钠和亚硝酸钙(兼有早强、阻锈功能)、氯化钙和氯化钠、尿素、碳酸钾等。某些防冻剂(如尿素)掺量过多时,混凝土会缓慢向外释放对人产生刺激的气体,如氨气等,使竣工后的建筑室内有害气体含量超标。对于此类防冻剂要严格控制其掺量,并要依有关规定进行检测。

4. 加气剂

加气剂是指在混凝土硬化过程中,与水泥发生化学反应,放出气体(H_2、O_2、N_2等),能在混凝土中形成大量气孔的外加剂。加气剂有铝粉、过氧化氢、碳化钙、漂白粉等。铝粉可与水泥水化产物$Ca(OH)_2$发生反应,产生氢气,使混凝土体积剧烈膨胀,形成大量气孔,虽使混凝土强度明显降低,但可显著提高混凝土的保温隔热性能。加气剂(铝粉)的掺量为0.005%~0.02%。在工程上主要用于生产加气混凝土和堵塞建筑物的缝隙。引气剂与水泥作用强烈,一般应随拌随用,以免降低使用效果。

七、外加剂使用的注意事项

外加剂掺量虽小,但可对混凝土的性质和功能产生显著影响,在具体应用时要严格按产品说明操作,稍有不慎,便会造成事故,故在使用时应注意以下事项:

1. 对产品质量严格检验

外加剂常为化工产品,应采用正式厂家的产品。粉状外加剂应用有塑料衬里的编织袋包装,每袋 20~25kg,液体外加剂应采用塑料桶或有塑料袋内衬的金属桶。包装容器上应注明有:产品名称、型号、净重或体积(包括含量或浓度)、推荐掺量范围、毒性、腐蚀性、易燃性状况、生产厂家、生产日期、有效期及出厂编号等。

2. 对外加剂品种的选择

外加剂品种繁多,性能各异,有的能混用,有的严禁互相混用,如不注意可能会发生严重事故。选择外加剂应依据现场材料条件、工程特点、环境情况,根据产品说明及有关规定及国家有关环境保护的规定进行品种的选择。有条件的应在正式使用前进行试验检验。

3. 外加剂掺量的选择

外加剂用量微小,有的外加剂掺量才几万分之一,而且推荐的掺量往往是在某一范围内,外加剂的掺量和水泥品种、环境温度湿度、搅拌条件等都有关。掺量的微小变化对混凝土的性质会产生明显影响,掺量过小,作用不显著;掺量过大,有时会物极必反起反作用酿成事故。故在大批量使用前要通过基准混凝土(不掺加外加剂的混凝土)与试验混凝土的试验对比,取得实际性能指标的对比后,再确定应采用的掺量。

4. 外加剂的掺入方法

外加剂不论是粉状还是液态状,为保持作用的均匀性,一般不能采用直接倒入搅的方法。合适的掺入方法应该是:可溶解的粉状外加剂或液态状外加剂,应预先配成一定浓度的溶液,再按所需掺量加入搅拌机内;不可溶解的外加剂,应预先称量好,再与适量的水泥、砂拌和均匀,然后倒入搅拌机中。外加剂在搅拌机内要控制好搅拌时间,以满足混合均匀、时间又在允许范围内的要求。

另外,外加剂的掺入时间,对其效果的发挥也有很大的影响,减水剂有同掺法、后掺法、分掺法等三种方法。同掺法为减水剂在混凝土搅拌时一起掺入;后掺法是搅拌好混凝土后间隔一定时间后再掺入;分掺法是一部分减水剂在混凝土搅拌时掺入,另一部分在间隔一段时间后再掺入,实践证明,后掺法最好,能充分发挥减水剂的功能。

第六节 普通混凝土的配合比设计

普通混凝土的配合比是指混凝土的各组成材料数量之间的质量比例关系。确定比例关系的过程叫配合比设计。普通混凝土配合比,应根据原材料性能及对混凝土的技术要求进行计算,并经试验室试配、调整后确定。普通混凝土的组成材料主要包括水泥、粗集料、细集料和水,随着混凝土技术的发展,外加剂和掺和料的应用日益普遍,因此,其掺量也是配合比设计时需选定的。

混凝土配合比常用的表示方法有两种:一种以 $1m^3$ 混凝土中各项材料的质量表示,混凝土中水泥、水、粗集料、细集料的实际用量按顺序表达,如水泥 300kg、水 182kg、砂 680kg、石子 1310kg;另一种表示方法是以水泥、水、砂、石之间的相对质量比及水胶比表达,如前例可表示为 1:2.26:4.37,$B/W=1.64$,我国目前采用的是质量比。

一、混凝土配合比设计的基本要求

配合比设计的任务,就是根据原材料的技术性能及施工条件,确定出能满足工程所要求

的技术经济指标的各项组成材料的用量。其基本要求是:
(1)达到混凝土结构设计要求的强度等级。
(2)满足混凝土施工所要求的和易性要求。
(3)满足工程所处环境和使用条件对混凝土耐久性的要求。
(4)符合经济原则,节约水泥,降低成本。

二、混凝土配合比设计的步骤

混凝土的配合比设计是一个计算、试配、调整的复杂过程,大致可分为初步计算配合比、基准配合比、实验室配合比、施工配合比设计四个设计阶段。首先按照已选择的原材料性能及对混凝土的技术要求进行初步计算,得出"初步计算配合比"。基准配合比是在初步计算配合比的基础上,通过试配、检测、进行工作性的调整、修正得到;实验室配合比是通过对水胶比的微量调整,在满足设计强度的前提下,进一步调整配合比以确定水泥用量最少的方案;而施工配合比是考虑砂、石的实际含水率对配合比的影响,对配合比做最后的修正,是实际应用的配合比,配合比设计的过程是逐一满足混凝土的强度、工作性、耐久性、节约水泥等要求的过程。

三、混凝土配合比设计的基本资料

在进行混凝土的配合比设计前,需确定和了解的基本资料,即设计的前提条件,主要有以下几个方面:
(1)混凝土设计强度等级和强度的标准差。
(2)材料的基本情况:包括水泥品种、强度等级、实际强度、密度;砂的种类、表观密度、细度模数、含水率;石子种类、表观密度、含水率;是否掺外加剂,外加剂种类。
(3)混凝土的工作性要求,如坍落度指标。
(4)与耐久性有关的环境条件:如冻融状况、地下水情况等。
(5)工程特点及施工工艺:如构件几何尺寸、钢筋的疏密、浇筑振捣的方法等。

四、混凝土配合比设计中的三个基本参数的确定

混凝土的配合比设计,实质上就是确定单位体积混凝土拌和物中水、水泥、粗集料(石子)、细集料(砂)这四项组成材料之间的三个参数。即水和水泥之间的比例——水胶比;砂和石子间的比例——砂率;集料与水泥浆之间的比例——单位用水量。在配合比设计中能正确确定这三个基本参数,就能使混凝土满足配合比设计的四项基本要求。

确定这三个参数的基本原则是:在混凝土的强度和耐久性的基础上,确定水胶比。在满足混凝土施工要求和易性要求的基础上确定混凝土的单位用水量;砂的数量应以填充石子空隙后略有富余为原则。

具体确定水胶比时,从强度角度看,水胶比应小些;从耐久性角度看,水胶比小些,水泥用量多些,混凝土的密度就高,耐久性则优良,这可通过控制最大水胶比和最小水泥用量的来满足(表4-16)。由强度和耐久性分别决定的水胶比往往是不同的,此时应取较小值。但当强度和耐久性都已满足的前提下,水胶比应取较大值,以获得较高的流动性。

混凝土的最大水胶比和最小水泥用量（JTJ 55—2011） 表 4-16

环境条件		结构物类别	最大水胶比			最小水泥用量（kg/m³）		
			素混凝土	钢筋混凝土	预应力混凝土	素混凝土	钢筋混凝土	预应力混凝土
干燥环境		正常的居住或办公用房屋内部件	不作规定	0.65	0.60	200	260	300
潮湿环境	无冻害	高湿度的室内部件 室外部件 在非侵蚀性土和（或）水中的部件	0.70	0.60	0.60	225	280	300
	有冻害	经受冻害的室外部件 在非侵蚀性土和（或）水中且经受冻害的部件 高湿度且经受冻害的室内部件	0.55	0.55	0.55	250	280	300
有冻害和除冰剂的潮湿环境		经受冻害和除冰剂作用的室内和室外部件	0.50	0.50	0.50	300	300	300

注：1. 当用活性掺和料取代部分水泥时，表中的最大水胶比及最小水泥用量即为替代前的水胶比和水泥用量。
   2. 配制 C15 级及其以下等级的混凝土，可不受本表限制。

确定砂率主要应从满足工作性和节约水泥两个方面考虑。在水胶比和水泥用量（即水泥浆用量）不变的前提下，砂率应取坍落度最大，而黏聚性和保水性又好的砂率即合理砂率可由表 4-20 初步决定，经试拌调整而定。在工作性满足的情况下，砂率尽可能取小值以达到节约水泥的目的。

单位用水量是在水胶比和水泥用量不变的情况下，实际反映水泥浆量与集料间的比例关系。水泥浆量要满足包裹粗、细集料表面并保持足够流动性的要求，但用水量过大，会降低混凝土的耐久性。水胶比在 1.25~2.50 范围内时，根据粗集料的品种、粒径，单位用水量可通过表 4-13 确定。

五、混凝土配合比设计的步骤

1. 初步计算配合比
1）混凝土配制强度应按下列规定确定
（1）当混凝土的设计强度等级小于 C60 时，配制强度应按下式计算：

$$f_{cu,o} \geq f_{cu,k} + 1.645\sigma \tag{4-5}$$

式中：$f_{cu,o}$——混凝土配制强度（MPa）；
   $f_{cu,k}$——混凝土立方体抗压强度标准值，这里取设计混凝土强度等级值（MPa）；
   σ——混凝土强度标准差（MPa）。
（2）当设计强度等级大于或等于 C60 时，配制强度应按下式计算：

$$f_{cu,o} \geq 1.15 f_{cu,k} \tag{4-6}$$

混凝土强度标准差应按照下列规定确定:

①当有近1~3个月的同一品种、同一强度等级混凝土的强度资料时,其混凝土强度标准差 σ 应按下式计算:

$$\sigma = \sqrt{\frac{\sum_{i=1}^{n} f_{cu,i}^2 - n m_{fcu}^2}{n-1}} \tag{4-7}$$

式中, σ ——混凝土强度标准差;

$f_{cu,i}$ ——第 i 组的试件强度(MPa);

m_{fcu} —— n 组试件的强度平均值(MPa);

n ——试件组数, n 值应大于或者等于30。

对于强度等级不大于C30的混凝土:当 σ 计算值不小于3.0MPa时,应按表4-17计算结果取值;当 σ 计算值小于3.0MPa时, σ 应取3.0MPa。对于强度等级大于C30且小于C60的混凝土:当 σ 计算值不小于4.0MPa时,应按表4-17计算结果取值;当 σ 计算值小于4.0MPa时, σ 应取4.0MPa。

②当没有近期的同一品种、同一强度等级混凝土强度资料时,其强度标准差 σ 可按表4-17取值。

标准差 σ 值(MPa)　　　　　　　　　　　　　　表4-17

混凝土强度标准值	≤C20	C25~C45	C50~C55
σ	4.0	5.0	6.0

2)确定水胶比

(1)混凝土强度等级不大于C60等级时,混凝土水胶比宜按下式计算:

$$W/B = \frac{\alpha_a \cdot f_b}{f_{cu,o} + \alpha_a \cdot \alpha_b \cdot f_b} \tag{4-8}$$

式中: W/B ——混凝土水胶比;

α_a 、 α_b ——回归系数,取值表达方式见4-14;

f_b ——胶凝材料(水泥与矿物掺和料按使用比例混合)28d胶砂强度(MPa),试验方法应按现行国家标准《水泥胶砂强度检验方法(ISO法)》(GB/T 17671—1999)执行;当无实测值时,可按下列确定:

①当胶凝材料28d胶砂抗压强度值(f_b)无实测值时,可按下式计算:

$$f_b = \gamma_f \gamma_s f_{ce} \tag{4-9}$$

式中: γ_f 、 γ_s ——粉煤灰影响系数和粒化高炉矿渣粉影响系数,可按表4-18选用;

f_{ce} ——水泥28d胶砂抗压强度(MPa),可实测,也可按式(4-10)确定。

粉煤灰影响系数(γ_f)和粒化高炉矿渣粉影响系数(γ_s)　　　　　表4-18

种类 掺量(%)	粉煤灰影响系数 γ_f	粒化高炉矿渣粉影响系数 γ_s
0	1.00	1.00
10	0.90~0.95	1.00
20	0.80~0.85	0.95~1.00

续上表

种类 掺量(%)	粉煤灰影响系数 γ_f	粒化高炉矿渣粉影响系数 γ_s
30	0.70~0.75	0.90~1.00
40	0.60~0.65	0.80~0.90
50	—	0.70~0.85

注：1. 宜采用Ⅰ级、Ⅱ级粉煤灰宜取上限值。
2. 采用S75级粒化高炉矿渣粉宜取下限值，采用S95级粒化高炉矿渣粉宜取上限值，采用S105级粒化高炉矿渣粉可取上限值加0.05。
3. 当超出表中的掺量时，粉煤灰和粒化高炉矿渣粉影响系数应经试验确定。

②当水泥28d胶砂抗压强度(f_{ce})无实测值时，可按下式计算：

$$f_{ce} = \gamma_c f_{ce,g} \tag{4-10}$$

式中：γ_c——水泥强度等级值的富余系数，可按实际统计资料确定；当缺乏实际统计资料时，也可按表4-19选用；

$f_{ce,g}$——水泥强度等级值(MPa)。

水泥强度等级值的富余系数(γ_c)　　表4-19

水泥强度等级值	32.5	42.5	52.5
富余系数	1.12	1.16	1.10

3) 确定用水量 m_{wo}

根据施工要求的混凝土拌和物的坍落度、所用集料的种类及最大粒径由表4-13查得。水胶比小于0.40的混凝土及采用特殊成型工艺的混凝土的用水量应通过试验确定。流动性和大流动性混凝土的用水量可以表4-13中坍落度为90mm的用水量为基础，按坍落度每增大20mm，用水量增加5kg，计算出用水量。掺外加剂时的用水量可按下式计算：

$$m_{wa} = m_{wo}(1-\beta) \tag{4-11}$$

式中：m_{wa}——掺外加剂时每立方米混凝土的用水量(kg)；

m_{wo}——未掺外加剂时的每立方米混凝土的用水量(kg)；

β——外加剂的减水率(%)，经试验确定。

4) 确定水泥用量 m_{bo}

由已求得的水胶比 W/B 和用水量 m_{wo} 可计算出水泥用量。

$$m_{bo} = m_{wo} \times \frac{B}{W} \tag{4-12}$$

由上式计算出的水泥用量应大于表4-16中规定的最小水泥用量。若计算而得的水泥用量小于最小水泥用量时，应选取最小水泥用量，以保证混凝土的耐久性。

5) 确定砂率

砂率可由试验或历史经验资料选取。如无历史资料，坍落度为10~60mm的混凝土的砂率可根据粗集料品种、最大粒径及水胶比按表4-20选取。坍落度大于60mm的混凝土的砂率，可经试验确定，也可在表4-20的基础上，按坍落度每增大20mm，砂率增大1%的幅度予以调整。坍落度小于10mm的混凝土，其砂率应经试验确定。

混凝土的砂率(%)(JGJ 55—2011)　　　　表4-20

水胶比 (W/B)	卵石最大公称粒径(mm)			碎石最大公称粒径(mm)		
	10	20	40	16	20	40
0.40	26~32	25~31	24~30	30~35	29~34	27~32
0.50	30~35	29~34	28~33	33~38	32~37	30~35
0.60	33~38	32~37	31~36	36~41	35~40	33~38
0.70	36~41	35~40	34~39	39~44	38~43	36~41

注：1. 本表数值系中砂的选用砂率，对细砂或粗砂，可相应的减少或增大砂率。
2. 只用一个单粒级粗集料配制混凝土时，砂率应适当增大。
3. 对薄壁构件，砂率取偏大值。

6) 计算砂、石用量 m_{so}、m_{go}

(1) 体积法

该方法假定混凝土拌和物的体积等于各组成材料的体积与拌和物中所含空气的体积之和。如取混凝土拌和物的体积为 $1m^3$，则可得以下关于 m_{so}、m_{go} 的二元方程组。

$$\begin{cases} m_{co}/\rho_c + m_{go}/\rho_g + m_{so}/\rho_s + m_{wo}/\rho_w + 0.01\alpha = 1m^3 \\ \beta_s = \dfrac{m_{so}}{m_{so} + m_{go}} \times 100\% \end{cases} \quad (4\text{-}13)$$

式中：m_{co}、m_{so}、m_{go}、m_{wo}——每立方米混凝土中的水泥、细集料(砂)、粗集料(石子)、水的质量(kg)；

ρ_g、ρ_s——粗集料、细集料的表观密度(kg/m³)；

ρ_c、ρ_w——水泥、水的密度(kg/m³)；

α——混凝土中的含气量百分数，在不使用引气型外加剂时，α 可取1。

(2) 质量法

该方法假定 $1m^3$ 混凝土拌和物质量，等于其各种组成材料质量之和，据此可得以下方程组。

$$\begin{cases} m_{co} + m_{so} + m_{go} + m_{wo} = m_{cp} \\ \beta_s = \dfrac{m_{so}}{m_{so} + m_{go}} \times 100\% \end{cases} \quad (4\text{-}14)$$

式中：m_{co}、m_{so}、m_{go}、m_{wo}——每立方米混凝土中的水泥、细集料(砂)、粗集料(石子)、水的质量(kg)；

m_{cp}——每立方米混凝土拌和物的假定质量，可根据实际经验在2350~2450kg之间选取。

由以上关于 m_{so} 和 m_{go} 的二元方程组，可解出 m_{so} 和 m_{go}。

则混凝土的初步计算配合比(初步满足强度和耐久性要求)为 $m_{co}:m_{so}:m_{go}:m_{wo}$。

2. 基准配合比

按初步计算配合比进行混凝土配合比的试配和调整。试配时，混凝土的搅拌量可按表4-21选取。当采用机械搅拌时，其搅拌不应小于搅拌机额定搅拌量的1/4。

混凝土试配的最小搅拌量(JGJ 55—2011)　　　　表4-21

集料最大粒径(mm)	拌和物数量(L)
31.5	20
40.0	25

试拌后立即测定混凝土的工作性。当试拌得出的拌和物坍落度比要求值大时,应在水胶比不变前提下,增加水泥浆用量;当比要求值小时,应在砂率不变的前提下,增加砂、石用量;当黏聚性、保水性差时,可适当加大砂率。调整时,应即时记录调整后的各材料用量(m_{cb},m_{wb},m_{sb},m_{gb}),并实测调整后混凝土拌和物的体积密度为 ρ_{oh}(kg/m³)。令工作性调整后的混凝土试样总质量为:

$$m_{Qb} = m_{cb} + m_{wb} + m_{sb} + m_{gb} \tag{4-15}$$

由此得出基准配合比(调整后的 1m³ 混凝土中各材料用量):

$$m_{bj} = \frac{m_{bh}}{m_{Qb}}\rho_{oh}$$

$$m_{wj} = \frac{m_{wh}}{m_{Qb}}\rho_{oh} \tag{4-16}$$

$$m_{sj} = \frac{m_{sh}}{m_{Qb}}\rho_{oh}$$

$$m_{gj} = \frac{m_{gh}}{m_{Qb}}\rho_{oh}$$

3. 实验室配合比

经调整后的基准配合比虽工作性已满足要求,但经计算而得出的水胶比是否真正满足强度的要求需要通过强度试验检验。在基准配合比的基础上做强度试验时,应采用三个不同的配合比,其中一个为基准配合比中的水胶比,另外两个较基准配合比的水胶比分别增加和减少 0.05。其用水量应与基准配合比的用水量相同,砂率可分别增加和减少 1%。

制作混凝土强度试验试件时,应检验混凝土拌和物的坍落度或维勃稠度、黏聚性、保水性及拌和物的体积密度,并以此结果作为代表相应配合比的混凝土拌和物的性能。进行混凝土强度试验时,每种配合比至少应制作一组(三块)试件,标准养护 28d 时试压。需要时可同时制作几组试件,供快速检验或早龄试压,以便提前定出混凝土配合比供施工使用,但应以标准养护 28d 的强度的检验结果为依据调整配合比。

根据试验得出的混凝土强度与其相对应的胶水比(B/W)关系,用作图法或计算法求出与混凝土配制强度($f_{cu,o}$)相对应的胶水比,并应按下列原则确定每立方米混凝土的材料用量:

(1)用水量(m_w)应在基准配合比用水量的基础上,根据制作强度试件时测得的坍落度或维勃稠度进行调整确定。

(2)水泥用量(m_c)应以用水量乘以选定出来的灰水比计算确定。

(3)粗集料和细集料用量(m_g 和 m_s)应在基准配合比的粗集料和粗集料用量的基础上,按选定的灰水比进行调整后确定。

经试配确定配合比后,尚应按下列步骤进行校正:
据前述已确定的材料用量按下式计算混凝土的表观密度计算值

$$\rho_{cc} = m_c + m_w + m_s + m_g \tag{4-17}$$

再按下式计算混凝土配合比校正系数 δ:

$$\delta = \rho_{ct}/\rho_{cc} \tag{4-18}$$

式中:ρ_{ct}——混凝土表观密度实测值(kg/m³);

ρ_{cc}——混凝土表观密度计算值(kg/m³)。

当混凝土表观密度实测值与计算值之差的绝对值不超过计算值的2%时,按以前的配合比即为确定的实验室配合比;当二者之差超过2%时,应将配合比中每项材料用量均乘以校正系数δ,即为最终确定的实验室配合比。

实验室配合比在使用过程中,应根据原材料情况及混凝土质量检验的结果予以调整。但遇有下列情况之一时,应重新进行配合比设计:

(1)对混凝土性能指标有特殊要求时;
(2)水泥、外加剂或矿物掺和料品种、质量有显著变化时;
(3)该配合比的混凝土生产间断半年以上时。

4. 施工配合比

设计配合比是以干燥材料为基准的,而工地存放的砂石都含有一定的水分,且随着气候的变化而经常变化。所以,现场材料的实际称量应按施工现场砂、石的含水情况进行修正,修正后的配合比称为施工配合比。

假定工地存放的砂的含水率 $a\%$,石子的含水率为 $b\%$,则将上述设计配合比换算为施工配合比,其材料称量为:

水泥用量: $m'_b = m_{bo}$
砂用量: $m'_s = m_{so}(1 + a\%)$
石子用量: $m'_g = m_{go}(1 + b\%)$ (4-19)
用水量: $m_w = m_{wo} - m_{so} \times a\% - m_{go} \times b\%$

m_{co}、m_{so}、m_{go}、m_{wo} 为调整后的试验室配合比中每立方米混凝土中的水泥、水、砂和石子的用量(kg)。应注意,进行混凝土配合比计算时,其计算公式中有关参数和表格中的数值均系以干燥状态集料(含水率小于0.05%的粗集料或含水率小于0.2%的粗集料)为基准。当以饱和面干集料为基准进行计算时,则应做相应的调整,即施工配合比公式中的 a、b 分别表示现场砂石含水率与其饱和面干含水率之差。

六、普通混凝土配合比设计举例

某办公楼工程,现场浇筑钢筋混凝土柱,试根据以下基本资料和条件设计混凝土的施工配合比。混凝土的设计强度等级为C25,该施工单位无历史统计资料。采用的材料为:

水泥采用强度等级为42.5普通硅酸盐水泥,实测定水泥的实际强度为43.5MPa,水泥的密度为 $3.0 kg/m^3$。

砂为中砂,$M_x = 2.5$,表观密度 $\rho_s = 2.65 kg/m^3$,现场用砂含水率为3%。

石子为碎石,最大粒径为20mm,表观密度 $\rho_g = 2.70 kg/m^3$,现场用石子含水率为1%。

拌和用水为自来水。混凝土不掺用外加剂。

构件截面的最小尺寸为400mm,钢筋净距为60mm。该工程为潮湿环境下无冻害构件。混凝土采用机械搅拌,机械振捣。混凝土施工要求的坍落度为30~50mm。

设计混凝土配合比(按干燥材料计算),并求施工配合比。

1. 初步计算配合比

(1)混凝土配制强度的确定:

查表4-18,取 $\sigma = 5$ 则

$$f_{cu,o} = f_{cu,k} + 1.645\sigma = 25 + 1.645 \times 5 = 33.2(MPa)$$

(2)确定水胶比 W/B:

采用碎石,回归系数可取: $\alpha_a = 0.53, \alpha_b = 0.20$ 则:

$W/B = \alpha_a f_{ce}/(f_{cu,o} + \alpha_a \cdot \alpha_b \cdot f_{ce}) = 0.53 \times 43.5/(33.2 + 0.53 \times 0.20 \times 43.5) = 0.61$。

根据本工程的环境条件,查表 4-16 可得满足耐久性要求的最大水胶比(W/B)为 0.60,大于满足强度要求的计算 W/B,故取 $W/B = 0.50$。

(3)确定单位用水量 m_{wo}:

$D_{max} = 20mm$、坍落度为 $30 \sim 50mm$,查表 4-13 可得单位用水量:$m_{wo} = 195(kg/m^3)$。

(4)确定水泥用量:

$$m_{bo} = \frac{m_{wo}}{W/B} = \frac{195}{0.60} = 325kg$$

对照表 4-16,本工程为办公楼内部构件,要求的最小水泥用量为 260kg,故取 $m_{co} = 325(kg/m^3)$。

(5)确定砂率(β_s):

根据水胶比 $\left(\frac{W}{B}\right) = 0.60$,碎石 $D_{max} = 20mm$,查表 4-17 可得 $\beta_s = 35\% \sim 40\%$,初步选:$\beta_s = 36\%$。

(6)确定砂、石用量(m_{so} 和 m_{go}):

采用体积法计算(取 $\alpha = 1$) 将有关数值代入方程组

$$\begin{cases} \dfrac{325}{3000} + \dfrac{m_{go}}{2700} + \dfrac{m_{so}}{2650} + \dfrac{195}{1000} + 0.01 \times 1 = 1 \\ \beta_s = \dfrac{m_{so}}{m_{so} + m_{go}} \times 100\% = 0.36 \end{cases}$$

解得 $m_{so} = 673kg, m_{go} = 1196kg$。

以上计算结果为初步计算配合比,即每立方米混凝土的材料用量为:

水泥 325kg;水 195kg;砂 673kg;石子 1196kg。

以配合比例表示为:

水泥:砂:石子 $= 325:673:1196 = 1:2.07:3.68, W/B = 0.60$。

2. 基准配合比

(1)检验、调整工作性。按初步计算配合比,配制 15L 混凝土(根据表 4-19)。试样的各组成材料用量为:

水泥:$0.015 \times 325 = 4.88kg$; 水:$0.015 \times 195 = 2.93kg$;

砂:$0.015 \times 673 = 10.10kg$; 石子:$0.015 \times 1196 = 17.94kg$。

试拌材料总和为 35.85kg。

(2)按规定方法拌和后,测定坍落度为 20mm,达不到要求的坍落度 $35 \sim 50mm$,故需在水胶比不变的前提下,增加水泥浆用量。现增加水泥和水各 10%,则增加后的用量为:

水泥:$4.88 \times 1.10 = 5.37kg$;

水:$2.93 \times 1.10 = 3.22kg$;

砂:$0.015 \times 673 = 10.10kg$;

石子:$0.015 \times 1196 = 17.94kg$。

(3)试拌材料总和为 36.63kg。新拌和后,测得坍落度为 40mm,且黏聚性、保水性良好。实测试拌混凝土的体积密度为 $2390kg/m^3$。

1m³混凝土的材料用量为:

水泥:$\frac{5.37}{36.63} \times 2390 = 350 \text{kg}$; 水:$\frac{3.22}{36.63} \times 2390 = 210 \text{kg}$;

砂:$\frac{10.10}{36.63} \times 2390 = 659 \text{kg}$; 石子:$\frac{17.94}{36.63} \times 2390 = 1171 \text{kg}$。

3. 试验室配合比

在基准配合比的基础上,分别以三种不同的水胶比(即0.60和比其分别加大0.05的0.63和减小0.05的0.52)拌制混凝土制作三组试件。经试拌调整以满足和易性要求。制作三组混凝土立方体试件,经28d标准养护,(也可用短期强度推算)测得抗压强度,得出各水胶比对应的各组试件的强度代表值见表4-22。

三组混凝土立方体试件抗压强度   表4-22

W/B	B/W	抗压强度(MPa)
0.55	1.82	38.0
0.60	1.67	33.5
0.65	1.54	27.3

可知水胶比为0.60的基准配合比的混凝土强度33.5(MPa)能满足配制强度$f_{cu,o}$的要求,可定为混凝土的试验室配合比。(还可以利用试验测得的抗压强度数据,在坐标纸上以灰水比为横坐标,以强度为纵坐标,找出对应的三个点,作出与各点距离最小的拟合直线。由此直线可确定与配制强度对应的胶水比,然后再确定配合比。)

由此得到混凝土表观密度的计算值为$\rho_{c,t} = 325 + 195 + 673 + 1196 = 2389 \text{kg/m}^3$

由前可知混凝土的实测密度为$\rho_{c,c} = 2390 \text{kg/m}^3$

$\frac{(\rho_{c,t} - \rho_{c,c})}{\rho_{c,t}} = \frac{2390 - 2389}{2390} \times 100\% = 0.04\% < 2\%$,所以不需要校正。

试验室配合比即为:

水泥:砂:石子 = 350:659:1171 = 1:1.88:3.35 $\left(\frac{W}{B}\right) = 0.60$。

4. 施工配合比

考虑现场砂、石的含水对配合比的影响,将设计配合比换算为现场施工配合比。用水量扣除砂、石所含的水量。而砂石用量则应增加砂石含水的质量。所以,可得施工配合比为:

水泥用量:$m_c = 350 \text{kg}$;

砂用量:$m_s = m_{so}(1 + a\%) = 659 \times (1 + 0.03) = 679 \text{kg}$;

石子用量:$m_g = m_{go}(1 + b\%) = 1196 \times (1 + 0.01) = 1207 \text{kg}$;

用水量:$m_w = m_{wo} - m_{so} \times a\% - m_{go} \times b\% = 210 - 659 \times 0.03 - 1196 \times 0.01 = 178 \text{kg}$。

第七节 混凝土质量的控制

加强混凝土质量控制,是为了保证生产的混凝土其技术性能能满足设计要求。混凝土的质量是影响钢筋混凝土结构可靠性的一个重要因素,为保证结构安全可靠地使用,必须对混凝土的生产和合格性进行控制。生产控制是对混凝土生产过程的各个环节进行有效质量控制,以保证产品质量的可靠。

一、混凝土生产的质量控制

混凝土施工时,各种材料的性质、配合比、各施工工艺过程都有可能影响混凝土的质量,因此,应通过以下几个方面进行混凝土的质量控制。

1. 原材料的质量控制

混凝土是由多种材料混合制作而成的,任何一种组成材料的质量偏差或不稳定都会成混凝土整体质量的波动。水泥要严格按其技术质量标准进行检验,并按有关条件进行合理选用,特别要注意水泥的有效期;粗、细集料应控制其杂质和有害物质含量,不符合应经处理并检验合格后方能使用;采用天然水现场进行拌和的混凝土,对拌和用水的质量应按标准进行检验。水泥、砂、石、外加剂等主要材料应检查产品合格证、出厂检验报告或进场复验报告。

2. 配合比设计的质量控制

混凝土应按行业标准《普通混凝土配合比设计规程》(JGJ 55—2011)的有关规定按混凝土的强度等级、耐久性和工作性等要求进行配合比设计。

首次使用的混凝土配合比应进行鉴定,其工作性应满足设计配合比的要求。开始生产时应至少留一组标准养护试件,作为检验配合比的依据。混凝土拌制前,应测定砂、石含水率,根据测试结果及时调整材料用量,提出施工配合比。生产时应检验配合比设计资料、试件强度试验报告、材料含水率测试结果和施工配合比通知单。

3. 混凝土生产施工工艺的质量控制

混凝土的原材料必须称量准确,每盘称量的允许偏差应控制在水泥、掺和料±2%;粗细集料±3%;水、外加剂±2%,每工作班抽查不少于一次,各种衡器应定期检验。

混凝土的运输、浇筑及间歇的全部时间不应超过混凝土的初凝时间。要及时观察、检查施工记录。在运输,浇筑过程中要防止离析、泌水、流浆等不良现象发生,并分层按顺序振捣,严防漏振。

混凝土浇筑完毕后,应按施工技术方案及时采取有效的养护措施,应随时观察并检查施工记录。

二、普通水泥混凝土强度的评定方法

1. 统计方法评定

(1)已知标准差方法。

当混凝土生产条件在较长时间内能保持一致,且同一品种混凝土的强度变异性能保持稳定时,应由连续的三组试件组成一个验收批,其强度应同时满足下列要求:

$$m_{f_{cu}} \geq f_{cu,k} + 0.7\sigma_0$$

$$f_{cu,min} \geq f_{cu,k} - 0.7\sigma_0$$

当混凝土强度等级高于 C20 时,其强度的最小值尚应满足下式要求:

$$f_{cu,min} \geq 0.90 f_{cu,k} \tag{4-20}$$

式中:$m_{f_{cu}}$——同一验收批混凝土立方体抗压强度的平均值(MPa);

$f_{cu,k}$——混凝土立方体抗压强度标准值(MPa);

σ_0——验收批混凝土立方体抗压强度的标准差(MPa);

$f_{cu,min}$——同一验收批混凝土立方体抗压强度最小值(MPa)。

验收批混凝土立方体抗压强度标准差,应根据前一个检验期内同一品种混凝土试件的强度数据,按下式确定:

$$\sigma_0 = \frac{0.59}{m} \sum_{i=1}^{m} \Delta_{f_{cu,i}} \tag{4-21}$$

式中:$\Delta_{f_{cu,i}}$——第 i 批试件立方体抗压强度中最大值与最小值之差;

m——用以确定验收批混凝土立方体抗压强度的标准差的数据总批数。

(2) 未知标准差方法。

当混凝土生产条件不能满足前述规定,或在前一个检验期内的同一品种混凝土没有足够的数据用以确定验收批混凝土强度的标准差时,应由不少于10组试件组成一个验收批,其强度应同时满足下列公式的要求:

$$m_{f_{cu}} - \lambda_1 S_{f_{cu}} \geq 0.9 f_{cu,k}$$
$$f_{cu,min} \geq \lambda_2 f_{cu,k} \tag{4-22}$$

式中:$S_{f_{cu}}$——同一验收批混凝土立方体抗压强度的标准差(MPa)。当 $S_{f_{cu}}$ 的计算值小于 $0.06f_{cu,k}$ 时,取 $Sf_{cu} = 0.06f_{cu,k}$;

λ_1、λ_2——合格判定系数,按表4-23 取用。

混凝土强度的合格判定系数　　　　表4-23

试件组数	10～14	15～24	≥25
λ_1	1.70	1.65	1.60
λ_2	0.90	0.85	

混凝土立方体抗压强度的标准差可按下列公式计算:

$$S_{f_{cu}} = \sqrt{\frac{\sum_{i=1}^{n} f_{cu,i}^2 - n m_{f_{cu}}^2}{n-1}} \tag{4-23}$$

式中:$f_{cu,i}$——第 i 组混凝土立方体抗压强度值(MPa);

n——一个验收批混凝土试件的组数。

2. 非统计方法评定

试件少于10组时,按非统计方法评定混凝土强度时,其所保留强度应同时满足下列要求:

$$m_{f_{cu}} \geq 1.15 f_{cu,k}$$
$$f_{cu,min} \geq 0.95 f_{cu,k}$$

式中符号含义同前。

三、混凝土强度的合格性判断

当检验结果能满足上述规定时,则该批混凝土强度判为合格;当不满足上述规定时,则该批混凝土强度判为不合格。

由不合格批混凝土制成的结构或构件,应进行鉴定。对不合格的结构或构件必须及时处理。

当对混凝土试件强度的代表性有怀疑时,可采用从结构或构件中钻取试件的方法或采用非破损检验方法,按有关标准的规定对结构或构件中混凝土的强度进行推定。

第八节　其他品种混凝土

随着建筑工程建设不断发展所提出的对混凝土材料功能的特殊要求,各种具有特殊性能的混凝土不断出现。这些有独特性能的混凝土不断满足了建筑工程发展的需要,反过来也极大地促进了建筑科学技术的日新月异。大多数新品种的混凝土是基于传统普通混凝土的基础上发展起来的,但性能又各具特色,不同于普通混凝土,它们共同组成的混凝土大家族,扩大了混凝土的应用范围,从长远看是很有发展潜力的。本节简要的介绍几种典型的特殊性能混凝土。

一、轻混凝土

表观密度小于 $1950kg/m^3$ 的混凝土称为轻混凝土,轻混凝土分轻集料混凝土、多孔混凝土及无砂混凝土三类。

普通混凝土的体积密度大($2000\sim2800kg/m^3$)是其一大缺点,由于混凝土广泛用于各类建筑工程中,所以人们一直不懈地探求降低混凝土自重的途径。轻混凝土,是指干密度小于 $1950kg/m^3$ 的混凝土。根据原料和制造工艺的不同特点,可分为轻集料混凝土、多孔混凝土和大孔混凝土。

1. 轻集料混凝土

根据《轻集料混凝土技术规程》(JGJ 51—2002)规定,轻集料混凝土是指用轻粗集料、轻砂(或普通砂)、水泥和水配制而成的干体积密度不大于 $1950kg/m^3$ 的混凝土。为进一步改善轻集料混凝土的各项技术性能,轻集料混凝土中还常掺入各种化学外加剂和掺和料(如粉煤灰等)。

1)轻集料的定义及其技术性能

(1)轻集料的种类。

堆积密度不大于 $1000kg/m^3$ 的轻细集料和堆积密度不大于 $1200kg/m^3$ 的轻粗集料总称为轻集料。轻集料按来源不同可分为三类。

①天然轻集料:天然形成的(如火山爆发)多孔岩石,经破碎、筛分而成的轻集料,如浮石、火山渣等。

②人造轻集料:以天然矿物为主要原料经加工制粒、烧胀而成的轻集料。如黏土陶粒。

③工业废料:轻集料以粉煤灰、煤渣、煤矸石、高炉熔融矿渣等工业废料为原料专门加工工艺而制成的轻集料。如粉煤灰陶粒、煤渣、自燃煤矸石、膨胀矿渣珠等。

轻粗集料按其性能分为三类:堆积密度不大于 $500kg/m^3$ 的保温用或结构保温用集料;堆积密度大于 $510kg/m^3$ 的轻集料;强度等级不小于 25MPa 的结构用高强轻集料。

按颗粒形状不同,轻集料可分为三类:a)圆球形:如粉煤灰陶粒、黏土陶粒;b)普通型:如页岩和膨胀珍珠岩等;c)碎石型:如浮石、火山渣、煤渣等。

(2)轻集料的技术要求。

轻集料的技术要求主要有颗粒级配(细度模数)、堆积密度、粒型系数、筒压强度(轻粗集料尚应检测强度等级)和吸水率等,此外软化系数、烧失量、有毒物质含量应符合有关规定。其中堆积密度是轻集料的关键指标。轻集料按堆积密度划分密度等级,轻粗集料分为10个等级,轻细集料分为8个等级,并符合表4-24的要求;轻细集料筒压强度符合表4-25的要求。轻集料的匀质性指标,以等级密度的变异系数计,不应大于0.10。

轻集料密度等级 表 4-24

密度等级		堆积密度范围(kg/m³)
轻粗集料	轻细集料	
200	—	110～200
300	—	210～300
400	—	310～400
500	500	410～500
600	600	510～600
700	700	610～700
800	800	710～800
900	900	810～900
1000	1000	910～1000
1100	1100	1010～1100
		1100～1200

轻集料筒压强度(GB/T 1743.1—1998) 表 4-25

轻集料品种		密度等级	筒压强度(MPa)		
			优等品	一等品	合格品
超轻集料	黏土陶粒 页岩陶粒 粉煤灰陶粒	200	0.3	0.2	
		300	0.7	0.5	
		400	1.3	1.0	
		500	2.0	1.5	
	其他超轻粗集料	≤500	—		
普通轻集料	黏土陶粒 页岩陶粒 粉煤灰陶粒	600	3.0	2.0	
		700	4.0	3.0	
		800	5.0	4.0	
		900	6.0	5.0	
	浮石 火山渣 煤渣	600		1.0	0.8
		700		1.2	1.0
		800		1.5	
		900		1.8	1.5
	自燃煤矸石 膨胀矿渣珠	900		3.5	3.0
		1000		4.0	3.5
		1100		4.5	4.0

2)轻集料混凝土的分级分类及技术性能

(1)轻集料混凝土的分级分类。轻集料混凝土的强度等级按立方体抗压强度标准值划分为 LC5.0、LC7.5、LC10、LC15、LC20、LC25、LC40、LC45、LC50、LC55、LC60。

轻集料混凝土因其表观密度变化范围大,对其技术性能有较大影响,故又按其干表观密度划分为 14 个密度等级(表 4-26),某一密度等级的密度标准值可取该密度等级干表观密度变化范围的上限值。

轻集料混凝土根据其用途可分为三大类。其各类对应的强度等级、密度等级的合理范围及用途见表 4-27。

轻集料混凝土的密度等级(JGJ 51—2002)   表 4-26

密度等级	干表观密度的变化范围(kg/m³)	密度等级	干表观密度的变化范围(kg/m³)
600	560~650	1300	1260~1350
800	760~850	1500	1460~1550
900	860~950	1600	1560~1650
1000	960~1050	1700	1660~1750
1100	1060~1150	1800	1760~1850
1200	1160~1250	1900	1860~1950

轻集料混凝土按用途分类(JGJ 51—2002)   表 4-27

类别名称	混凝土强度等级的合理范围	混凝土密度等级的合理范围	用途
保温轻集料混凝土	LC5.0	≤800	主要用于保温的围构或热工构筑物
结构保温轻集料混凝土	LC5.0 LC7.5 LC10	800~1400	主要用于既承重又保温的围护结构
结构轻集料混凝土	LC15 LC20 LC25 LC30 LC35 LC40 LC45 LC50 LC55 LC60	1400~1900	主要用于承重构件筑物

(2) 轻集料混凝土的技术性能。轻集料混凝土的技术性能主要有拌和物的工作性和硬化轻集料混凝土的体积密度、保温性能、变形性能和耐久性。

① 拌和物的和易性。

轻集料具有表观密度小,表面多孔粗糙、吸水性强等特点,因此其拌和物的和易性与普通混凝土有明显不同。轻集料混凝土拌和物的黏聚性和保水性好,但流动性差。若加大流动性,则集料上浮,易离析。国家标准对轻集料 1h 的吸水率的规定是灰陶粒不大于22%;黏土陶粒和页岩陶粒不大于10%。同普通混凝土一样,拌和水量过大,流动性可加大,但会降低其强度。选择坍落度指标时,考虑到振捣成型时轻集料吸入的水释出,加大流动性,故应比普通混凝土拌和物的坍落度值低 10~20mm。轻集料混凝土与普通混凝土一样,砂率是影响拌和物的工作性的另一主要因素。尤其是采用轻砂时,随着砂率的提高,拌和物的工作性有所改善。在轻集料混凝土的配合比设计中,砂率计算采用的是体积比,即粗集料与粗、细集料总体积之比。

②体积密度。

与普通混凝土不同,轻集料混凝土的体积密度范围变化较大,而且直接与硬化轻混凝土的抗压强度、导热性、抗渗性、抗冻性有关,故以体积密度为其主要的技术性质。一般来说,轻集料混凝土的密度等级越小,其强度越低,导热系数越小,抗渗性越差。轻集料的体积占轻集料混凝土总体积的70%以上,故轻集料混凝土的体积密度主要决其粗细轻集料的体积密度。

③强度。

轻集料强度虽低于普通集料,但轻集料混凝土仍可达到较高强度。轻集料混凝土的强度和体积密度是说明其性能的主要指标。强度越高,体积密度越小的轻集料混凝土性能越好。性能优良的轻集料混凝土,干表观密度在 $1500 \sim 1800 kg/m^3$ 间,而其28d抗压强度可达 $40 \sim 70MPa$。

④变形性能。

轻集料混凝土的弹性模量小,一般为同强度等级普通混凝土的50%~70%。而且不同强度等级的轻集料混凝土的弹性模量可相差3倍之多。

轻集料混凝土的干缩和徐变较大。同强度的结构轻集料混凝土构件的轴向收缩值,为普通混凝土的1~1.5倍。轻集料混凝土这种变形的特点,在设计和施工中都应给予足够的重视,在《轻集料混凝土技术规程》(JGJ 51—2002)中,对弹性模量、收缩变形和徐变值的计算都给予了明确规定。

⑤热工性。

由于轻集料具有较多孔隙,在硬化混凝土中多以封闭孔隙的形态存在,故其导热系数较小,可有效提高混凝土的保温隔热性,对建筑物的节能有重要意义。表4-28引出了不同密度等级的轻集料混凝土的导热系数。可见其导热系数直接与密度等级有关,密度等级越小,其导热系数越小,保温隔热性越好。

轻集料混凝土的导热系数 表4-28

密度等级	600	700	800	900	1000	1100	1200	1300	1400	1500	1600	1700	1800	1900
导热系数[W/(m·K)]	0.18	0.20	0.23	0.26	0.28	0.31	0.36	0.42	0.49	0.57	0.66	0.76	0.87	1.01

⑥抗冻性。

大量试验表明,轻集料混凝土具有较好的抗冻性的主要原因是其在正常使用条件下,当受冻时很少达到孔隙吸水饱和。故孔隙内有较大的未被水充满的空间,当外界温度下降,孔隙内水结冰体积发生膨胀时可有效释放膨胀压力。故有较高的抗冻能力。另一方面,轻集料混凝土较小的导热系数,也降低了冬季室内外温差在墙体上引起水分的负向迁移。故进一步降低了冻害作用。

(3)轻集料混凝土配合比设计及施工要点。

①轻集料混凝土配合比设计的基本要求除与普通混凝土配合比设计相同的强度、和易性、耐久性和经济方面的要求外,还应满足对表观密度的要求外。普通混凝土的配合比设计的原则和方法,同样应用于轻集料混凝土,但由于轻集料种类繁多、性能各异,给配合比设计增加了复杂性,故其更多的依据于经验。

②轻集料混凝土的水胶比以净水胶比表示。净水胶比是指不包括轻集料1h吸水量在内的净用水量与水泥用量之比。配制全轻混凝土时,允许以总水胶比表示。总水胶比是指包括轻集料1h吸水量在内的净用水量与水泥用量之比。

③轻集料易上浮,不易搅拌均匀。因此,应采用强制式搅拌机,且搅拌时间要比普通混凝土略长一些。

④为减少混凝土拌和物坍落度损失和离析,应尽量采用缩短运距。拌和物从搅拌机卸料起到浇筑入模的延续时间,不宜超过45min。

⑤为减少轻集料上浮,施工中最好采用加压振捣,且振捣时间以捣实为准,不宜过长。

⑥浇筑成型后应及时覆盖并洒水养护,以防止表面失水太快而产生网状裂缝。养护时间视水泥品种而不同,应不少于7~14d。

⑦轻集料混凝土在气温5℃的季节施工时,可根据工程需要,对轻集料进行预湿处理,这样拌制的拌和物和易性和水胶比比较稳定。

2. 多孔混凝土

多孔混凝土是一种不用集料的轻混凝土,其内部充满大量细小封闭的气孔,孔隙率极大,一般可达混凝土总体积的85%。它的表观密度一般在300~1200kg/m³之间,导热系数为$0.08 \sim 0.29[W/(m \cdot K)]$。因此多孔混凝土是一种轻质多孔材料,兼有保温及隔热等功能,同时容易切削和锯解。多孔混凝土可制作屋面板、内外墙板、砌块和保温制品,广泛用于工业及民用建筑和管道保温。

根据气孔产生的方法不同,多孔混凝土可分为加气混凝土和泡沫混凝土。加气混凝土在生产上比泡沫混凝土具有更多的优越性,所以生产和应用发展较快。

(1) 加气混凝土。

加气混凝土是用钙质材料(如水泥、生石灰等)和含硅材料(如石英砂、粉煤灰、尾矿粉、粒化高炉矿渣等)加水并加入适量的发气剂和其他附加剂,经过磨细、配料、混合搅拌、浇筑发泡、坯体静停与切割,再经蒸压或常压蒸汽养护而制成的一种不含粗集料的轻混凝土。

蒸压加气混凝土的结构形成包括两个过程:第一是由于发气剂与碱性水溶液之间反应产生气体使料浆膨胀及水泥和石灰的水化凝结而形成多孔结构的过程。第二是蒸压条件下钙质材料与含硅材料发生水热反应使强度增长的过程。

常用的发气剂有铝粉和过氧化氢等。掺铝粉作为发气剂是目前国内外广泛应用的一种方法。铝粉同碱性物质$Ca(OH)_2$的饱和溶液可反应产生氢气:

$$2Al + 3Ca(OH)_2 + 6H_2O = 3CaO \cdot Al_2O_3 \cdot 6H_2O + 3H_2 \uparrow$$

水中氢气溶解度很小(20℃时,每升水仅溶解0.01L),由于气相的增加及氢气受热体积膨胀,而使混合料浆膨胀,内部产生大量封闭或连通的气孔。

加气混凝土的抗压强度一般为0.5~1.5MPa。

加气混凝土具有质轻、耐久、保温隔热、抗震性好等优良性能,可广泛用于各类建筑中。在我国,加气混凝土主要用于框架建筑、高层建筑、地震设防建筑、保温隔热要求高的建筑、软土地基地区的建筑。但不宜用于温度高于80℃的环境、长期潮湿的环境、有酸碱侵蚀的环境和特别寒冷的环境。

(2) 泡沫混凝土。

泡沫混凝土是将水泥浆和泡沫剂拌和后形成的多孔混凝土。其表观密度为300~500kg/m³,强度不高,仅为0.5~0.8MPa。

通常用氢氧化钠加水拌入松香粉(碱:水:松:松香=1:2:4),再与溶化的胶液(皮胶或骨胶)搅拌制成松香泡沫剂。将泡沫剂加温稀释,用力搅拌即成稳定的泡沫。然后加水泥浆(也可掺入磨细的石英砂、粉煤粉、矿渣等硅质材料)与泡沫拌匀,成型后蒸养或压蒸养护,即成泡沫混凝土。

3. 大孔混凝土

大孔混凝土是以粒径相近的粗集料、水泥、水,有时掺入外加剂,一般不含或仅掺少量细集料配制而成的混凝土,又称无砂混凝土。这种混凝土由于特殊的集料级配,造成较严重的粒径干扰,同时控制水泥浆用量,使其只起黏结集料的作用,而不是起到填充空隙的作用,因而在内部形成大量空隙而得名的。

大孔混凝土按掺砂与否分为无砂大孔混凝土和少砂大孔混凝土。按粗集料的种类可分为采用普通碎石、卵石的普通大孔混凝土和采用轻粗集料(黏土陶粒、粉煤灰陶粒等)的轻集料大孔混凝土。

大孔混凝土的主要技术指标有表观密度、强度、导热系数、抗冻性等。大孔混凝土的表观密度为 1500～1950kg/m³。抗压强度为 3.5～10MPa;轻集料大孔混凝土的表观密度为 800～1500kg/m³,抗压强度为 2.5～10MPa;普通大孔混凝土的导热系数小,保温性能好,吸湿性较小。收缩一般比普通混凝土小 30%～50%;抗冻等级可达 F15～F25。由于大孔混凝土无砂或少砂且含有大量空隙,故配制无砂大孔混凝土时,水泥用量一般为 150～250kg/m³,配制时应严格控制用水量。如用水量过多将使水泥浆沿集料向下流淌,使混凝土强度不均,容易在强度弱的地方发生断裂。

大孔混凝土可用来制作墙体、砌筑用的小型空心砌块,混凝土复合墙板等,成为我国墙体材料改革中很有发展前途的一种新型墙体材料。还可根据其具有透气、透水性大的特点,在土木工程中用作滤水管、滤水板及排水暗管等,广泛用于市政工程。

二、抗渗混凝土

抗渗混凝土是指抗渗等级等于或大于 F6 级的混凝土。主要用于水利工程、地下基础工程、层面防水工程、抗渗漏的高水压容器或储油罐等工程。

普通混凝土由于主要是根据强度和工作性要求配制的,因此水胶比较高,硬化后的混凝土中含有较多的泌水通道,造成了抗渗透性较低的缺点(一般不超过 P4)。如果能够采取技术措施,将硬化混凝土中的孔隙尤其是将连通孔隙减少或堵塞,就能明显提高其抗渗性,这就是抗渗混凝土的设计出发点。

混凝土中形成泌水连通孔隙的主要原因是:

(1)为考虑一定的施工流动性,水胶比较高水泥水化后剩余的水分挥发形成孔隙。

(2)水泥浆较少,仅够满足集料黏结和填充集料空隙的要求而不足以进一步提高混凝土的密实性。

(3)集料中所含泥和泥块使抗渗性折扣。

(4)粗集料的最大粒径,颗粒级配的情况及砂率的选择也都会影响混凝土的密实性。

抗渗混凝土一般是通过混凝土组成材料质量的改善,合理选择混凝土配合比和集料级配,以及掺加适量外加剂,达到混凝土内部密实或堵塞混凝土内部毛细管通路,使混凝土具有较高的抗渗性。故在抗渗混凝土的设计中部颁标准《普通混凝土配合设计规程》(JGJ 55—2011)提出了以下规定:

(1)水泥强度不应低于 42.5MPa,其品种应按设计要求选用。每立方米混凝土中的水泥用量不宜过小,含掺和料应不小于 320kg。

(2)粗集料宜采用连续级配,其最大粒径不宜大于 37.5mm,含泥量不得大于 1.0%,泥块含量不得大于 0.5%。细集料的含泥量不得大于 3.0%,泥块含量不得大于 1.0%,砂率宜为35%～45%。

(3)外加剂宜采用防水剂、膨胀剂、引气剂、减水剂或引气减水剂。需要说明的外加剂的掺入已成为抗渗混凝土设计不可缺少的技术措施。其中,防水剂(氢氧化铁或氢氧化镁溶液)通过生成不溶于水的胶体可有效堵塞泌水孔隙,引气剂通过稳定存在的气阻断了水渗入的通道,掺用引气剂的抗渗混凝土含气量宜控制在3%～5%。而膨胀剂和减水剂分别通过水泥硬化过程中生成膨胀性物质和有效减少拌和水量来增加混凝土的密实性,成为提高混凝土抗渗性的主要技术措施。

(4)宜掺用矿物掺和物。矿物掺和料由颗粒大小介于水泥和砂之间的矿物颗粒组成,如粉煤灰、天然石粉等,可改善集料与水泥颗粒间的逐级填充,同时产生水化反应,进一步加大混凝土的密实度。

三、高强混凝土

高强混凝土是指强度等级为C60及C60以上的混凝土。传统混凝土一般只以水泥、砂、石和水作为四大组分,而现代高强混凝土则以高效减水剂等化学外加剂和优质矿物掺和料作为其第五和第六组分。现代高强混凝土技术是在高效减水剂发明之后,从20世纪70年代开始发展起来的,开始是以高强度和高工作性为标志。而其致密的结构通常又使这一种混凝土兼具其他优良性能,其应用已遍及桥梁、建筑、港口、道路、海工、地下等各个土建工程领域,现在发达国家已普遍能提供C80～C100高强混凝土。

高强混凝土的特点是强度高、耐久性好、变形小,能适应现代工程结构向大跨度、重载、高耸发展和承受恶劣环境部件的需要。使用高强混凝土可获得明显的工程效益和经济效益。

用于高强混凝土的粗集料的性能对混凝土的抗压强度和弹性模量起着主要制约作用。当混凝土的强度等级在C50～C60时,对粗集料并无过分的要求。但对于强度等级在C70～C80及以上的高强混凝土,则应仔细检验粗集料的性能。对于强度等级大于C60的高强混凝土宜选用坚硬密实的石灰岩或辉绿岩、花岗岩、正长岩、辉长岩等深成岩碎石或卵石集料。配制高强混凝土应符合《普通混凝土配合比设计规程》(JGJ 55—2011)中提出的有关原则和规定:

(1)应选用质量稳定、强度等级不低于42.5级的硅酸盐水泥或普通硅酸盐水泥。

(2)粗集料的最大粒径对C60级的混凝土不应大于31.5mm,C60级以上的混凝土不应大于25mm。同时粗集料的针片状颗粒含量不应大于5.0%,含泥量和泥块含量不应大于0.5%和0.2%。

(3)细集料的细度模数宜大于2.6,含泥量和泥块含量不应大于2.0%和0.5%。

(4)配制高强混凝土应采用高效减水剂或缓凝高效减水剂。

(5)配制高强混凝土应掺用活性较好的矿物掺和料,且宜采用复合矿物掺和料。

(6)高强混凝土基准配合比中的水胶比因与抗压强度的关系已不遵从简单的数学关系,故应根据现有试验资料选取,所用的砂率及外加剂和矿物掺和料的品种、掺量也应通过试验确定。

(7)高强混凝土的用水量可按普通混凝土的规定确定;水泥用量不应大于$550kg/m^3$,水泥和矿物掺和料的总量不应大于$600kg/m^3$。

(8)高强混凝土配合比的试配和确定步骤与普通混凝土相同,当采用3个不同的水胶比进行强度试验时,其中一个为基准配合比,另外两个配合比的水胶比宜比基准配合比的水胶比增加或减少0.02~0.03。若仍保持一般的0.05,试验表明均失去了对高强混凝土的代表性。但缩小差值后有时3个强度间的线性关系不易得以反映,此时就只能按试验结果凭经验确定设计配合比。

(9)因一些对普通强度等级混凝土影响不大的因素对高强混凝土影响往往比较明显,故高强混凝土设计配合比确定后,应用该配合比进行不少于6次的重复试验进行验证,其平均值不得低于配制强度。

四、抗冻混凝土

抗冻混凝土是指抗冻等级等于或大于F50级的混凝土。

混凝土的冻害主要是孔隙内部水结冰体积膨胀对混凝土孔壁形成的冰胀应力以及构件受冻后不同部位间存在温差而引起的温度压力。而从材料本身可克服的技术措施看,主要应从提高混凝土的密实度、减少水的渗入或在孔隙中留有释放冰胀体积的空间等方面给予解决。

行业标准《普通混凝土配合比设计规程》(JGJ 55—2011)中对抗冻混凝土提出了以下技术措施和规定。

(1)因水泥的混合材料需水量大,对提高混凝土的抗冻性不利。故配制抗冻混凝土应选用硅酸盐水泥或普通硅酸盐水泥,不宜使用火山灰质硅酸盐水泥。

(2)宜选用连续级配的粗集料,其含泥量不得大于1.0%,泥块含量不得大于0.5%;细集料含泥量不得大于3.0%,泥块含量不得大于1.0%。

(3)由于集料的坚固性,尤其是一些风化较严重的集料会影响混凝土的抗冻性,故对于抗冻性要求较高的F100及以上的混凝土应进行坚固性试验。

(4)宜采用减水剂。对抗冻等级F100及以上的混凝土应掺引气剂,掺入后的含气量应符合表4-29的要求。

(5)抗冻混凝土配合比除遵循普通混凝土配合比设计的规定外,供试配用的最大水胶比尚应符合抗冻的要求,见表4-30。

长期处于潮湿和严寒环境中混凝土的最小含气量　　表4-29

粗集料最大粒径(mm)	最小含气量(%)
40	4.5
25	5.0
20	5.5

抗冻混凝土的最大水胶比
(JGJ 55—2011)　　表4-30

抗 冻 等 级	无引气剂时	掺引气剂时
F50	0.55	0.60
F10	0.55	0.55
F150及以上	—	0.50

(6)进行抗冻混凝土的配合比设计时应增加抗冻融性能试验。

抗冻混凝土主要应用于处于受潮的冻融环境中的混凝土工程,如道路、桥梁、飞机场跑道及地下水升降活动的冻土层范围内的基础工程等。

五、耐酸混凝土

耐酸混凝土是指能防止酸性介质腐蚀作用的混凝土。由于普通混凝土极不耐酸,所以不能用于有酸性介质作用的环境中。耐酸混凝土的种类很多。按耐酸胶凝材料可分为水玻璃耐酸混凝土、硫黄混凝土、沥青混凝土和树脂混凝土等。在化工、冶金等工业的大型设备(储酸槽、反应塔)和构筑物的外壳及内衬或厂房的地面等常采用的是水玻璃耐酸混凝土。

水玻璃耐酸混凝土的主要组成材料为水玻璃、耐酸粉料、耐酸粗细集料和氟硅酸钠。水玻璃混凝土能抵抗绝大多数酸类(氢氟酸除外)的侵蚀作用,特别是对强氧化性的酸,如硫酸、硝酸等有足够的耐酸稳定性,在高温(1000℃以下)下仍具有良好的耐酸性能,并具有较高的机械强度。这种耐酸混凝土材料来源容易,成本低廉,是一种优良的耐酸材料,但缺点是抗渗及耐水性差,施工较复杂。

水玻璃为水玻璃混凝土的胶凝材料,其模数和密度对耐酸混凝土的性能影响较大,一般水玻璃的密度控制在 1.36~1.50 范围之间,模数应在 2.4~3.0 之间,以 2.6~2.8 为佳,相应的密度为 1.38~1.42。水玻璃模数和密度可根据需要进行调整,如需提高模数,可掺入可溶性的非晶质 SiO_2(硅藻土)。如需降低水玻璃模数,可掺入 NaOH。

耐酸粗、细集料是由酸性岩石,如石英质岩石、辉绿岩、安山岩、玄武岩等制成的石和砂。要求其耐酸度高、空隙率小、颗粒级配合理、不含泥、含水率低、浸酸后体积定性好等。

氟硅酸钠是水玻璃耐酸混凝土中的水玻璃的促硬剂,其质量好坏主要看纯度和细度。纯度高的,含杂质较少,相应的可减少其掺量。细度的大小与水玻璃的化学反应的快慢及是否完全有密切关系。

六、流态混凝土和泵送混凝土

流态混凝土(亦称大流动性混凝土)是指混凝土拌和物坍落度大于或等于 160mm,呈高度流动状态的混凝土。主要应用于不便振捣施工、用普通塑性混凝土难于浇筑密实的部位,可自动流满模板并呈密实状态,因此也称为自流密实混凝土。流态混凝土适用于浇筑钢筋特别密、形状复杂、截面窄小的料仓壁,高层建筑的剪力墙,安装机械设备的预留孔,隧洞衬砌的封顶部位或水下混凝土等。

流态混凝土是在拌和物中加入流化剂(即高效减水剂)而成。由于加入流化剂后,混凝土的水胶比不变或改变很小,故能在保证纯度和耐久性的前提下,大大提高拌和物的流动性,使其达到设计要求的坍落度。为避免流态混凝土施工过程中产生离析及分层现象,除合理选择减水剂品种外,在配合比设计中应适当加大砂率 5%~10%,且砂中应含有一定量的细颗粒,必要时可掺用一定数量的粉煤灰,以提高混凝土拌和物的黏聚性。一般粗集料最大粒径不宜大于 40mm,水泥与小于 0.315mm 的细集料颗粒的总和不宜小于 400~450kg/m³。

配制流态混凝土的流化剂应选用非加气型的、不缓凝的高效减水剂,常用的有萘系或树脂系高效减水剂,掺量一般为水泥用量的 0.5%~0.7%。为避免在运输过程中混凝土坍落度的损失,可采取后加法(即在预拌混凝土浇灌前加入,随即使用)。增加 0.5% 的萘系 UNF 高效减水剂,可使拌和物的坍落度为 80~120mm 的普通混凝土坍落度提高至 180~210mm,抗压强度、弹性模量等力学性能并不降低,含气量、干缩、泌水亦无改变,具有一定的早强效果。

泵送混凝土是指混凝土拌和物的坍落度不低于 100mm 并用泵送施工的混凝土。为提高施工效率和减少施工现场组织的复杂性,商品预拌混凝土和混凝土泵送机械使用逐渐推广,对泵送混凝土的需求也迅速增加。泵送混凝土是在混凝土泵的推动下沿管道传输和浇筑的,因此它不但要满足强度和耐久性的要求,更要满足管道输送对混拌和物提出的可泵性要求。所谓可泵性是指混凝土拌和物应具有顺利通过管道、与管的摩擦阻力小、不离析、不泌水、不阻塞的性能。

为保持良好的可泵性,泵送混凝土应在混凝土拌和物中掺加泵送剂。泵送剂包括减水剂或高效减水剂、适量的引气剂(含气量不宜超过 4%,以防在泵送过程中众多的气泡降低泵送效率,以致引起堵泵)和其他化学外掺剂。配制泵送混凝土的粗集料应采用连续级配,最大粒径应满足表4-31的要求。细集料应采用中砂,小于0.315mm的颗粒含量不大于15%,砂率宜为35%~45%。泵送混凝土宜掺用粉煤灰或其他活性矿物掺和料,为防水泥用量(含矿物掺量)过小,造成含浆量过小使拌和物干涩(同样坍落度情况下)不泵送,水泥和矿物掺和料总量不宜小于300kg/m³且水胶比不能太大,应控制用水量和矿物掺和料总量之比不大于0.6,以免浆体黏度小造成离析。

应指出,泵送混凝土的坍落度能满足施工及管道运输的要求即可,不一定达到流态混凝土的水平,但流态混凝土一般都需采用泵送的方式进行浇筑施工。

粗集料的最大粒径与泵送混凝土输送管径之比(JGJ 55—2011)　　　表4-31

石子品种	泵送长度(m)	粗集料最大粒径与输送管径比
碎石	<50	≤1:3.0
	50~100	≤1:4.0
	>100	≤1:5.0
卵石	<50	≤1:2.5
	50~100	≤1:3.0
	>100	≤1:4.0

七、大体积混凝土

大体积混凝土是指混凝土结构物实体最小尺寸等于或大于1m或预计会因水泥水化热引起混凝土内外温差过大而导致裂缝的混凝土。

大型整体浇筑的模板,桥墩、水利、海工工程中的坝体、高层建筑的基础等工程所用混凝土,应按大体积混凝土设计和施工。

对于大体积混凝土,为了减少由于水化热引起的温度应力,在混凝土配合比设计中,主要应采取以下措施以降低和延缓水化热的集中释放:

(1)采用低水化热的水泥品种;
(2)采用能降低早期水化热的外加剂(如缓凝剂等);
(3)采用掺和料;
(4)采用一切措施增加集料和掺和料的用量以降低水泥用量。

为此,水泥应选用水化热低和凝结时间长的水泥,如低热矿渣硅酸盐水泥、中热硅酸盐水泥、掺混合材料的硅酸盐水泥。当采用硅酸盐水泥或普通硅酸盐水泥时,应采取措施以延缓水化热的释放。粗集料宜采用连续级配。粗集料宜采用中砂。应掺用缓凝剂、减水剂和减少水化热的掺和料。在保证混凝土强度和坍落度的前提下,应提高掺和料和集料的掺量,以降低水泥用量。

大体积混凝土的配合比计算及试配步骤均无特殊要求,但宜在配合比确定后进行水化热的验算或测定。

第九节　建筑砂浆

由水泥及胶凝材料、细集料、水以及根据性能确定的其他组分按适当比例拌制并硬化的工程材料。它是建筑工程中用量最大、用途最广的建筑材料之一,在建筑工程中起黏结、衬垫和传递应力的作用。建筑砂浆实为无粗集料的混凝土。它常用于砌筑砌体(如砖、石、砌块)结构,建筑物内外表面(如墙面、地面、顶棚)的抹面,大型墙板、砖石墙的勾缝,以及饰材料的黏结等。

砂浆的种类很多,根据用途不同可分为砌筑砂浆、抹面砂浆。抹面砂浆包括普通抹面砂浆、装饰抹面砂浆、特种砂浆(如防水砂浆、耐酸砂浆、绝热砂浆、吸声砂浆等)。根据胶凝材料的不同可分为水泥砂浆、石灰砂浆、混合砂浆(包括水泥石灰砂浆、水泥黏土浆、石灰黏土砂浆、石灰粉煤灰砂浆等)。

一、砌筑砂浆

将砖、石、砌块等黏结成为砌体的砂浆称为砌筑砂浆。它起着黏结砌块、传递荷载的作用,是砌体的重要组成部分。

1. 砌筑砂浆的组成材料

1)水泥

普通水泥、矿渣水泥、火山灰水泥、粉煤灰水泥、复合水泥等都可以用来配制砌筑砂浆。具体可根据设计要求、砌筑部位及所处的环境条件选择适宜的水泥品种。砌筑砂浆用水泥的强度等级,应根据设计要求进行选择。M15 及以下强度等级的砌筑砂浆宜选用 32.5 级的通用硅酸盐水泥,M15 以上强度等级的砌筑砂浆宜选用 42.5 级的通用硅酸盐水泥。对于一些特殊用途,如配制构件的接头、接缝或用于结构加固、修裂缝,应采用膨胀水泥。

2)砂

砌筑砂浆的质量要求应符合《建筑用砂》(GB/T 14684—2011)的规定,一般砌筑砂浆采用中砂拌制,既能满足和易性要求,又能节约水泥,建议优先选用。其中毛石砌体宜选用粗砂,其含泥量不应超过 5%;强度等级为 M2.5 的水泥混合砂浆,砂的含泥量不应超过 10%。常用的粗集料为普通砂,对特种砂浆也可选用白色或彩色砂、轻砂等。

3)水

拌和砂浆用水与混凝土拌和水的要求相同,应符合现行行业标准《混凝土用水标准》(JGJ 63—2006)的规定。

4)其他胶凝材料及掺加料

为改善砂浆的和易性,减少水泥用量,通常掺入一些廉价的其他胶凝材料(如石灰膏、黏土膏等)制成混合砂浆。生石灰熟化成石灰膏时,应用孔径不大于 3mm × 3mm 的网过滤,熟化时间不得少于 7d;磨细生石灰粉的熟化时间不得少于 2d。沉淀池中储存的石灰膏,应采取措施防止干燥、冻结和污染。严禁使用脱水硬化的石灰膏。所用的石灰膏的稠度应控制在 120mm 左右。

采用黏土或亚黏土制备黏土膏时,以选颗粒细、黏性好、含砂量及有机物含量少的为宜。所用的黏土膏的稠度应控制在 120mm 左右。为节省水泥、石灰用量,充分利用工业废料,也可将粉煤灰掺入砂浆中。

2. 砌筑砂浆的技术性质

砂浆应满足以下技术性质:

(1)新拌砂浆应满足和易性要求;

(2)硬化后砂浆应具有所需强度等级并要求具有足够的黏结力。

1)和易性

新拌砂浆应具有良好的和易性。和易性良好的砂浆容易在粗糙的砖石底面上铺设成均匀的薄层,而且能够和底面紧密黏结。使用和易性良好的砂浆,既便于施工操作,提高劳动生产率,又能保证工程质量。砂浆和易性包括流动性和保水性。

(1)流动性

砂浆的流动性也叫做稠度,是指在自重或外力作用下流动的性能,用沉入度表示。

用砂浆稠度仪通过试验测定沉入度值,以标准圆锥体在砂浆内自由沉入10s,沉入深度用毫米(mm)表示。沉入度大,砂浆流动性大,但流动性过大,硬化后强度将会降低;若流动性过小,则不便于施工操作。砌筑砂浆的稠度应按表4-32选用。

砌筑砂浆和施工稠度　　　　　　　表4-32

砌 体 种 类	施工稠度(mm)
烧结普通砖砌体、粉煤灰砌体	70~90
混凝土砖砌体、普通混凝土小型空心砌块砌体、灰砂砖砌体	50~70
烧结多孔砖砌体、烧结空心砖砌体、轻集料混凝土小型空心砌砖砌体、蒸压加气混凝土砌体砌块	60~80
石砌块	30~50

(2)保水率

砂浆的保水率是指砂浆保持水分及整体均匀一致的性能。砂浆在运输、静置或砌筑过程中,水分不应从砂浆中离析,使砂浆保持必要的稠度,以便于施工操作,同时使水泥正常水化,以保证砌体的强度。保水率不好的砂浆,会因失水过多而影响砂浆的铺设及砂浆与材料间的结合,并影响砂浆的正常硬化,从而使砂浆的强度,特别是砂浆与多孔材料的黏结力大大降低。具体数据见表4-33。

砌筑砂浆的保水率　　　　　　　表4-33

砂浆种类	保水率(%)	砂浆种类	保水率(%)
水泥砂浆	≥80	预拌砌筑砂浆	≥88
水泥混合砂浆	≥84		

2)砂浆的强度和黏结力

(1)砂浆的强度

砂浆在砌体中主要起传递荷载的作用,并经受周围环境介质作用,因此砂浆应具有一定的黏结强度、抗压强度和耐久性。试验证明:砂浆的黏结强度、耐久性均随抗压强增大而提高,即它们之间有一定的相关性,而且抗压强度的试验方法较为成熟,测定较为简单准确,所以工程上常以抗压强度作为砂浆的主要技术指标。

砂浆的强度等级是以边长为70.7mm的立方体试块,在标准养护条件下(水泥混合砂浆为温度20℃±3℃,相对湿度60%~80%;水泥砂浆为温度20℃±3℃,相对湿度90%以上),用标准试验方法测得28d龄期的抗压强度来确定的。水泥砂浆及预拌砌筑砂浆的强度等级可分为M30、M25、M20、M15、M10、M7.5、M5.0共7个强度等级,水泥混合砂浆的强度等级可分为M5、M7.5、M10、M15共4个等级。影响砂浆强度的因素较多。实验证明,当原材料质量一定时,砂浆的强度主要取决于水泥强度等级与水泥用量。用水量对砂浆强度及其他性能的影响不大。砂浆的强度可用下式表示:

$$f_m = \frac{\alpha f_{ce} Q_c}{1000} + \beta = \frac{\alpha K_c f_{ce,k} Q_c}{1000} + \beta \quad (4-24)$$

式中：f_m——砂浆的抗压强度（MPa）；
　　　f_{ce}——水泥的实际强度（MPa）；
　　　Q_c——每立方米砂浆中的水泥用量（kg）；
　　　K_c——水泥强度等级的富余系数，按统计资料确定；
　　　$f_{ce,k}$——水泥强度等级的标准值（MPa）；
　　　α、β——砂浆的特征系数，$\alpha=3.03$，$\beta=-15.09$。

(2) 砂浆黏结力

砖石砌体是靠砂浆把许多块状的砖石材料黏结成为坚固整体的，因此要求砂浆对于砖石必须有一定的黏结力。砌筑砂浆的黏结力随其强度的增大而提高，砂浆强度等级越大，黏结力越大。此外，砂浆的黏结力与砖石的表面状态、洁净程度、湿润情况及施工养护条件等有关。所以，砌筑前砖要浇水湿润，其含水率控制在10%~15%左右，表面不沾土，以提高砂浆与砖之间的黏结力，保证砌筑质量。

3. 砌筑砂浆配合比设计

砌筑砂浆要根据工程类别及砌体部位的设计要求，选择其强度等级，再按砂浆强度等级来确定其配合比。

确定砂浆配合比可通过查有关资料、手册来选择，重要工程用砂浆或无参考资料时，可根据《砌筑砂浆配合比设计规程》（JGJ/T 98—2010）规定，通过计算来进行，然后再调整。

砂浆的配合比以质量比表示。下面以计算法为例介绍砂浆的配合比设计的步骤：

1) 砌筑砂浆配合比设计要求

砌筑砂浆配合比设计应满足以下基本要求：

(1) 砂浆拌和物的和易性应满足施工要求，且拌和物的体积密度：水泥砂浆≥1900kg/m³；水泥混合砂浆≥1800kg/m³。

(2) 砌筑砂浆的强度、耐久性应满足设计要求。

(3) 经济上应合理，水泥及掺和料的用量应较少。

2) 砌筑砂浆配合比设计

(1) 水泥混合砂浆配合比计算

① 确定砂浆的试配强度（$f_{m,o}$）：

$$f_{m,o}=Kf_2 \tag{4-25}$$

式中：$f_{m,o}$——砂浆的试配强度，精确至0.1MPa；
　　　f_2——砂浆强度等级值，精确至0.1MPa；
　　　K——系数，按表4-34取值。

砌筑砂浆强度标准差 σ 及 K 值选用表（JGJ/T 98—2010）（MPa）　　表4-34

施工水平	砂浆强度等级							K
	强度标准							
	M5.0	M7.5	M10	M15	M20	M25	M30	
优良	1.00	1.50	2.00	3.00	4.00	5.00	6.00	1.15
一般	1.25	1.88	2.50	3.75	5.00	6.25	7.50	1.20
较差	1.50	2.25	3.00	4.50	6.00	7.25	9.00	1.25

② 水泥用量计算：

$$Q_c=\frac{1000(f_{m,o}-\beta)}{\alpha \cdot f_{ce}} \tag{4-26}$$

式中：Q_c——每立方米砂浆的水泥用量，精确至1kg；
　　　f_{ce}——水泥的实测强度，精确至0.1MPa；
　　　α、β——砂浆的特征系数，$\alpha=3.03$，$\beta=-15.09$。

③计算掺和料用量 Q_D：

$$Q_D = Q_A - Q_C \quad (4-27)$$

式中：Q_D——每立方米砂浆的掺和料用量，精确至1kg；石灰膏、黏土膏使用时稠度为120mm±5mm；
　　　Q_A——每立方米砂浆中水泥掺和料的总量，精确至1kg；可为350kg。

④确定砂子用量 Q_s：
每立方米砂浆中的砂用量应按干燥状态（含水率<0.5%）的堆积密度值作为计算值（kg）。

⑤确定用水量 Q_w：
每立方米砂浆中的用水量，根据砂浆稠度等要求，选用210~310kg。

（2）水泥砂浆配合比选用
水泥砂浆材料用量可按表4-35选用。

每立方米水泥砂浆材料用量（JGJ/T 98—2010） 表4-35

强度等级	每立方米砂浆水泥用量(kg)	每立方米砂子用量(kg)	每立方米砂浆用水量(kg)
M5	200~230		
M7.5	230~260		
M10	260~290		
M15	290~330	1m³砂子的堆积密度值	270~330
M20	340~400		
M25	360~410		
M30	430~480		

注：1. M15及以下强度等级的水泥砂浆，水泥强度等级为32.5级，M15以上强度等级的水泥砂浆，水泥强度等级为42.5级。
　　2. 当采用细砂或粗砂时，用水量分别取上限或下限。
　　3. 稠度小于70mm时，用水量可小于下限。
　　4. 施工现场气候炎热或干燥季节，可酌量增加用水量。

（3）配合比试配、调整与确定

①试配时应采用工程中实际使用的材料。砂浆试配时应采用机械搅拌。搅拌时间应自投料结束时算起，对水泥砂浆、混合砂浆搅拌时间不得少于120s；掺用外加剂的砂浆，搅拌时间不是少于180s。

②按计算或查表所得配合比进行试拌时，应测定拌和物的稠度和分层度能否满足要求，当不能满足要求时，则应调整材料用量，直到符合要求为止；然后确定为试配时的砂浆基准配合比。

③检验砂浆强度时至少应采用3个不同的配合比，其中一个为基准配合比，另外两个配合比的水泥用量按基准配合比分别增加和减少10%，在保证稠度、保水率合格的条件下，可将用水量或掺和料量作相应调整。

④3组配合比分别成型、养护、测定28d砂浆强度，确定符合试配强度要求的且水泥用量最低的配合比作为砂浆配合比。

砂浆配合比确定后，当原材料有变更时，其配合比必须重新通过试验确定。

3）砌筑砂浆配合比实例

【例4-1】　计算用于砌筑某烧结空心砖墙的水泥石灰混合砂浆，要求砂浆的强度等级为

M7.5,稠度为70~90mm。原材料为:水泥用普通水泥32.5级,实测强度为36.0MPa;砂用中砂,密度为1450kg/m³,含水率为2%;石灰膏的稠度为120mm。施工水平一般。试计算砂浆的配合比。

【解】
1. 确定砂浆的试配强度($f_{m,o}$)

可按下式计算:
$$f_{m,o} = kf_2$$

查表4-35可得 $k = 1.20$,则:
$$f_{m,o} = 7.5 \times 1.2 = 9\text{MPa}$$

2. 计算水泥用量 Q_c

$$Q_c = \frac{1000(f_{m,o} - \beta)}{\alpha f_{ce,k}} = \frac{1000 \times (9 + 15.09)}{3.03 \times 36} = 221\text{kg/m}^3$$

3. 计算石灰膏用量 Q_D

取 $Q_A = 350\text{kg}$,则:
$$Q_D = Q_A - Q_c = 350 - 221 = 129\text{kg}$$

4. 确定砂子用量 Q_s

$$Q_s = 1450 \times (1 + 2\%) = 1479\text{kg}$$

5. 确定用水量 Q_w

根据表4-35可选取300kg,扣除砂中所含的水量,拌和用水量为:
$$Q_w = 300 - 1450 \times 2\% = 271\text{kg}$$

砂浆的配合比为:
$$Q_c : Q_D : Q_s : Q_w = 221 : 129 : 1479 : 271 = 1 : 0.58 : 6.69 : 1.23$$

4. 砌筑砂浆的工程应用

水泥砂浆宜用于砌筑潮湿环境以及强度要求较高的砌体;水泥石灰砂浆宜用于砌筑干燥环境中的砌体;多层房屋的墙一般采用强度等级为M5的水泥石灰砂浆;砖柱、砖拱、钢筋砖过梁等一般采用强度等级为M5~M10的水泥砂浆;砖基础一般采用不低于M5的水泥砂浆;低层房屋或平房可采用石灰砂浆;简易房屋可采用石灰黏土砂浆。

二、抹面砂浆

凡涂抹在建筑物或建筑构件表面的砂浆,统称为抹面砂浆(也称抹灰砂浆)。对抹面砂浆要求具有良好的和易性,容易抹成均匀平整的薄层,便于施工。还应有较高的黏结力,砂浆层应能与底面黏结牢固,长期不致开裂或脱落。处于潮湿环境或易受外力作用部位(如地面、墙裙等),还应具有较高的耐水性和强度。

根据抹面砂浆功能的不同,可将抹面砂浆分为普通抹面砂浆、装饰砂浆和具有某些特殊功能的抹面砂浆(如防水砂浆、绝热砂浆、吸声砂浆、耐酸砂浆等)。

1. 普通抹面砂浆

普通抹面砂浆是建筑工程中用量最大的抹面砂浆。其功能主要是保护墙体、地面不受风雨及有害杂质的侵蚀,提高防潮、防腐蚀、抗风化性能,增加耐久性;同时可使建筑物达到表面平整、清洁和美观的效果。

抹面砂浆通常分为两层或三层进行施工。各层砂浆要求不同,因此每层所选用的砂浆也不一样。一般底层砂浆起黏结基层的作用，要求砂浆应具有良好的和易性和较高的黏结力，因此底层砂浆的保水性要好，否则水分易被基层材料吸收而影响砂浆的黏结力。基层表面粗糙些有利于与砂浆的黏结。中层抹灰主要是为了找平，有时可省去不用。面层抹灰主要为了平整美观，因此应选细砂。

底层及中层多用水泥混合砂浆。面层多用水泥混合砂浆或掺麻刀、纸筋的石灰砂浆。在容易碰撞或潮湿的地方，应采用水泥砂浆。如墙裙、踢脚板、地面、雨篷、窗台以及水池、水井等处，一般多用1∶2.5的水泥砂浆。各种抹面砂浆的配合比，可参考表4-36。

各种抹面砂浆的配合比参考 表4-36

材　料	配合比（体积比）	应用范围
石灰∶砂	1∶2～1∶4	用于砖石墙表面（檐口、勒脚、女儿墙以及潮湿房间的墙除外）
石灰∶黏土∶砂	1∶1∶4～1∶1∶8	干燥环境的墙表面
石灰∶石膏∶砂	1∶0.4∶2～1∶1∶3	用于不潮湿房间木质表面
石灰∶石膏∶砂	1∶0.6∶2～1∶1∶1.3	用于不潮湿房间的墙及顶棚
石灰∶石膏∶砂	1∶2∶2～1∶2∶4	用于不潮湿房间的线脚及其他修饰工程
石灰∶水泥∶砂	1∶0.5∶4.5～1∶1∶5	用于檐口、勒脚、女儿墙外面以及比较潮湿的部位
水泥∶砂	1∶3～1∶2.5	用于浴室、潮湿车间等墙裙、勒脚等或地面
水泥∶砂	1∶2～1∶1.5	用于地面、顶棚或墙面面层
水泥∶砂	1∶0.5～1∶1	用于混凝土地面随时压光
水泥∶石膏∶砂∶锯末	1∶1∶3∶5	用于吸声粉刷
水泥∶白石子	1∶2～1∶1	用于水磨石（打底用1∶2.5水泥砂浆）

2. 装饰砂浆

装饰砂浆即直接涂抹于建筑物内外墙表面，以提高建筑物装饰艺术性为主要目的砂浆。它是常用的装饰手段之一。装饰砂浆的底层和中层抹灰与普通抹面砂浆基本相同。而装饰的面层，由于要选用具有一定颜色的胶凝材料和集料以及采用某种特殊的工艺，会使表面呈现出各种不同的色彩、线条与花纹等装饰效果。

装饰砂浆所采用的胶凝材料有普通水泥、矿渣水泥、火山灰水泥和白水泥及彩色水泥。或在常用的水泥中掺加耐碱矿物颜料配成彩色水泥以及石灰、石膏等。集料常采用大理石、花岗岩等带颜色的碎石渣或玻璃、陶瓷碎粒。

外墙面的装饰砂浆有如下的常用工艺做法：

（1）拉毛：先用水泥砂浆做底层，再用水泥石灰砂浆做面层，在砂浆尚未凝结之前，利用拉毛工具将砂浆拉出波纹和斑点或将表面拍拉成凹凸不平的形状。

（2）水刷石：用颗粒细小（约5mm）的石渣拌成的砂浆做面层，在水泥初始凝固时，即喷水冲刷表面，使其石渣半露而不脱落。多用于建筑物的外墙装饰，具有一定的质感，经久耐用。

（3）水磨石：是一种人造石，用普通水泥、白色水泥或彩色水泥拌和各种色彩的大理石石渣做面层，硬化后用机械磨平抛光表面。水磨石多用于地面装饰，可事先设计图案和色光后更具其艺术效果。除可用做地面之外，还可预制做成楼梯踏步、窗台板、柱面、踢脚板和地面板等多种建筑构件。水磨石一般都用于室内。

(4)干黏石:是在水泥浆面层的整个表面上,将直径为5mm以下的彩色石渣小石子、彩色玻璃碎粒。直接黏在砂浆层上。要求石渣黏结牢固、不脱落。干黏石装饰效果与水刷石相同,但避免了湿作业,施工效率高,而且节约水泥、石粒等原材料,比较经济。

三、特种砂浆

1. 防水砂浆

防水砂浆是一种制作防水层用的抗渗性高的砂浆。防水砂浆层又称刚性防水层,适用于不受振动和具有一定刚度的混凝土或砖石砌体的表面,对于变形较大或可能发生不均匀沉陷的建筑物,都不宜采用刚性防水层。

防水砂浆按其组成成分可分为:多层抹面水泥砂浆(也称五层抹面法或四层抹面法)、掺防水剂防水砂浆、膨胀水泥防水砂浆及掺聚合物防水砂浆等4类。

常用的防水剂有氯化物金属盐类防水剂、水玻璃类防水剂和金属皂类防水剂等。氯化物金属盐类防水剂主要由氯化钙、氯化铝等金属盐和水按一定比例配成的有色液体。其配合比为氯化铝:氯化钙:水 = 1:10:11,掺量一般为水泥质量的3%~5%。这种防水剂在水泥凝结硬化过程中生成不透水的复盐,起促进结构密实作用,从而提高砂浆的抗渗性能。

水玻璃类防水剂是以水玻璃为基料,加入两种或4种矾的水溶液,又称二矾或四矾防水剂,其中四矾防水剂凝结速度快,一般不超过1min。适用于防水堵漏,不能用于大面积施工。

金属皂类防水剂是由硬脂酸、氨水、氢氧化钾(或碳酸钾)和水按一定比例混合加热皂化而成的有色浆状物。这种防水剂掺入混凝土或水泥砂浆中,起堵塞毛细通道和填充微小孔隙的作用,增加砂浆的密实性,使砂浆具有防水性。但由于憎水物质属非胶凝性的,会使砂浆强度降低,因而其掺量不宜过多,一般为水泥质量的3%左右。

防水砂浆的防渗效果在很大程度上取决于施工质量,因此施工时要严格控制原材料质量和配合比。防水砂浆层一般分4层或5层施工,每层约5mm厚,每层在初凝前压实一遍,最后一层要进行压光。抹完后要加强养护,防止脱水过快造成干裂。总之,刚性防水层必须保证砂浆的密实性,对施工操作要求高,否则难以获得理想的防水效果。

2. 绝热砂浆

绝热砂浆又称保温砂浆,是采用水泥、石灰、石膏等胶凝材料与膨胀珍珠岩或膨胀蛭石、陶砂等轻质多孔集料按一定比例配合制成的砂浆。绝热砂浆具有轻质、保温隔热、吸声等性能,其导热系数为0.07~0.10W/(m·K),可用于屋面保温层、保温墙壁以及供热管道保温层等处。

常用的保温砂浆有水泥膨胀珍珠岩砂浆、水泥膨胀蛭石砂浆、水泥石灰膨胀蛭石砂浆等。

3. 吸声砂浆

一般绝热砂浆是由轻质多孔集料制成的,都具有吸声性能。另外,也可以用水泥、石膏、砂、锯末按体积比为1:1:3:5配制成吸声砂浆,或在石灰、石膏砂浆中掺入玻璃纤维、矿棉等松软纤维材料制成。吸声砂浆主要用于室内墙壁和平顶的吸声。

本 章 小 结

普通水泥混凝土由水泥、水、粗集料和细集料组成,必要时掺加一定质量的外加剂。对水泥混凝土的主要技术要求是:符合施工要求的和易性、符合设计要求的强度,与工程使用条件相适应的耐久性等。

水泥混凝土的施工和易性是指新拌混凝土易于施工操作,达到质量均匀密实成型的性质,包括流动性、捣实性、黏聚性和保水性等方面的含义,常采用坍落度和VB稠度试验进行判别。

水泥混凝土的强度有抗压强度、抗拉强度及抗折强度等。混凝土的强度等级采用"立方体抗压强度标准值"确定;抗拉强度用于判断混凝土的抗裂性,各种强度指标也用于水泥混凝土结构的质量评定。水泥凝土的耐久性包括抗冻性、抗磨性、抗腐蚀性等,与混凝土的密实度关系显著,也与水泥用量和水胶比密切相关,因此在水泥混凝土配合比设计时,应按照水泥混凝土的使用条件对最大水胶比和最小水泥用量进行校核。

水泥混凝土的组成设计内容包括:原材料的选择、配合比的计算和强度评定3项内容。水泥混凝土组成材料的性能,直接影响混凝土的性能。在配合比设计前,首先应选用适合的原材料;混凝土配合比设计时,应满足4项基本要求,正确处理3个参数;强度评定是检验配合比设计的最终成果。

外加剂的应用是现代普通混凝土的新技术,科学地应用才能达到提高工程质量和降低成本等技术经济效益。

新品种的混凝土是基于传统普通混凝土的基础上发展起来的,但性能又各具特色,不同于普通混凝土,它们共同组成的混凝土家族,扩大了混凝土的应用范围,从长远看是很有发展潜力的。

砂浆是一种细集料混凝土,在建筑中起黏结、传递应力、衬垫、防护和装饰作用。对砂浆的技术性质要求主要是施工和易性、黏结性和抗压强度。

复习思考题与习题

1. 普通混凝土的材料组成有哪些?在混凝土凝固前后它们各起什么作用?
2. 建筑工程对混凝土提出的基本技术要求是什么?
3. 什么叫集料级配?在配制混凝土时为什么要考虑集料的粗细及颗粒级配?评定指标是什么?
4. 什么是混凝土拌和物的和易性?它有哪些含义?影响因素有哪些?
5. 什么是合理砂率,它对混凝土的设计和使用有什么重要意义?
6. 决定混凝土强度的主要因素是什么?如何有效地提高混凝土的强度?
7. 混凝土的立方体抗压强度与立方体抗压强度标准值间有何关系?混凝土的强度等级的含义是什么?
8. 描述混凝土耐久性的主要指标是什么?如何提高混凝土的耐久性?
9. 混凝土的配制强度如何确定?
10. 混凝土配合比设计的任务是什么?需要确定的3个基本参数是什么?与混凝土的性能有何关系?如何确定这3个基本参数?
11. 轻集料混凝土的物理力学性能与普通混凝土的物理力学性能有哪些不同?
12. 混凝土配合比设计中的基准配合比公式的本质是什么?
13. 根据普通混凝土的优缺点,你认为今后混凝土的发展趋势是什么?
14. 何谓砂浆?何谓砌筑砂浆?

15. 新拌砂浆的和易性包括哪些含义？各用什么指标表示？砂浆的保水性不良对其质量有何影响？

16. 测定砌筑砂浆强度的标准试件尺寸是多少？如何确定砂浆的强度等级？

17. 简述砌筑砂浆配合比的设计方法。

18. 对抹面砂浆有哪些要求？

19. 如何理解"每立方米砂浆中的砂用量，应以干燥状态（含水率<0.5%）的堆积密度值作为计算值"这句话？

20. 砌筑砂浆与抹面砂浆在功能上有何不同？

21. 混凝土试拌调整后，各组成材料的用量分别为：水泥4.6kg、水2.6kg、砂9.8kg、碎石18.0kg，并测得混凝土拌和物的体积密度为2380kg/m³。试计算：

（1）每立方米混凝土的各组成材料的用量为多少？

（2）该混凝土的砂率和水胶比是多少？

22. 在测定混凝土拌和物工作性时，遇到如下4种情况应采取什么有效和合理的措施进行调整？①坍落度比要求的大；②坍落度比要求的小；③坍落度比要求的小且黏聚性较差；④坍落度比要求的大，且黏聚性、保水性都较差。

23. 某混凝土的实验室配合比为：水泥：砂：石子1:2:1.4，$W/B=0.6$，混凝土实配表观密度为2500kg/m³，求每立方米混凝土中各种材料的用量。

24. 按初步配合比试拌30L混凝土拌和物，各种材料用量为：水泥9.63kg，水5.4kg，砂18.kg。经试拌增加5%的用水量，（W/B保持不变）满足和易性要求并测得混凝土拌和物的表观密度为2380kg/m³，试计算该混凝土的基准配合比。

25. 已知混凝土的水胶比为0.5，设每立方米混凝土的用水量为200kg，砂率为35%，假定混凝土的表观密度为2450kg/m³，试计算每立方米混凝土各项材料用量。

26. 现浇框架结构梁，混凝土设计强度等级为C20的，施工要求坍落度为30~50mm，用强度等级为42.5的普通硅酸盐水泥和碎石，如水胶比为0.60，问是否能满足强度要求？（标准差为4.0MPa，水泥强度值的富余系数取1.13）

27. 采用普通水泥、卵石和天然砂配制混凝土，制作一组边长为150mm的立方体试件，标准养护28天，测得的抗压破坏荷载分别为510kN、520kN、650kN。计算该组混凝土试件的立方体抗压强度。

28. 混凝土设计配合比为 $m_c:m_s:m_g=1:2.34:4.32$，$W/B=0.6$，施工现场搅拌混凝土，现场砂石的情况是：砂的含水率为4%，石的含水率为2%，请问每搅拌一盘混凝土，各组成材料的用量是多少？（注：混凝土搅拌机较小，每搅拌一盘混凝土只需加水泥两包。）

29. 计算用于砌筑粉煤灰砌块的强度等级为M7.5的水泥混合砂浆的试配比例。稠度为30~100mm的砌筑砂浆，采用强度等级为32.5的矿渣水泥，其28d抗压强度等级为34.5MPa，石灰膏的稠度为120mm，含水率为2%的中砂，堆积密度为1450kg/m³，施工水平优良。

第五章 墙体材料

学习要求

了解砖的分类，掌握烧结普通砖、烧结多孔砖和空心砖的技术性质、特点及应用；了解常用建筑墙板的类型、特点及应用；掌握常用砌块的类型、技术性质及应用；掌握墙用砌块、墙用板材及砖的质量验收方法。

墙体材料是建筑工程中十分重要的材料，在房屋建筑材料中占70%的比重。在房屋建设中它不但具有结构、围护功能，而且可以美化环境。因此，合理选用墙体材料对建筑物的功能、安全以及造价等均具有重要意义。目前，用于墙体的材料品种较多，总体可归纳为砌墙砖、建筑砌块和建筑墙板三大类。

第一节 砌墙砖

砌墙砖系指以黏土、工业废料或其他地方材料为主要原料，以不同工艺制造的、用于砌筑承重和非承重墙体的墙砖。

砌墙砖按照生产工艺分为烧结砖和非烧结砖。经焙烧制成的砖为烧结砖；经碳化或蒸汽(压)养护硬化而成的砖属于非烧结砖。按照孔洞率(砖上孔洞和槽的体积总和与按外廓尺寸算出的体积之比的百分率)的大小，砌墙砖分为实心砖、多孔砖和空心砖。实心砖是没有孔洞或孔洞率小于15%的砖；孔洞率等于或大于15%，孔的尺寸小而数量多的砖称为多孔砖；孔洞率等于或大于15%，孔的尺寸大而数量少的砖称为空心砖。下面以烧结砖和非烧结砖为分类标准进行介绍。

一、烧结砖

1. 烧结普通砖

烧结普通砖是以黏土、页岩、煤矸石、粉煤灰为主要原料，经焙烧而成的普通砖。按主要原料分为烧结黏土砖(符号为 N)、烧结页岩砖(符号为 Y)、烧结煤矸石砖(符号为 M)和烧结粉煤灰砖(符号为 F)。

以黏土为主要原料，经配料、制坯、干燥、焙烧而成的烧结普通砖，简称为烧结黏土砖。它分为青砖和红砖。一般认为青砖较红砖耐久性好，但青砖只能在土窑中制得，价格较贵。

页岩经破碎、粉磨、配料、成型、干燥和焙烧等工艺制成的砖，称为烧结页岩砖。生产这种砖可完全不用黏土，配料调制时所需水分较少，有利于砖坯干燥。这种砖的颜色和性能都与烧结黏土砖相似。

采煤和洗煤时剔除的大量煤矸石，其成分与黏土相似，经粉碎后，根据其含碳量和可塑性进行适当配料,即可用来制成烧结煤矸石砖。在一般工业与民用建筑中,煤矸石砖完全能代替烧结黏土砖使用。

烧结粉煤灰砖是以粉煤灰为主要原料,经配料、成型、干燥、焙烧而制成。由于粉煤灰塑性差,通常掺用适量黏土作黏结料,以增加塑性。配料时,粉煤灰的用量可达50%左右。这类烧结砖颜色从淡红至深红,可代替烧结黏土砖用于一般的工业与民用建筑中。

1)烧结普通砖的生产工艺过程

以黏土、页岩、煤矸石、粉煤灰等为原料烧制普通砖时,其生产工艺基本相同。基本生产工艺过程如下：

采土→配料调制→制坯→干燥→焙烧→成品

其中焙烧是最重要的环节。焙烧砖的窑有两种,一是连续式窑,如轮窑、隧道窑;二是间歇式窑,如土窑。

砖的焙烧温度要适当,以免出现欠火砖和过火砖。在焙烧温度范围内生产的砖称为正火砖,未达到焙烧温度范围生产的砖称为欠火砖,而超过焙烧温度范围生产的砖称为过火砖。欠火砖颜色浅、敲击时声音哑、孔隙率高、强度低、耐久性差,工程中不得使用欠火砖。过火砖颜色深、敲击声响亮、强度高,但往往变形大,变形不大的过火砖可用于基础等部位。

2)烧结普通砖的主要技术性能指标

根据《烧结普通砖》(GB/T 5101—2003)规定,强度和抗风化性能合格的砖,根据尺寸偏差、外观质量、泛霜和石灰爆裂分为优等品(A)、一等品(B)和合格品(C)3个等级。

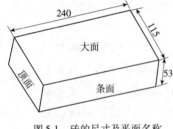

图5-1　砖的尺寸及平面名称
（尺寸单位:mm）

(1)尺寸偏差:烧结普通砖的公称尺寸是240mm×115mm×53mm,如图5-1所示。通常将240mm×115mm面称为大面,240mm×53mm面称为条面,115mm×53mm面称为顶面。砖的尺寸允许偏差应符合表5-1规定。

(2)外观质量:烧结普通砖的外观质量包括两条面高度差、弯曲、杂质凸出高度、缺棱掉角、裂纹、完整面、颜色等内容,分别应符合表5-1的规定。

(3)泛霜和石灰爆裂:在新砌筑的砖砌体表面,有时会出现一层白色的粉状物,这种现象称为泛霜。出现泛霜的原因是由于砖内含有较多可溶性盐类,这些盐类在砌筑施工时溶解于进入砖内的水中,当水分蒸发时在砖的表面结晶成霜状。这些结晶的粉状物有损于建筑物的外观,而且结晶膨胀也会引起砖表层的疏松甚至剥落。烧结普通砖的泛霜应符合表5-1的规定。

石灰爆裂是指烧结砖的原料中夹杂着石灰石,焙烧时石灰石被烧成生石灰块,在使用过程中生石灰吸水熟化转变为熟石灰,体积膨胀而引起砖裂缝,严重时使砖砌体强度降低,直至破坏。烧结普通砖的石灰爆裂应符合表5-1的规定。

(4)强度等级:烧结普通砖根据抗压强度分为MU30、MU25、MU20、MU15、MU10 5个强度等级,各强度等级应符合表5-2的规定。表中的强度标准值,是砖石结构设计规范中砖强度取值的依据。

(5)抗风化性能:抗风化性能是烧结黏土砖重要的耐久性之一,对砖的抗风化性能要求。烧结黏土砖的抗风化性通常以抗冻性、吸水率和饱和系数(砖在常温下浸水24h后与5h吸水率之比)等指标判定。

烧结普通砖的质量等级划分(GB/T 5101—2003)　　表 5-1

项目		优等品		一等品		合格品	
		样本平均偏差	样本极差≤	样本平均偏差	样本极差≤	样本平均偏差	样本极差≤
尺寸偏差	长度(mm)	±2.0	8	±2.5	8	±3.0	8
	宽度(mm)	±1.5	6	±2.0	6	±2.5	7
	高度(mm)	±1.5	4	±1.6	5	±2.0	6
外观质量	两条面高度差,不大于(mm)	2		3		5	
	弯曲,不大于(mm)	2		3		5	
	杂质凸出高度,不大于(mm)	2		3		5	
	缺棱掉角的三个破坏尺寸,不得同时大于(mm)	15		20		30	
	裂纹长度,不大于(mm) 大面上宽度方向及其延伸至条面的长度	70		70		110	
	裂纹长度,不大于(mm) 大面上长度方向及其延伸至顶面的长度或条顶面上水平裂纹的长度	100		100		150	
	完整面不得少于	一条面和一顶面		一条面和一顶面		—	
	颜色	基本一致		—		—	
泛霜		无泛霜		不允许出现中等泛霜		不允许出现严重泛霜	
石灰爆裂		不允许出现最大破坏尺寸大于2mm的爆裂区域		1. 最大破坏尺寸大于2mm,且小于等于10mm的爆裂区域,每组砖样不得多于15处。2. 不允许出现最大破坏尺寸大于10mm的爆裂区域		1. 最大破坏尺寸大于2mm且小于等于15mm的爆裂区域,每组砖样不得多于15处。其中大于10mm的不得多于7处。2. 不允许出现最大破坏尺寸大于15mm的爆裂区域	

烧结普通砖的强度等级(GB/T 5101—2003)　　表 5-2

强度等级	抗压强度平均值 $\bar{f} \geq$ (MPa)	变异系数 $\delta \leq 0.21$ 强度标准值 $f_k \geq$ (MPa)	变异系数 $\delta > 0.21$ 单块最小抗压强度值 $f_{min} \geq$ (MPa)
MU30	30.0	22.0	25.0
MU25	25.0	18.0	22.0
MU20	20.0	14.0	16.0
MU15	15.0	10.0	12.0
MU10	10.0	6.5	7.5

另外,烧结普通砖产品中,不允许有欠火砖、酥砖和螺旋纹砖。其中酥砖是由于生产中砖坯淋雨、受潮、受冻,或焙烧中预热过急,冷却太快等原因,致使成品砖产生大量程度不等的网状裂纹,严重降低砖的强度和抗冻性。螺旋纹砖是因为生产中挤泥机挤出的泥条上存有螺旋纹,它在烧结时难于被消除而使成品砖上形成螺旋状裂纹,导致砖的强度降低,并且受凉后会产生层层脱皮现象。

3) 烧结普通砖的产品标记

烧结普通砖的产品标记按产品名称、规格、品种、强度等级、质量等级和标准编号的顺序编写,例如,规格240mm×115mm×53mm、强度等级MU15、一等品的烧结普通砖,其标记为:烧结普通砖 N MU15 B GB/5101。

4) 烧结普通砖的优缺点及应用

烧结普通砖具有较高的强度、较好的耐久性及隔热、隔声、价格低廉等优点,加之原料广泛、工艺简单,所以是应用历史最久、应用范围最为广泛的墙体材料。其中优等品适用于清水墙和墙体装饰,一等品、合格品可用于混水墙,中等泛霜的砖不能用于潮湿部位。另外,烧结普通砖也可用来砌筑柱、拱、烟囱、地面及基础等,还可与轻集料混凝土、加气混凝土等复合砌筑成各种轻质墙体,在砌体中配置适当的钢筋或钢丝网也可制作柱、过梁等,代替钢筋混凝土柱、过梁使用。

烧结普通砖的缺点是大量毁坏土地(特别是黏土砖、破坏生态、能耗高、砖的自重大、尺寸小、施工效率低、抗震性能差等。从节约黏土资源及利用工业废渣等方面考虑,提倡大力发展非烧结砖。所以,我国正大力推广墙体材料改革.以空心砖、工业废渣砖、砌块及轻质板材等新型墙体材料代替烧结普通砖,已成为不可逆转的势头。近10多年,我国各地采用多种新型墙体材料代替烧结普通砖,已取得了令人瞩目的成就。

2. 烧结多孔砖和烧结空心砖

在现代建筑中,由于高层建筑的发展,对烧结砖提出了减轻自重、改善绝热和吸声性能的要求,因此出现了烧结多孔砖、烧结空心砖。它们与烧结普通砖相比,具有一系列优点。使用这些砖可使建筑物自重减轻1/3左右,节约黏土20%~30%,节省燃料10%~20%,且烧成率高,造价降低20%,施工效率提高40%,并能改善砖的绝热和隔声性能,在相同的热工性能要求下,用空心砖砌筑的墙体厚度可减薄半砖左右。所以,推广使用多孔砖、空心砖是加快我国墙体材料改革,促进墙体材料工业技术进步的措施之一。

生产烧结多孔砖和烧结空心砖的原料和工艺与烧结普通砖基本相同,只是对原料的可塑性要求较高,制坯时在挤泥机的出口处设有成孔芯头,使坯体内形成孔洞。

1) 烧结多孔砖

烧结多孔砖是以黏土、页岩、煤矸石、粉煤灰为主要原料,经焙烧而成的孔洞率≥15%,孔的尺寸小而数量多的砖。按主要原料分为黏土砖(N)、页岩砖(Y)、煤矸石砖(M)和粉煤灰砖(F)。烧结多孔砖的孔洞垂直于大面,砌筑时要求孔洞方向垂直于承压面。因为它的强度较高,主要用于6层以下建筑物的承重部位。

根据《烧结多孔砖和多孔砌块》(GB 13544—2011)的规定,强度和抗风化性能合格的烧结多孔砖,根据尺寸偏差、外观质量、孔型及孔洞排列、泛霜、石灰爆裂分为优等品(A)、一等品(B)和合格品(C)3个质量等级。

(1)尺寸偏差。

烧结多孔砖为直角六面体,如图 5-2 所示,其长度、宽度、高度尺寸应符合下列要求: 290mm、240mm;190mm、180mm、175mm、140mm、115mm、90mm。

砖的尺寸允许偏差应符合表 5-3 的规定。

烧结多孔砖的孔洞尺寸为:圆孔直径≤22mm,非圆孔内切圆直径≤15mm,手抓孔(30~40)mm×(75~85)mm。

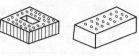

图 5-2 烧结多孔砖的外形
(尺寸单位:mm)

烧结多孔砖的尺寸允许偏差(GB 13544—2011)　　表 5-3

尺寸(mm)	优等品		一等品		合格品	
	样本平均偏差	样本极差≤	样本平均偏差	样本极差≤	样本平均偏差	样本极差≤
290、240	±2.0	6	±2.5	7	±3.0	8
190、180、175、140、115	±1.5	5	±2.0	6	±2.5	7
90	±1.5	4	±1.7	5	±2.0	6

(2)外观质量。

烧结多孔砖的外观质量应符合表 5-4 的规定。

烧结多孔砖的外观质量要求(GB 13544—2011)　　表 5-4

项　目		优等品	一等品	合格品
颜色(一条面和一顶面)		一致	基本一致	—
完整面不得少于		一条面和一顶面	一条面和一顶面	—
缺棱掉角的三个破坏尺寸不得同时大于(mm)		15	20	30
裂纹长度不大于(mm)	大面上深入孔壁 15mm 以上宽度方向及其延伸到条面的长度	60	80	100
	大面上深入孔壁 15mm 以上长度方向及其延伸到顶面的长度	60	100	120
	条、顶面上的水平裂纹	80	100	120
杂质在砖面上造成的凸出高度不大于(mm)		3	4	5

(3)强度等级。

烧结多孔砖根据抗压强度分为 MU30、MU25、MU20、MU15、MU10 五个强度等级,各强度等级应符合表 5-5 的规定,评定方法与烧结普通砖相同。

烧结多孔砖的强度等级(GB 13544—2011)　　表 5-5

强度等级	抗压强度平均值 $\bar{f}$≥(MPa)	变异系数 δ≤0.21 强度标准值 f_k≥(MPa)	变异系数 δ>0.21 单块最小抗压强度值 f_{min}≥(MPa)
MU30	30.0	22.0	25.0
MU25	25.0	18.0	22.0
MU20	20.0	14.0	16.0
MU15	15.0	10.0	12.0
MU10	10.0	6.5	7.5

(4)孔型、孔洞率及孔洞排列。

烧结多孔砖的孔型、孔洞率及孔洞排列应符合表5-6的规定。

烧结多孔砖的孔型、孔洞率及孔洞排列(GB 13544—2011)　　　表5-6

产品等级	孔　　型	孔洞率(%)≥	孔洞排列
优等品	矩形条孔或矩形孔	25	交错排列,有序
一等品			
合格品	矩形孔或其他孔型		—

注:1. 所有孔宽 b 应相等,孔长 $L≤50mm$。
　　2. 孔洞排列上下、左右应对称,分布均匀,手抓孔的长度方向尺寸必须平行于砖的条面。
　　3. 矩形孔的孔长 L、孔宽 b 满足式 $L≥3b$ 时,为矩形条孔。

烧结多孔砖的技术要求还包括:泛霜、石灰爆裂和抗风化性能。各质量等级砖的泛霜、石灰爆裂和抗风化性能的规定与烧结普通砖相同。

烧结多孔砖的产品标记按产品名称、品种、规格、强度等级、质量等级和标准编号的顺序编写。例如:规格尺寸 290mm×140mm×90mm、强度等级 MU25、优等品的烧结多孔砖,其标记为:烧结多孔砖 N 290×140×90 25 A GB 13544。

2)烧结空心砖

烧结空心砖是以黏土、页岩、煤矸石为主要原料,经焙烧而成的孔洞率≥15%,孔的尺寸大而数量少的砖。其孔洞垂直于顶面,砌筑时要求孔洞方向与承压面平行。因为它的孔洞大,强度低,主要用于砌筑非承重墙体或框架结构的填充墙。

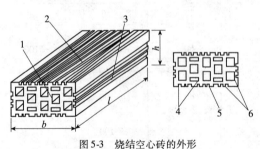

图5-3　烧结空心砖的外形
1-顶面;2-大面;3-条面;4-肋;5-凹线槽;6-外壁;l-长度;b-宽度;h-高度

根据《烧结空心砖和空心砌块》(GB 13545—2003)的规定,烧结空心砖的外形为直角六体面,在与砂浆的接合面上应设有增加结合力的深度1mm以上的凹线槽,如图5-3所示,其尺寸有 290mm×190mm×90mm 和 240mm×180mm×115mm 两种。烧结空心砖根据表观密度分为800、900、1100 三个密度级别,各密度级别的具体指标范围如表5-7所示。每个密度级别根据孔洞及其排数、尺寸偏差、外观质量、强度等级和物理性能分为优等品(A)、一等品(B)和合格品(C)3个产品等级,各产品等级对应的强度等级及具体指标要求如表5-8所示。空心砖的物理性能包括冻融、泛霜、石灰爆裂、吸水率等内容,均应满足标准的要求。

烧结空心砖的密度级别指标(GB 13545—2003)　　　表5-7

密度级别	5块砖表观密度平均值(kg/m³)
800	≤800
900	801~900
1100	901~1100

烧结空心砖的强度等级（GB 13545—2003） 表 5-8

等 级	强 度 等 级	大面抗压强度（MPa）		条面抗压强度（MPa）	
		5 块平均值≥	单块最小值≥	5 块平均值≥	单块最小值≥
优等品	5.0	5.0	3.7	3.4	2.3
一等品	3.0	3.0	2.2	2.2	1.4
合格品	2.0	2.0	1.4	1.6	0.9

烧结空心砖的产品标记按产品名称、规格尺寸、密度级别、产品等级和标准编号的顺序编写。例如，尺寸 290mm×190mm×90mm、密度级别 800 级、优等品烧结空心砖，其标记为：空心砖 290×190×90 800 A GB 13545。

二、非烧结砖

不经焙烧而制成的砖均为非烧结砖，如碳化砖、免烧免蒸砖、蒸养（压）砖等。目前应用较广的是蒸养（压）砖，这类砖是以含钙材料（石灰、电石渣等）和含硅材料（砂子、粉煤灰、煤矸石、灰渣、炉渣等）与水拌和，经压制成型、常压或高压蒸汽养护而成，主要品种有灰砂砖、粉煤灰砖、煤渣砖等。

1. 蒸压灰砂砖

蒸压灰砂砖是用磨细生石灰和天然砂，经混合搅拌、陈化（使生石灰充分熟化）、轮碾、加压成型、蒸压养护（175~191℃，0.8~1.2MPa 的饱和蒸汽）而成。用料中石灰约占 10%~20%。蒸压灰砂砖有彩色的（Co）和本色的（N）两类，本色为灰白色，若掺入耐碱颜料，可制成彩色砖。

1）蒸压灰砂砖的技术要求

按照《蒸压灰砂砖》（GB 11945—1999）的规定，蒸压灰砂砖根据尺寸偏差、外观质量、强度及抗冻性分为优等品（A）、一等品（B）和合格品（C）3 个质量等级。

(1)尺寸偏差和外观质量。

蒸压灰砂砖的外形为直角六面体，公称尺寸为 240mm×115mm×53mm。其尺寸偏差和外观质量应符合表 5-9 的规定。

(2)强度和抗冻性。

蒸压灰砂砖根据抗压强度和抗折强度分为 MU25、MU20、MU15、MU10 四个强度等级，各等级的强度值及抗冻性指标应符合表 5-10 的规定。

蒸压灰砂砖的尺寸偏差和外观质量（GB 11945—1999） 表 5-9

项 目			指 标		
			优等品	一等品	合格品
尺寸允许偏差（mm）	长度	L	±2	±2	±3
	宽度	B	±2		
	高度	H	±1		
缺棱掉角	个数，不多于（个）		1	1	2
	最大尺寸不得大于（mm）		10	15	20
	最小尺寸不得大于（mm）		5	10	10

续上表

项 目		指 标		
		优等品	一等品	合格品
对应高度差不得大于(mm)		1	2	3
裂纹	条数,不多于(条)	1	1	2
	大面上宽度方向及其延伸到条面的长度不得大于(mm)	20	50	70
	大面上长度方向及其延伸到顶面上的长度或条、顶面水平裂纹的长度不得大于(mm)	30	70	100

蒸压灰砂砖的强度指标和抗冻性指标(GB 11945—1999)　　表 5-10

强度等级	抗压强度(MPa)		抗折强度(MPa)		抗冻性指标	
	平均值≥	单块值≥	平均值≥	单块值≥	冻后抗压强度(MPa)平均值≥	单块砖的干质量损失(%)≤
MU25	25.0	20.0	5.0	4.0	20.0	2.0
MU20	20.0	16.0	4.0	3.2	16.0	2.0
MU15	15.0	12.0	3.3	2.6	12.0	2.0
MU10	10.0	8.0	2.5	2.0	8.0	2.0

注:优等品的强度等级不得小于 MU15。

2)蒸压灰砂砖的产品标记

蒸压灰砂砖的产品标记按产品名称(LSB)、颜色、强度等级、质量等级、标准编号的顺序编写,例如,强度等级 MU20,优等品的彩色灰砂砖,其标记为:LSB Co 20 A GB 11945。

3)蒸压灰砂砖的应用

蒸压灰砂砖材质均匀密实,尺寸偏差小,外形光洁整齐,表观密度为 1800~1900kg/m³,导热系数约为 0.61W/(m·K)。MU15 及其以上的灰砂砖可用于基础及其他建筑部位,MU10 的灰砂砖仅可用于防潮层以上的建筑部位。由于灰砂砖中的某些水化产物(氢氧化钙、碳酸钙等)不耐酸,也不耐热,因此不得用于长期受热 200℃以上、受急冷急热和有酸性介质侵蚀的建筑部位,也不宜用于有流水冲刷的部位。

2. 粉煤灰砖

蒸压(养)粉煤灰砖是以粉煤灰和石灰为主要原料,掺入适量的石膏和集料,经坯料制备、压制成型、高压或常压蒸汽养护而制成。其颜色呈深灰色,表观密度约为 1500kg/m³。

1)粉煤灰砖的技术要求

根据《粉煤灰砖》(JC 239—2001)的规定,粉煤灰砖根据尺寸偏差、外观质量、强度、抗冻性和干燥收缩分为优等品(A)、一等品(B)和合格品(C)3 个等级。

(1)尺寸偏差和外观质量。

粉煤灰砖的公称尺寸为 240mm×115mm×53mm,其尺寸偏差和外观质量应符合表 5-11 的规定。

粉煤灰砖的尺寸偏差和外观质量（JC 239—2001） 表 5-11

项 目	指 标		
	优等品（A）	一等品（B）	合格品（C）
尺寸允许偏差：			
长（mm）	±2	±3	±4
宽（mm）	±2	±3	±4
高（mm）	±1	±2	±3
对应高度差，不大于（mm）	1	2	3
每一缺棱掉角的最小破坏尺寸，不大于（mm）	10	15	20
完整面，不少于	二条面和一顶面或二顶面和一条面	一条面和一顶面	一条面和一顶面
裂纹长度，不大于（mm）			
大面上宽度方向的裂纹（包括延伸到条面上的长度）	30	50	70
其他裂纹	50	70	100
层裂	不允许		

（2）强度和抗冻性。

粉煤灰砖按抗压强度和抗折强度分为 20、15、10、7.5 四个强度级别，各级别的强度值及抗冻性应符合表 5-12 的规定。优等品的强度级别应不低于 15 级，一等品的强度级别宜不低于 10 级。

粉煤灰砖的强度指标和抗冻性指标（JC 239—2001） 表 5-12

强度等级	抗压强度（MPa）		抗折强度（MPa）		抗冻性指标	
	10 块平均值≥	单块值≥	10 块平均值≥	单块值≥	冻后抗压强度（MPa）平均值≥	砖的干质量损失（%）单块值≤
MU30	30.0	24.0	6.2	5.0	24.0	2.0
MU25	25.0	20.0	5.0	4.2	20.0	2.0
MU20	20.0	16.0	4.0	3.2	16.0	2.0
MU15	15.0	12.0	3.3	2.6	12.0	2.0
MU10	10.0	8.0	2.5	2.0	8.0	2.0

（3）干燥收缩值。

粉煤灰砖的干燥收缩值：优等品应不大于 0.60mm/m，一等品应不大于 0.75mm/m，合格品应不大于 0.85mm/m。

2）粉煤灰砖的产品标记

粉煤灰砖的产品标记按产品名称（FB）、颜色、强度级别、产品等级、行业标准编号的顺序编写。例如，强度级别 20 级、优等品彩色粉煤灰砖，其标记为：FB CO 20 A JC 239。

3）粉煤灰砖的应用

粉煤灰砖可用于工业与民用建筑的墙体和基础，但用于基础或易受冻融和干湿交替作用的建筑部位时，必须使用一等品和优等品。粉煤灰砖不得用于长期受热 200℃ 以上、受急冷急热和有酸性介质侵蚀的建筑部位。为避免或减少收缩裂缝的产生，用粉煤灰砖砌筑的建筑物,应适当增设圈梁及伸缩缝。

3. 煤渣砖

煤渣砖是以煤渣为主要原料,加入适量石灰、石膏等材料,经混合、压制成型、蒸汽或蒸压养护而制成的实心砖。颜色呈黑灰色。

根据《煤渣砖》(JC 525—1993)的规定,煤渣砖的公称尺寸为240mm×115mm×53mm,按其抗压强度和抗折强度分为20、15、10、7.5四个强度级别,各级别的强度指标应满足表5-13的规定。

煤渣砖的强度指标(JC 525—1993) 表5-13

强度级别	抗压强度(MPa)		抗折强度(MPa)	
	10块平均值≥	单块值≥	10块平均值≥	单块值≥
20	20.0	15.0	4.0	3.0
15	15.0	11.2	3.2	2.4
10	10.0	7.5	2.5	1.9
7.5	7.5	5.6	2.0	1.5

煤渣砖可用于工业与民用建筑的墙体和基础,但用于基础或用于易受冻融和干湿交替作用的建筑部位必须使用15级及以上的砖。煤渣砖不得用于长期受热200℃以上、受急冷急热和有酸性介质侵蚀的建筑部位。

第二节 建筑砌块

砌块是指比砖尺寸大的块材,在建筑工程中多采用高度为180~350mm的小型砌块。生产砌块多采用地方材料和工农业废料,材料来源广,可节约黏土资源,并且制作使用方便。由于砌块的尺寸比砖大,故用砌块来砌筑墙体还可提高施工速度,改善墙体的功能。本节主要介绍几种常用的砌块。

一、蒸压加气混凝土砌块

蒸压加气混凝土砌块是以钙质材料(水泥、石灰等)、硅质材料(砂、粉煤灰、粒化高炉矿渣等)和水按一定比例配合,加入少量发气剂(铝粉)和外加剂,经搅拌、浇筑、切割、蒸压养护等工序制成的一种轻质、多孔墙体材料。

蒸压加气混凝土砌块的规格有a、b两个系列,见表5-14。蒸压加气混凝土砌块按表观密度分为03、04、05、06、07、08六个级别,见表5-15;按抗压强度分为10、25、35、50、75五个强度等级,见表5-16。

蒸压加气混凝土砌块规格 表5-14

项 目	a 系 列	b 系 列
长度(mm)	600	600
高度(mm)	200,250,300	240,300
宽度(mm)	75,100,125,150,175,…(以25递增)	60,120,180,240,…(以60递增)

蒸压加气混凝土砌块表观密度级别　　　　　　　　　　　　　　表 5-15

表观密度级别		03	04	05	06	07	08
干表观密度(kg/m³)	优等品(A)，≤	300	400	500	600	700	800
	一等品(B)，≤	330	430	530	630	730	830
	合格品(C)，≤	350	450	550	650	750	850

蒸压加气混凝土砌块的强度等级　　　　　　　　　　　　　　表 5-16

强度等级		10	25	35	50	75
抗压强度(MPa)	平均值，≥	1.0	2.5	3.5	5.0	7.5
	最小值，≥	0.8	2.0	2.8	4.0	6.0
表观密度级别		03	04,05	05,06	06,07	07,08

蒸压加气混凝土砌块具有质量轻(约为普通黏土砖的 1/3)、保温隔热性好、易加工、施工方便等优点,在建筑物中主要用于低层建筑的承重墙、钢筋混凝土框架结构的填充墙以及其他非承重墙。在无可靠的防护措施时,加气混凝土砌块不得用于水中或高湿度环境、有侵蚀作用的环境和长期处于高温环境中的建筑物。

二、混凝土砌块

1. 普通混凝土小型空心砌块

普通混凝土小型空心砌块是以水泥、砂子、石子、水为原料,经搅拌、成型、养护而成的空心砌块。砌块的空心率不小于 25%,主规格为 390mm × 190mm × 190mm,配以 3~4 种辅助规格,即可组成墙用砌块基本系列。常用普通混凝土小型空心砌块的形状见图 5-4。

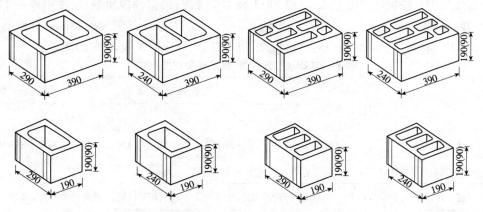

图 5-4　普通混凝土小型空心砌块形状(尺寸单位:mm)

根据《普通混凝土小型空心砌块》(GB 8239—2014)的规定,普通混凝土小型空心砌块按照抗压强度分为 MU20、MU15、MU10、MU7.5、MU5.0、MU3.5 六个强度等级,各等级砌块的五块试样抗压强度平均值不得小于等级值,每组单块最小值也不得小于等级值的 80%。砌块按其尺寸偏差和外观质量分为优等品(A)、一等品(B)、合格品(C)3 个质量等级。砌块的保温隔热性与所用材料和空心率有关,空心率为 50% 的普通水泥混凝土小型砌块的热导率约为 0.26W/(m·K)。用于承重墙和外墙的砌块,要求其干缩率小于 0.5mm/m;非承重墙或内墙的砌块其干缩率应小于 0.6mm/m。

混凝土小型空心砌块一般用于地震设计烈度为8度或8度以下的建筑物墙体。在砌块的空洞内可浇筑配筋芯柱,能提高建筑物的延性。

2. 轻集料混凝土小型空心砌块

轻集料混凝土小型空心砌块是以硅酸盐系列水泥为胶凝材料,普通砂或轻砂为粗集料,天然轻粗集料或陶粒为粗集料制成的砌块。

轻集料混凝土小型空心砌块根据干表观密度将砌块分为500、600、700、800、900、1000、1200、1400八个密度等级级别。轻集料混凝土小型空心砌块的强度等级、密度等级和抗压强度应满足表5-17的规定。

轻集料混凝土小型空心砌块强度等级、密度等级和抗压强度 表5-17

强度等级		1.5	2.5	3.5	5.0	7.5	10.0
密度等级		≤800		≤1200		≤1400	
抗压强度(MPa)	平均值,≥	1.5	2.5	3.5	5.0	7.5	10.0
	最小值,≥	1.2	2.0	2.8	4.0	6.0	8.0

轻集料混凝土小型空心砌块可用于建筑物的承重墙体和非承重墙体,也可用于既承重又保温或专门保温的墙体,特别适合高层建筑的填充墙和内隔墙。

三、粉煤灰砌块

粉煤灰砌块是以粉煤灰、石灰、石膏和集料等为原料,加水搅拌、振动成型、蒸汽养护而成的。粉煤灰砌块的形状为直角六面体,主要规格尺寸880mm×380mm×240mm和880mm×430mm×240mm。

粉煤灰砌块按抗压强度分为10级和13级两个等级;根据外观质量、尺寸偏差及干缩值分为一等品(A)、合格品(B)两个质量等级,其中一等品要求干缩值≤0.75mm,合格品要求干缩值≤0.90mm。粉煤灰砌块的抗压强度、抗冻性、密度应满足表5-18的规定。

粉煤灰砌块抗压强度、抗冻性和密度要求 表5-18

项 目	强度等级	
	10级	13级
抗压强度(MPa)	3块平均值≥10.0,单块最小值≥8.0	3块平均值≥13.0,单块最小值≥10.5
人工碳化后强度(MPa)	≥6.0	≥7.5
抗冻性(-20℃)	冻融循环15次后,外观无明显疏松、剥落或裂缝,强度损失不大于20%	
密度(kg/m³)	不超过设计密度10%	

粉煤灰砌块适用于一般建筑物的墙体和基础。但由于粉煤灰砌块的干缩值较大,变形大于同等级的水泥混凝土制品,因此不宜用于长期受高温影响的承重墙,也不宜用于有酸性介质侵蚀的部位。

第三节 建筑墙板

我国目前可用于墙体的墙板品种很多,本节介绍几种有代表性的墙板。

一、水泥类建筑墙板

水泥类建筑墙板具有较好的力学性能和耐久性,生产技术成熟,产品质量可靠。可用于承重墙、外墙和复合墙板的外层面。其主要缺点是表观密度大,抗拉强度低(大板在起吊过程中易受损),生产中可制作预应力空心板材,以减轻自重和改善隔声、隔热性能,也可制作以纤维类增强的薄型板材,还可在水泥类板材上制作成具有装饰效果的表面层。

1. 预应力混凝土空心墙板

预应力混凝土空心墙板构造如图 5-5 所示。使用时可按要求配以保温层、外饰面层和防水层等。该类板的长度为 1000~1900mm,宽度为 600~1200mm,总厚度为 200~480mm。可用于承重或非承重外墙板、内墙板、楼板、屋面板和阳台板等。

2. 玻璃纤维增强水泥轻质多孔隔墙条板(GB/T 19631—2005)

玻璃纤维增强水泥(简称 GRC)轻质多孔隔墙条板是以低碱水泥为胶结料,耐碱玻璃纤维或其网格布为增强材料,膨胀珍珠岩为轻集料(也可用炉渣、粉煤灰等),并配以发泡剂和防水剂等,经配料、搅拌、浇注、振动成型、脱水、养护而成。

如图 5-6 所示,GRC 轻质多孔隔墙条板长度为 2500~3500mm,宽度为 600mm,厚度有 90mm、120mm 两种规格;按板型分为普通板(PB)、门框板(MB)、窗框板(CB)、过梁板(LB)4 种类别;按物理力学性能、尺寸偏差及外观质量分为一等品(B)和合格品(C)两个质量等级。该板可采用不同的企口和开孔形式。

GRC 轻质多孔隔墙条板的优点是质轻、强度高、隔热、隔声、不燃、加工方便等。可用于工业与民用建筑的内隔墙及复合墙体的外墙面。

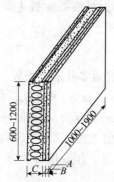

图 5-5　预应力空心墙板示意图(尺寸单位:mm)
A-外饰面层;B-保温层;C-预应力混凝土空心板

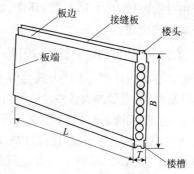

图 5-6　GRC 轻质多孔隔墙条板外形示意图

3. 纤维增强低碱度水泥建筑平板(JC/T 626—2008)

纤维增强低碱度水泥建筑平板(以下简称"平板")是以石棉、抗碱玻璃纤维等为增强材料,以低碱水泥为胶结材料,加水混合成浆,经制坯、压制、蒸养而成的薄型平板。按石棉掺入量分为:掺石棉纤维增强低碱度水泥建筑平板(代号为 TK)与无石棉纤维增强低碱度水泥建筑平板(代号为 NTK)。

平板的长度为 1200~2800mm,宽度为 800~1200mm,厚度有 4mm、5mm 和 6mm 三种规格。按尺寸偏差和物理力学性能,平板分为优等品(A)、一等品(B)和合格品(C)3 个质量等级。

平板质量小、强度高、防潮、防火、不易变形,可加工性好。适用于各类建筑物室内的非承重内隔墙和吊顶平板等。

4. 水泥木屑板(JC/T 411—2007)

水泥木屑板是以普通水泥或矿渣水泥为胶凝材料,木屑为主要填料,木丝或木刨花为加筋材料,加入水和外加剂,经平压成型、养护、调湿处理等制成的建筑板材。

水泥木屑板通常为矩形,其长度为2400~3600mm,宽度为900~1250m,厚度有从4~40mm多种规格。该板按外观质量、尺寸偏差和物理力学性能分为优等品(A)、一等品(B)和合格品(C)3个质量等级。

水泥木屑板具有自重小、强度高、防火、防水、防蛀、保温、隔声等性能,可进行锯、钻、钉、装饰等加工。主要用作建筑物的天棚板、非承重内、外墙板、壁橱板和地面板等。

二、石膏类建筑墙板

石膏制品有许多优点,石膏类建筑墙板在轻质墙体材料中占有很大比例,主要有纸面石膏板、无面纸的石膏纤维板、石膏空心条板和石膏刨花板等。

1. 纸面石膏板(GB/T 9775—2008)

纸面石膏板是以石膏芯材与护面纸组成,按其用途分为普通纸面石膏板、耐水纸面石膏板和耐火纸面石膏板三种。

纸面石膏板表面平整、尺寸稳定,具有自重轻、保温隔热、隔声、防火、抗振、可调节室内湿度、加工性好、施工简便等优点,但用纸量较大、成本较高。

普通纸面石膏板可作为室内隔墙板、复合外墙板的内壁板、天花板等;耐水纸面石膏板可用于相对湿度较大(≥75%)的环境,如厕所、盥洗室等;耐火纸面石膏板主要用于对防火要求较高的房屋建筑中。

2. 石膏空心条板(JC/T 829—2010)

石膏空心条板外形与生产方式类似于玻璃纤维增强水泥轻质多孔隔墙条板。它是以建筑石膏为胶凝材料,适量加入各种轻质集料(如膨胀珍珠岩、膨胀蛭石等)和无机纤维增强材料,经搅拌、振动成型、抽芯模、干燥而成。其长度为2400~3000mm,宽度为600mm,厚度为60mm。

石膏空心条板具有质轻、比强度高、隔热、隔声、防火、可加工性好等优点,且安装墙体时不用龙骨,简单方便。适用于各类建筑的非承重内墙,但若用于相对湿度大于75%的环境中,则板材表面应作防水等相应处理。

3. 石膏纤维板

石膏纤维板是以纤维增强石膏为基材的无面纸石膏板。常用无机纤维或有机纤维为增强材料,与建筑石膏、缓凝剂等经打浆、铺装、脱水、成型、烘干而制成。

石膏纤维板可节省护面纸,具有质轻、高强、耐火、隔声、韧性高、可加工性好的性能。其规格尺寸和用途与纸面石膏板相同。

三、植物纤维类建筑墙板

随着农业的发展,农作物的废弃物(如稻草、麦秸、玉米秆、甘蔗渣等)随之增多,污染环境。上述各种废弃物如经适当处理,则可制成各种建筑墙板,加以利用。中国是农业大国,农作物资源丰富,该类产品应该得到发展和推广。

1. 稻草（麦秸）板

稻草（麦秸）板生产的主要原料是稻草或麦秸、板纸和脲醛树脂胶料等。其生产方法是将干燥的稻草或麦秸热压成密实的板芯，在板芯两面及4个侧边用胶贴上一层完整的面纸，经加热固化而成。板芯内不加任何胶黏剂，只利用稻草或麦秸之间的缠绞拧编与压合而形成密实并有相当刚度的板材。其生产工艺简单，生产能耗低，仅为纸面石膏板生产能耗的1/3～1/4。

稻草（麦秸）板质轻，保温隔热性能好，隔声好，具有足够的强度和刚度，可以单板使用而不需要龙骨支撑，且便于锯、钉、打孔、黏结和油漆，施工很便捷。其缺点是耐水性差、可燃。稻草（麦秸）板适于用作非承重的内隔墙、天花板及复合外墙的内壁板。

2. 稻壳板

稻壳板是以稻壳与合成树脂为原料，经配料、混合、铺装、热压而成的中密度平板，表面可涂刷酚醛清漆或用薄木贴面加以装饰。稻壳板可作为内隔墙及室内各种隔断板、壁橱（柜）隔板等。

3. 蔗渣板

蔗渣板是以甘蔗渣为原料，经加工、混合、铺装、热压成型而成的平板。该板生产时可不用胶而利用蔗渣本身含有的物质热压时转化成呋喃系树脂而起胶结作用，也可用合成树脂胶结成有胶蔗渣板。

蔗渣板具有质轻、吸声、易加工（可钉、锯、刨、钻）和可装饰等特点。可用作内隔墙、天花板、门芯板、室内隔断板和装饰板等。

四、复合建筑墙板

以单一材料制成的墙板，常因材料本身的局限性而使其应用受到限制。如质量较小、隔热、隔声效果较好的石膏板、加气混凝土板、稻草板等，因其耐水性差或强度较低，通常只能用于非承重的内隔墙。而水泥混凝土类墙板虽有足够的强度和耐久性，但其自重大，隔声、保温性能较差。为克服上述缺点，常用不同材料组合成多功能的复合墙板以满足需要。

常用的复合墙板主要由承受外力的结构层（多为普通混凝土或金属板）、保温层（矿棉、泡沫塑料、加气混凝土等）及面层（各类具有可装饰性的轻质薄板）组成，如图5-7所示。其优点是承重材料和轻质保温材料的功能得到合理利用，实现了"物尽其用"，拓宽了材料来源。

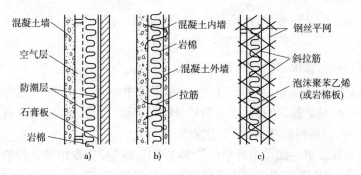

图5-7 几种复合墙体构造

a）拼装复合墙；b）岩棉—混凝土预制复合墙板；c）泰柏板（或GY板）

1. 混凝土夹心板

混凝土夹心板是以20～30mm厚的钢筋混凝土作内外表面层,中间填以矿渣毡、岩棉毡或泡沫混凝土等保温材料,内外两层面板以钢筋件联结,用于内外墙。

2. 泰柏板

泰柏板是以钢丝焊接成的三维钢丝网骨架与高热阻自熄性聚苯乙烯泡沫塑料组成的芯材板,两面喷(抹)涂水泥砂浆而成,如图5-8所示。

泰柏板的标准尺寸为1.22m×2.44m=3m²,标准厚度为100mm,平均自重为90kg/m²,导热系数小(其热损失比一砖半的砖墙小50%)。由于所用钢丝网骨架构造及夹心层材料、厚度的差别等,该类板材有多种名称,如GY板(夹芯为岩棉毡)、三维板、3D板、钢丝网节能板等,但它们的性能和基本结构相似。

泰柏板轻质高强、隔热、隔声、防火、防潮、防振、耐久性好、易加工、施工方便。适用于自承重外墙、内隔墙、屋面板、3m跨内的楼板等。

3. 轻型夹心板

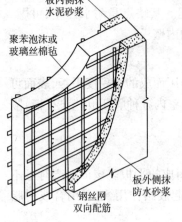

图5-8 泰柏墙板的示意图

轻型夹心板是用轻质高强的薄板为面层,中间以轻质的保温隔热材料为芯材组成的复合板。用于面层的薄板有不锈钢板、彩色涂层钢板、铝合金板、纤维增强水泥薄板等。芯材有岩棉毡、玻璃棉毡、矿渣棉毡、阻燃型发泡聚苯乙烯、阻燃型发泡硬质聚氨酯等。该类复合墙板的性能与适用范围与泰柏板基本相同。

第四节 墙体材料的验收

一、验收的五项基本要求

墙体材料的验收是工程质量管理的重要环节。墙体材料必须按批进行验收,并达到下述5项基本要求。

1. 送货单与实物必须一致

检验送货单上生产企业名称、产品品种、规格、数量是否与实物相一致,是否有异类墙体材料混送现象。

2. 对墙体材料质量保证书内容进行审核

质量保证书必须字迹清楚,其中应注明:质量保证书编号、生产单位名称、地址、联系电话、用户单位名称、产品名称、执行标准及编号、规格、等级、数量、批号、生产日期、出厂日期、产品出厂检验指标(包括检验项目、标准指标值、实测值)。

墙体材料质量保证书应加盖生产单位公章或质检部门检验专用章。若墙体材料是通过中间供应商购入的,仍应要求提供生产单位出具的质量保证书原件。实在不能提供的,则质量保证书复印件上应注明购买时间、供应数量、买受人名称、质量保证书原件存放单位,在墙体材料质量保证书复印件上必须加盖中间商的红色印章,并有送交人的签名。

3. 对产品标志(标识)等实物特征进行验收

对一些反映企业特征的产品标志(标识)进行鉴别和确认。

4. 核验产品形式试验报告

建筑板材产品应有生产单位出具的有效期内的产品型式试验报告,报告复印件上应注明买受人名称、型式试验报告原件存放单位,在型式报告复印件上必须加盖生产单位或中间供应商的红色印章,并有送交人的签名。

5. 建立材料台账

二、制品质量验收

墙体材料实物质量主要是看所送检的墙体材料是否满足规范及相关标准要求;现场所检测的墙体材料尺寸偏差是否符合产品标准规定,外观缺陷是否在规定的范围内。

三、墙体材料的运输、储存

1. 运输

由于墙体材料数量多、质量重、有时还是夜间装运,在运输途中和装卸货物时极易出现破损情况,所以,必须加强运输和装卸管理,严禁上下抛掷。应采用绑扎、隔垫等手法,尽量减少墙体材料之间的空隙,注意轻拿轻放,不得使用翻斗车装卸砌墙砖和砌块,以免损坏,保证出厂产品的完整性。

2. 储存

墙体材料应按不同品种、规格和等级分别堆放。垛身要稳固、计数必须方便。有条件时墙体材料可存放在料棚内,若采用露天存放,则堆放的地点必须坚实、平坦和干净,场地四周应预设排水沟道、垛与垛之间应留有走道,以利于搬运。堆放的位置既要考虑到不影响建筑物的施工和道路畅通,又要考虑到不要离建筑物太远,以免造成运输距离过长或二次搬运。空心砌块堆放时孔洞应朝下,雨雪季节墙体材料宜用防雨材料覆盖。

自然养护的混凝土小砌块和混凝土多孔砖产品,若不满 28d 养护龄期不得进场使用;蒸压加气砌块(板)出釜不满 5d 不得进场。

3. 现场标识

施工现场堆放的墙体材料应注明"合格"、"不合格"、"在检"、"待检"等产品质量状态,并注明墙体材料生产企业名称、品种规格、进场日期及数量等。

四、抽样方法及相关规定

各种砌墙砖的检验抽样,除在各自的标准中有不同的具体规定之外,都必须符合《砌墙砖检验规则》[JC/T 466—1992(1996)]的要求。该规则中规定,砌墙砖检验批的批量,宜在3.5 万~15 万块范围内,但不得超过一条生产线的日产量。抽样数量由检验项目确定,必要时可增加适当的备用砖样。有两个以上的检验项目时,非破损检验项目(如外观质量、尺寸偏差、体积密度、空隙率)的砖样,允许在检验后继续用作他项,此时抽样数量可不包括重复使用的样品数。

对检验批中可抽样的砖垛、砖垛中的砖层、砖层中的砖块位置,应各依一定顺序编号。

编号不需标志在实体上,只做到明确起点位置和顺序即可。凡需从检验后的样品中继续抽样供它项试验者,在抽样过程中,要按顺序在砖样上写号,作为继续抽样的位置顺序。

根据砖样批中可抽样砖垛数与抽样数,由表5-19决定抽样砖垛数和抽样的砖样数量。从检验过的样品中抽样,按所需的抽样数量先从表5-20中查出抽样的起点范围及间隔,然后从其规定的范围内确定一个随机数码,即得到抽样起点的位置和抽样间隔并由此实施抽样。抽样数量按表5-21执行。

从砖垛中抽样的规则　　　　　　　　　　　　　　　　　　　　　表5-19

抽样数量(块)	可抽样砖垛数(垛)	抽样砖垛数(垛)	垛中抽样数(块)
50	≥250	50	1
	125~250	25	2
	>125	10	5
20	≥100	20	1
	>100	10	2
10 或 5	任意	10 或 5	1

从砖样中抽样的规则　　　　　　　　　　　　　　　　　　　　　表5-20

检验过的砖样数(块)	抽样数量(块)	抽样起点范围	抽样间隔(块)
50	20	1~10	1
	10	1~5	4
	5	1~10	9
20	10	1~2	1
	5	1~4	3

抽样数量表　　　　　　　　　　　　　　　　　　　　　　　　　表5-21

序号	检验项目	抽样数量(块)	序号	检验项目	抽样数量(块)
1	外观质量	50($n_1 = n_2 = 50$)	5	石灰爆裂	5
2	尺寸偏差	20	6	吸水率和饱和系数	5
3	强度等级	10	7	冻融	5
4	泛霜	5			

注:n_1、n_2代表两次抽样。

抽样过程中不论抽样位置上砖样的质量如何,不允许以任何理由以其他砖样代替。抽取样品后在样品上标志表示检验内容的编号,检验时不允许变更检验内容。

本 章 小 结

砖按生产工艺不同分为烧结砖和非烧结砖。烧结砖经焙烧制成,非烧结砖一般由蒸汽养护或蒸压养护而制成。

烧结普通砖的标准尺寸为240mm×115mm×53mm,每立方米砖砌体理论用砖512块。烧结砖的各项技术指标应满足规范、标准规定的要求,欠火砖和过火砖均属于不合格产品。

使用烧结多孔砖和空心砖,可降低建筑物自重,节约黏土,改善墙体的保温、隔声性能。烧结多孔砖的孔洞尺寸小,孔洞分布均匀,具有较高的强度,主要用于6层以下的承重墙体;

烧结空心砖孔洞尺寸大,孔洞率高,强度较低,但保温隔热性能好,主要用于砌筑框架结构的填充墙或非承重墙。

砌块多采用地方材料的工农业废料作为原材料,用砌块来砌筑墙体可提高施工速度,改善墙体的使用功能。建筑工程中常用的砌块有蒸压加气混凝土砌块、混凝土砌块、粉煤灰砌块等。

建筑墙板分为内墙用墙板和外墙用墙板。内墙板材大多为各类石膏板、石棉水泥板、蒸压加气混凝土板等;外墙材料大多采用混凝土板、各类复合板材、玻璃钢板等。

墙体材料质量验收主要对其尺寸、外观及强度进行检测。

复习思考题与习题

1. 用哪些简易方法可以鉴别欠火砖和过火砖?欠火砖和过火砖能否用于工程中?
2. 如何划分烧结普通砖的质量等级?
3. 某工地备用红砖 10 万块,尚未砌筑使用,但储存两个月后,发现有部分砖自裂成碎块,断面处可见白色小块状物质。请解释这是何原因所致。
4. 一烧结普通砖,其尺寸符合标准尺寸,烘干恒定质量为 2500g,吸水饱和质量为 2900g,再将该砖磨细,过筛烘干后取 50g,用密度瓶测定其体积为 18.5cm^3。试求该砖的质量吸水率、密度、表观密度及孔隙率。
5. 如何确定烧结普通砖的强度等级?某烧结普通砖的强度测定值如表 5-22 所示,试确定该批砖的强度等级。

某烧结普通砖的强度测定值　　　　　表 5-22

砖 编 号	1	2	3	4	5	6	7	8	9	10
抗压强度(MPa)	16.6	18.2	9.2	17.6	15.5	20.1	19.8	21.0	18.9	19.2

6. 建筑工程常用的砌块有哪几种类型?砌块与烧结普通黏土砖相比,有哪些优点?
7. 在建筑墙板中有哪些不宜用于长期潮湿的环境?哪些不宜用于长期高热(>200℃)的环境?
8. 墙体材料的质量验收需要检测哪几方面内容?

第六章 建筑钢材

学习要求

了解建筑钢材的分类,掌握建筑钢材的主要力学性能、工艺性能及其应用;熟悉钢材的技术要求与选用。

第一节 概　　述

金属材料一般包括黑色金属和有色金属两大类。在建筑工程中应用最多的钢材属于黑色金属。建筑钢材包括钢结构用型钢(如钢板、型钢、钢管等)和钢筋混凝土用钢筋(如钢筋、钢丝等)。钢材是在严格的技术控制条件下生产的,与非金属材料相比,具有品质均匀稳定、强度高、塑性韧性好、可焊接和铆接等优异性能。钢材主要的缺点是易锈蚀、维护费用大、耐火性差、生产能耗大。

一、钢材的冶炼

钢是由生铁冶炼而成。生铁的冶炼过程是:将铁矿石、熔剂(石灰石)、燃料(焦炭)置于高炉中,约在1750℃高温下,石灰石与铁矿石中的硅、锰、硫、磷等经过化学反应,生成铁渣,浮于铁水表面。铁渣和铁水分别从出渣口和出铁口排出,铁渣排出时用水急冷得水淬矿渣;排出的生铁中含有碳、硫、磷、锰等杂质。生铁又分为炼钢生铁(白口铁)和铸造生铁(灰口铁)。生铁硬而脆、无塑性和韧性,不能焊接、锻造、轧制。

炼钢就是将生铁进行精炼。炼钢过程中,在提供足够氧气的条件下,通过炉内的高温氧化作用,部分碳被氧化成一氧化碳气体而逸出,其他杂质则形成氧化物进入炉渣中被除去,从而使碳的含量降低到一定的限度,同时把其他杂质的含量也降低到允许范围内。所以,在理论上凡是含碳量在2%以下,含有害杂质较少的Fe-C合金都可称为钢。

根据炼钢设备的不同,常用的炼钢方法有空气转炉法、氧气转炉法、平炉法、电炉法。

二、钢材的分类

钢材的品种繁多,分类方法很多,通常有按化学成分、质量、用途等几种分类方法。钢的分类见表6-1。

目前,在建筑工程中常用的钢种是普通碳素结构钢和普通低合金结构钢。

分类方法	类别		特性
按化学成分分类	碳素钢	低碳钢	含碳量＜0.25%
		中碳钢	含碳量0.25%～0.60%
		高碳钢	含碳量＞0.60%
	合金钢	低合金钢	合金元素总含量＜5%
		中合金钢	合金元素总含量5%～10%
		高合金钢	合金元素总含量＞10%
按脱氧程度分类	沸腾钢		脱氧不完全,硫、磷等杂质偏析较严重,代号为"F"
	镇静钢		脱氧完全,同时去硫,代号为"Z"
	半镇静钢		脱氧程度介于沸腾钢和镇静钢之间,代号为"B"
	特殊镇静钢		比镇静钢脱氧程度还要充分彻底,代号为"TZ"
按质量分类	普通钢		含硫量≤0.055%～0.065%,含磷量≤0.045%～0.085%
	优质钢		含硫量≤0.03%～0.045%,含磷量≤0.035%～0.045%
	高级优质钢		含硫量≤0.02%～0.03%,含磷量≤0.027%～0.035%
按用途分类	结构钢		工程结构构件用钢、机械制造用钢
	工具钢		各种刀具、量具及模具用钢
	特殊钢		具有特殊物理、化学或机械性能的钢,如不锈钢、耐热钢、耐酸钢、耐磨钢、磁性钢等

第二节 建筑钢材的主要技术性能

钢材的技术性质主要包括力学性能(抗拉性能、冲击韧性、耐疲劳和硬度等)和工艺性能(冷弯和焊接)两个方面。

一、力学性能

1. 拉伸性能

拉伸是建筑钢材的主要受力形式,所以拉伸性能是表示钢材性能和选用钢材的重要指标。

将低碳钢(软钢)制成一定规格的试件,放在材料试验机上进行拉伸试验,可以绘出如图6-1所示的应力—应变关系曲线。从图中可以看出,低碳钢受拉至拉断,经历了4个阶段:弹性阶段($O \sim A$)、屈服阶段($A \sim B$)、强化阶段($B \sim C$)和颈缩阶段($C \sim D$)。

1) 弹性阶段($O \rightarrow A$)

曲线中 OA 段是一条直线,应力与应变成正比。如卸去外力,试件能恢复原来的形状,这种性质即为弹性,此阶段的变形为弹性变形。与 A 点对应的应力

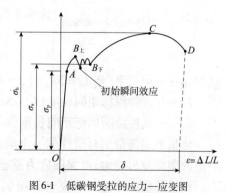

图6-1 低碳钢受拉的应力—应变图

称为弹性极限,以 σ_p 表示。应力与应变的比值为常数,即弹性模量 E,$E=\sigma/\varepsilon$。弹性模量反映钢材抵抗弹性变形的能力,是钢材在受力条件下计算结构变形的重要指标。

2) 屈服阶段($A \to B$)

应力超过 A 点后,应力、应变不再成正比关系,开始出现塑性变形。应力的增长滞后于应变的增长,当应力达 $B_上$ 点后(上屈服点),瞬时下降至 $B_下$ 点(下屈服点),变形迅速增加,而此时外力则大致在恒定的位置上波动,直到 B 点,这就是所谓的"屈服现象",似乎钢材不能承受外力而屈服,所以 AB 段称为屈服阶段。与 $B_下$ 点(此点较稳定、易测定)对应的应力称为屈服点(屈服强度),用 σ_s 表示。

钢材受力大于屈服点后,会出现较大的塑性变形,已不能满足使用要求,因此屈服强度是设计上钢材强度取值的依据,是工程结构计算中非常重要的一个参数。

3) 强化阶段($B \to C$)

当应力超过屈服强度后,由于钢材内部组织中的晶格发生了畸变,阻止了晶格进一步滑移,钢材得到强化,所以钢材抵抗塑性变形的能力又重新提高,$B \sim C$ 呈上升曲线,称为强化阶段。对应于最高点 C 的应力值(σ_b)称为极限抗拉强度,简称抗拉强度。

显然,σ_b 是钢材受拉时所能承受的最大应力值。屈服强度和抗拉强度之比(即屈强比 = σ_s/σ_b)能反映钢材的利用率和结构安全可靠程度。屈强比越小,其结构的安全可靠程度越高,但屈强比过小,又说明钢材强度的利用率偏低,造成钢材浪费。建筑结构钢合理的屈强比一般为 0.60~0.75。

4) 颈缩阶段($C \to D$)

试件受力达到最高点 C 点后,其抵抗变形的能力明显降低,变形迅速发展,应力逐渐下降,试件被拉长,在有杂质或缺陷处,断面急剧缩小,直到断裂。故 CD 段称为颈缩阶段。

中碳钢与高碳钢(硬钢)的拉伸曲线与低碳钢不同,屈服现象不明显,难以测定屈服点,则规定产生残余变形为原标距长度的 0.2% 时所对应的应力值,作为硬钢的屈服强度,也称条件屈服点,用 $\sigma_{0.2}$ 表示。如图 6-2 所示。

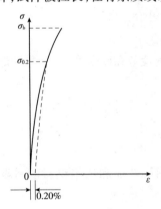

图 6-2 中、高碳钢的应力—应变图

2. 塑性

建筑钢材应具有很好的塑性。钢材的塑性通常用伸长率和断面收缩率表示。将拉断后的试件拼合起来,测定出标距范围内的长度 L_1(mm),其与试件原标距 L_0(mm)之差为塑性变形值,塑性变形值与之比 L_0 称为伸长率 δ,如图 6-3 所示。伸长率 δ 按下式计算。

$$\delta = \frac{L_1 - L_0}{L_0} \times 100\%$$

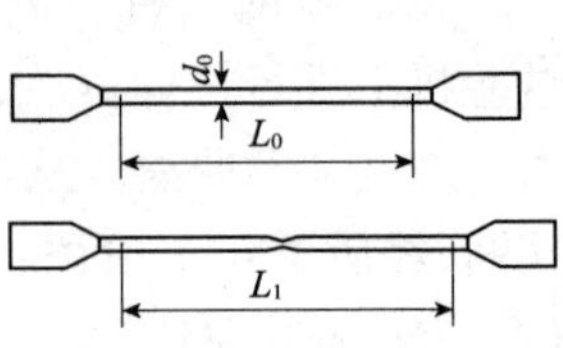

式中:δ——伸长率(当 $L_0 = 5d_0$ 时,为 δ_5;当 $L_0 = 10d_0$ 时,为 δ_{10});
L_0——试件原标距间长度($L_0 = 5d_0$ 或 $L_0 = 10d_0$)(mm);
L_1——试件拉断后标距间长度(mm)。

图 6-3 钢材的伸长率

伸长率是衡量钢材塑性的一个重要指标,δ 越大说明钢材的塑性越好。对于钢材而言,一定的塑性变形能力,可保证应力重新分布,避免应力集中,从而钢材用于结构的安全性越大。钢材的塑性除主要取决于其组织结构、化学成分和结构缺陷等外,还与标距的大小有关。变形在试件标距内的分布是不均匀的,颈缩处的变形最大,离颈缩部位越远其变形越小。所以原标距与直径之比越小,则颈缩处伸长值在整个伸长值中的比重越大,计算出来的 δ 值就大。通常以 δ_5 和 δ_{10} 分别表示 $L_0 = 5d_0$ 和 $L_0 = 10d_0$ 时的伸长率。对于同一种钢材,其 $\delta_5 > \delta_{10}$。

3. 冲击韧性

冲击韧性是指钢材抵抗冲击荷载而不被破坏的能力。钢材的冲击韧性是用有刻槽的标准试件在冲击试验机的一次摆锤冲击下,以破坏后缺口处单位面积上所消耗的功(J/cm^2)来表示,其符号为 α_k。试验时将试件放置在固定支座上,然后以摆锤冲击试件刻槽的背面,使试件承受冲击弯曲而断裂。α_k 值越大,冲击韧性越好。对于经常受较大冲击荷载作用的结构,要选用 α_k 值大的钢材。

影响钢材冲击韧性的因素很多,如化学成分、冶炼质量、冷作及时效、环境温度等。

4. 耐疲劳性

钢材在交变荷载的反复作用下,往往在最大应力远小于其抗拉强度时就发生破坏,这种现象称为钢材的疲劳性。疲劳破坏的危险应力用疲劳强度(或称疲劳极限)来表示,它是指疲劳试验时试件在交变应力作用下,于规定的周期基数内不发生断裂所能承受的最大应力。一般把钢材承受交变荷载 $10^6 \sim 10^7$ 次时不发生破坏的最大应力作为疲劳强度。设计承受反复荷载且需进行疲劳验算的结构时,应了解所用钢材的疲劳极限。

研究证明,钢材的疲劳破坏是拉应力引起的,首先在局部开始形成微细裂纹,其后由于裂纹尖端处产生应力集中而使裂纹迅速扩展直至钢材断裂。因此,钢材的内部成分的偏析、夹杂物的多少以及最大应力处的表面光洁程度、加工损伤等,都是影响钢材疲劳强度的因素。疲劳破坏经常是突然发生的,因而具有很大的危险性,往往造成严重事故。

5. 硬度

硬度是指金属材料在表面局部体积内,抵抗硬物压入表面的能力。亦即材料表面抵抗塑性变形的能力。测定钢材硬度采用压入法。即以一定的静荷载(压力),把一定的压头压在金属表面,然后测定压痕的面积或深度来确定硬度。按压头或压力不同,有布氏法、洛氏法等,相应的硬度试验指标称布氏硬度(HB)和洛氏硬度(HR)。较常用的方法是布氏法,其硬度指标是布氏硬度值。

各类钢材的 HB 值与抗拉强度之间有一定的相关关系。材料的强度越高,塑性变形抵抗力越强,硬度值也就越大。由试验得出,其抗拉强度与布氏硬度的经验关系式如下:

当 $HB < 175$ 时,$\sigma_b \approx 0.36 HB$

当 $HB > 175$ 时,$\sigma_b \approx 0.35 HB$

根据这一关系,可以直接在钢结构上测出钢材的 HB 值,并估算该钢材的 σ_b。

二、工艺性能

良好的工艺性能,可以保证钢材顺利通过各种加工,而使钢材制品的质量不受影响。冷弯、冷拉、冷拔及焊接性能均是建筑钢材的重要工艺性能。

1. 冷弯性能

冷弯性能是指钢材在常温下承受弯曲变形的能力。钢材的冷弯性能指标是以试件弯曲

的角度 α 和弯心直径对试件厚度(或直径)的比值(d/a)来表示。

钢材的冷弯试验是通过直径(或厚度)为 a 的试件,采用标准规定的弯心直径 $d(d = na)$,弯曲到规定的弯曲角(180°或90°)时,试件的弯曲处不发生裂缝、裂断或起层,即认为冷弯性能合格。钢材弯曲时的弯曲角度越大,弯心直径越小,则表示其冷弯性能越好。图 6-4 为弯曲时不同弯心直径的钢材冷弯试验。

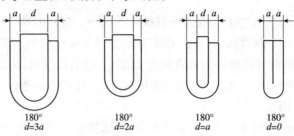

图 6-4 钢材的冷弯试验

通过冷弯试验更有助于暴露钢材的某些内在缺陷。相对于伸长率而言,冷弯是对钢材塑性更严格的检验,它能揭示钢材是否存在内部组织不均匀、内应力和夹杂物等缺陷,冷弯试验对焊接质量也是一种严格的检验,能揭示焊件在受弯表面存在未熔合、微裂纹及夹杂物等缺陷。

2. 焊接性能

在建筑工程中,各种型钢、钢板、钢筋及预埋件等需用焊接加工。钢结构有 90% 以上是焊接结构。焊接的质量取决于焊接工艺、焊接材料及钢的焊接性能。

钢材的可焊性是指钢材是否适应通常的焊接方法与工艺的性能。可焊性好的钢材指用于一般焊接方法和工艺施焊,焊口处不易形成裂纹、气孔、夹渣等缺陷;焊接后钢材的力学性能,特别是强度不低于原有钢材,硬脆倾向小。钢材可焊性能的好坏,主要取决于钢的化学成分。含碳量高将增加焊接接头的硬脆性,含碳量小于 0.25% 的碳素钢具有良好的可焊性。

钢筋焊接应注意的问题是:冷拉钢筋的焊接应在冷拉之前进行;钢筋焊接之前,焊接部位应清除铁锈、熔渣、油污等;应尽量避免不同国家的进口钢筋之间或进口钢与国产钢筋之间的焊接。

3. 冷加工性能及时效处理

1)冷加工强化处理

将钢材在常温下进行冷加工(如冷拉、冷拔或冷轧),使之产生塑性变形,从而提高屈服强度,但钢材的塑性、韧性及弹性模量则会降低,这个过程称为冷加工强化处理。建筑工地或预制构件厂常用的方法是冷拉和冷拔。

冷拉是将热轧钢筋用冷拉设备加力进行张拉,使之伸长。钢材经冷拉后屈服强度可提高 20% ~ 30%,可节约钢材 10% ~ 20%,钢材经冷拉后屈服阶段缩短,伸长率降低,材质变硬。

冷拔是将光面圆钢筋通过硬质合金拔丝模孔强行拉拔,每次拉拔断面缩小应在 10% 以下。钢筋在冷拔过程中,不仅受拉,同时还受到挤压作用,因而冷拔的作用比纯冷拉作用强烈。经过一次或多次冷拔后的钢筋,表面光洁度高,屈服强度提高 40% ~ 60%,但塑性大大降低,具有硬钢的性质。

建筑工程中常采用对钢筋进行冷拉和对盘条进行冷拔的方法,以达节约钢材的目的。

2)时效

钢材经冷加工后,在常温下存放15~20d或加热至100~200℃,保持2h左右,其屈服强度、抗拉强度及硬度进一步提高,而塑性及韧性继续降低,这种现象称为时效。前者称为自然时效,后者称为人工时效。

钢材经冷加工及时效处理后,其性质变化的规律,可明显地在应力—应变图上得到反映,如图6-5所示。图中$OABCD$为未经冷拉和时效试件的应力应变曲线。当试件冷拉至超过屈服强度的任意一点K,卸去荷载,此时由于试件已产生塑性变形,则曲线沿KO'下降,KO'大致与AO平行。如立即再拉伸,则应力应变曲线将成为$O'KCD$(虚线),屈服强度由B点提高到K点。但如在K点卸荷后进行时效处理,然后再拉伸,则应力应变曲线将成为$O'KK_1C_1D_1$,这表明冷拉时效以后,屈服强度和抗拉强度均得到提高,但塑性和韧性则相应降低。

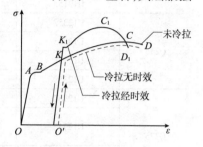

图6-5 钢筋冷拉时效后应力—应变图的变化

钢材经过冷加工后,一般进行时效处理,通常强度较低的钢材宜采用自然时效,强度较高的钢材则采用人工时效。

第三节 建筑钢材的标准与选用

建筑工程用钢有钢结构用钢和钢筋混凝土结构用钢两类,前者主要应用型钢和钢板,后者主要采用钢筋和钢丝。

一、钢结构用钢

钢结构用钢主要有碳素结构钢和低合金结构钢两种。

1. **碳素结构钢(非合金钢)**

1)碳素结构钢的牌号及其表示方法

碳素结构钢的牌号由4个部分组成:屈服点的字母(Q)、屈服点数值(MPa)、质量等级符号(A、B、C、D)、脱氧程度符号(F、Z、TZ)。碳素结构钢的质量等级是按钢中硫、磷含量由多至少划分的,随A、B、C、D的顺序质量等级逐级提高。当为镇静钢或特殊镇静钢时,则牌号表示"Z"与"TZ"符号可予以省略。

按标准规定,我国碳素结构钢分5个牌号,即Q195、Q215、Q235和Q275。例如Q235-A·F,它表示:屈服点为235 MPa的平炉或氧气转炉冶炼的A级沸腾碳素结构钢。

2)碳素结构钢的技术标准与选用

按照标准《碳素结构钢》(GB/T 700—2006)规定,碳素结构钢的技术要求包括化学成分、力学性能、冶炼方法、交货状态、表面质量等5个方面。各牌号碳素结构钢的化学成分及力学性能应分别符合表6-2、表6-3的要求。

碳素结构钢的化学成分(GB 700/T700—2006)　　表6-2

牌号	统一数字代号	等级	化学成分(%)不大于					脱氧方法
			C	Mn	Si	S	P	
Q195	U11952	—	0.12	0.50	0.30	0.040	0.035	F、Z
Q215	U12152	A	0.15	1.20	0.33	0.500	0.045	F、Z
	U12155	B				0.045		
Q235	U12352	A	0.22	1.40	0.35	0.050	0.045	F、Z
	U12355	B	0.20			0.045		
	U12358	C	0.17			0.040	0.040	Z
	U12359	D				0.035	0.035	TZ
Q275	U12752	A	0.24	1.50	0.35	0.050	0.045	F、Z
	U12755	B	0.21			0.045	0.045	Z
			0.22					
	U12758	C	0.20			0.040	0.040	Z
	U12759	D				0.035	0.035	TZ

碳素结构钢的力学性能(GB/T 700—2006)　　表6-3

牌号	等级	拉伸试验												冲击试验	
		屈服点 R_{eH}(MPa)						抗拉强度 R_m(MPa)	伸长率 δ_5(%)					温度(℃)	V型冲击功(纵向)(J)
		钢筋厚度(直径)(mm)							钢材厚度(直径)(mm)						
		≤16	>16~40	>40~60	>60~100	>100~150	>150		≤40	>40~60	>60~100	>100~150	>150~200		
		≥							≥						≥
Q195	—	195	185					315~430	33	—	—	—	—	—	—
Q215	A	215	205	195	185	175	165	335~450	31	30	29	27	26	—	—
	B													+20	27
Q235	A	235	225	215	205	195	185	375~500	26	25	24	22	21	—	—
	B													+20	27
	C													0	
	D													-20	
Q275	A	275	265	255	245	225	215	410~630	22	21	20	18	17	—	—
	B													+20	27
	C													0	
	D													-20	

3)碳素结构钢各类牌号的特性与用途

建筑工程中常用的碳素结构钢牌号为Q235,由于该牌号钢既具有较高的强度,又具有较好的塑性和韧性,可焊性也好,故能较好地满足一般钢结构和钢筋混凝土结构的用钢要求。相反用Q195和Q215号钢,虽塑性很好,但强度太低;而Q275号钢,其强度很高,但塑性较差,可焊性亦差,所以均不适用。

Q235号钢冶炼方便,成本较低,故在建筑中应用广泛。由于塑性好,在结构中能保证在超载、冲击、焊接、温度应力等不利条件下的安全;并适于各种加工,大量被用作轧制各种型钢、钢板及钢筋。其力学性能稳定,对轧制、加热、急剧冷却时的敏感性较小。其中Q235-A级钢,一般仅适用于承受静荷载作用的结构,Q235-C和D级钢可用于重要焊接的结构。另外,由于Q235-D级钢含有足够的形成细晶粒结构的元素,同时对硫、磷有害元素控制严格,故其冲击韧性很好,具有较强的抗冲击、振动荷载的能力,尤其适宜在较低温度下使用。

Q195和Q215号钢常用作生产一般使用的钢钉、铆钉、螺栓及铁丝等;Q275号钢多用于生产机械零件和工具等。

2. 低合金高强度结构钢

低合金高强度结构钢是在碳素钢结构钢的基础上,添加少量的一种或多种合金元素(总含量<5%)的一种结构钢。其目的是提高钢的屈服强度、抗拉强度、耐磨性、耐蚀性与耐低温性等。低合金高强度结构钢是综合性较为理想的建筑钢材,在大跨度、承重动荷载和冲击荷载的结构中更适用。此外,与使用碳素钢相比,可以节约钢材20%~30%,而成本并不很高。

1) 低合金高强度结构钢的牌号及其表示方法

按照国家标准《低合金高强度结构钢》(GB 1591—2008)的规定,低合金高强度结构钢共有5个牌号。所加元素主要有锰、硅、钒、钛、铌、铬、镍及稀土元素。其牌号的表示方法由代表屈服点的汉语拼音字母(Q)、屈服点数值(MPa)、质量等级(分A、B、C、D、E5级)3个部分按顺序排列,其中屈服点数值共分295、345、390、420、460(MPa)五种,质量等级按硫、磷等杂质含量由多至少划分,随A、B、C、D、E的顺序质量等级逐级提高。例如Q390A表示屈服点为390 MPa的A级钢。

2) 低合金高强度结构钢的技术标准与选用

低合金高强度结构钢的化学成分和力学性能应分别符合表6-4~表6-7中的技术要求。

低合金高强度结构钢的化学成分(GB 1591—2008) 表6-4

牌号	质量等级	化学成分(%)									
		C≤	Mn	Si≤	P≤	S≤	V	Nb	Ti	Al≥	Cr≤	Ni≤
Q295	A	0.16	0.80~1.50	0.55	0.045	0.045	0.02~0.15	0.015~0.060	0.02~0.20	—		
	B	0.16	0.80~1.50	0.55	0.040	0.040	0.02~0.15	0.015~0.060	0.02~0.20	—		
Q345	A	0.20	1.00~1.60	0.55	0.045	0.045	0.02~0.15	0.015~0.060	0.02~0.20	—		
	B	0.20	1.00~1.60	0.55	0.040	0.040	0.02~0.15	0.015~0.060	0.02~0.20	—		
	C	0.20	1.00~1.60	0.55	0.035	0.035	0.02~0.15	0.015~0.060	0.02~0.20	0.015		
	D	0.18	1.00~1.60	0.55	0.030	0.030	0.02~0.15	0.015~0.060	0.02~0.20	0.015		
	E	0.18	1.00~1.60	0.55	0.025	0.025	0.02~0.15	0.015~0.060	0.02~0.20	0.015		
Q390	A	0.20	1.00~1.60	0.55	0.045	0.045	0.02~0.20	0.015~0.060	0.02~0.20	—	0.30	0.70
	B	0.20	1.00~1.60	0.55	0.040	0.040	0.02~0.20	0.015~0.060	0.02~0.20	—	0.30	0.70
	C	0.20	1.00~1.60	0.55	0.035	0.035	0.02~0.20	0.015~0.060	0.02~0.20	0.015	0.30	0.70
	D	0.20	1.00~1.60	0.55	0.030	0.030	0.02~0.20	0.015~0.060	0.02~0.20	0.015	0.30	0.70
	E	0.20	1.00~1.60	0.55	0.025	0.025	0.02~0.20	0.015~0.060	0.02~0.20	0.015	0.30	0.70
Q420	A	0.20	1.00~1.70	0.55	0.045	0.045	0.02~0.20	0.015~0.060	0.02~0.20	—	0.40	0.70
	B	0.20	1.00~1.70	0.55	0.040	0.040	0.02~0.20	0.015~0.060	0.02~0.20	—	0.40	0.70
	C	0.20	1.00~1.70	0.55	0.035	0.035	0.02~0.20	0.015~0.060	0.02~0.20	0.015	0.40	0.70
	D	0.20	1.00~1.70	0.55	0.030	0.030	0.02~0.20	0.015~0.060	0.02~0.20	0.015	0.40	0.70
	E	0.20	1.00~1.70	0.55	0.025	0.025	0.02~0.20	0.015~0.060	0.02~0.20	0.015	0.40	0.70
Q460	C	0.20	1.00~1.70	0.55	0.035	0.035	0.02~0.20	0.015~0.060	0.02~0.20	0.015	0.70	0.70
	D	0.20	1.00~1.70	0.55	0.030	0.030	0.02~0.20	0.015~0.060	0.02~0.20	0.015	0.70	0.70
	E	0.20	1.00~1.70	0.55	0.025	0.025	0.02~0.20	0.015~0.060	0.02~0.20	0.015	0.70	0.70

表 6-5 低合金高强度结构钢的拉伸性能（GB/T 1591—2008）

拉伸试验[1,2,3]

牌号	质量等级	以下公称厚度（直径、边长）下屈服强度（MPa）								以下公称厚度（直径、边长）下抗拉强度（MPa）							断后伸长率（%）公称厚度（直径、边长）					
		≤16mm	>16~40mm	>40~63mm	>63~80mm	>80~100mm	>100~150mm	>150~200mm	>200~250mm	>250~400mm	≤40mm	>40~63mm	>63~80mm	>80~100mm	>100~150mm	>150~250mm	>250~400mm	≤40mm	>40~63mm	>63~100mm	>100~150mm	>150~250mm	>250~400mm
Q345	A	≥345	≥335	≥325	≥315	≥305	≥285	≥275	≥265	—	470~630	470~630	470~630	470~630	450~600	450~600	—	≥20	≥19	≥19	≥18	—	—
	B																						
	C																	≥21	≥20	≥20	≥19	≥18	≥17
	D									≥265							450~600						
	E																						
Q390	A	≥90	≥370	≥350	≥330	≥330	≥310	—	—	—	490~650	490~650	490~650	490~650	470~620	—	—	≥20	≥19	≥19	≥18	—	—
	B																						
	C																						
	D																						
	E																						
Q420	A	≥420	≥400	≥380	≥360	≥360	≥340	—	—	—	520~680	520~680	520~680	520~680	500~650	—	—	≥19	≥18	≥18	≥18	—	—
	B																						
	C																						
	D																						
	E																						
Q460	C	≥460	≥440	≥420	≥400	≥400	≥380	—	—	—	550~720	550~720	550~720	550~720	530~700	—	—	≥17	≥16	≥16	≥16	—	—
	D																						
	E																						

续上表

拉伸试验1,2,3

牌号	质量等级	以下公称厚度（直径，边长）下屈服强度（MPa）								以下公称厚度（直径，边长）下抗拉强度（MPa）							断后伸长率（%） 公称厚度（直径，边长）				
		≤16mm	>16~40mm	>40~63mm	>63~80mm	>80~100mm	>100~150mm	>150~200mm	>200~250mm	>250~400mm	≤40mm	>40~63mm	>63~80mm	>80~100mm	>100~150mm	>150~250mm	>250~400mm	≤40mm	>40~63mm	>63~100mm	>100~150mm	>150~250mm	>250~400mm
Q500	C	≥500	≥480	≥470	≥450	≥440	—	—	—	—	610~770	600~760	590~750	540~730	—	—	—	≥17	≥17	—	—	—	—
	D																						
	E																						
Q550	C	≥550	≥530	≥520	≥500	≥490	—	—	—	—	670~830	620~810	600~790	590~780	—	—	—	≥16	≥16	—	—	—	—
	D																						
	E																						
Q620	C	≥620	≥600	≥590	≥570	—	—	—	—	—	710~880	690~880	670~860	—	—	—	—	≥15	≥15	—	—	—	—
	D																						
	E																						
Q690	C	≥690	≥670	≥660	≥640	—	—	—	—	—	770~940	750~920	730~900	—	—	—	—	≥14	≥14	—	—	—	—
	D																						
	E																						

1. 当屈服不明显时，可测量代替下屈服强度。
2. 宽度不小于600mm扁平材，拉伸试验取横向试样；宽度小于600mm的扁平材、型材及棒材取纵向试样，断后伸长率最小值相应提高1%（绝对值）。
3. 厚度>250~400mm的数值适用于扁平材。

低合金高强度结构钢夏比(V型)冲击试验的试验温度和冲击吸收能量　　　表6-6

牌号	质量等级	试验温度(℃)	冲击吸收能量(KV_2)(J) 公称厚度(直径、边长)		
			12～150mm	>150～250mm	>250～400mm
Q345	B	20	≥34	≥27	—
	C	0			
	D	-20			27
	E	-40			
Q390	B	20	≥34	—	—
	C	0			
	D	-20			
	E	-40			
Q420	B	20	≥34	—	—
	C	0			
	D	-20			
	E	-40			
Q460	C	0	≥34	—	—
	D	-20			
	E	-40			
Q500、Q550、Q620、Q690	C	0	≥55	—	—
	D	-20	≥47	—	—
	E	-40	≥31	—	—

低合金高强度结构钢弯曲试验　　　表6-7

牌号	试样方向	180°弯曲试验 [d=弯心直径,a=试样厚度(直径)]	
		钢材厚度(直径,边长)	
		≤16mm	>16～100mm
Q345 Q390 Q420 Q460	宽度不小于600mm扁平材,拉伸试验取向横向试样。宽度小于600mm的扁平材、型材及棒材取纵向试样	2a	3a

在钢结构中常采用低合金高强度结构钢轧制各种型钢(角钢、槽钢、工字钢)、钢板、钢管及钢筋,广泛用于钢结构和钢筋混凝土结构中,特别适用于各种重型结构、大跨度结构、高层结构及桥梁工程等,尤其对用于大跨度和大柱网的结构,其技术经济效果更为显著。

3. 钢结构用型钢

钢结构构件一般应直接选用各种型钢。型钢有热轧和冷轧成型两种。绝大部分型钢用热轧方式生产。较为常用的型钢有角钢（等边和不等边）、工字钢、槽钢、T形钢、H形钢、L形钢等，如图6-6所示。

图6-6 型钢截面示意图

二、钢筋混凝土结构用钢

钢筋混凝土结构用的钢筋和钢丝，主要由碳素结构钢或低合金结构钢轧制而成。主要品种有热轧钢筋、冷加工钢筋、热处理钢筋、预应力混凝土用钢丝和钢绞线。按直条或盘条（也称盘圆）供货。

1. 热轧钢筋

钢筋混凝土用热轧钢筋，根据其表面状态特征、工艺与供应方式可分为热轧光圆钢筋、热轧带肋钢筋与热轧热处理钢筋等，热轧带肋钢筋通常为圆形横截面，且表面通常带有两条纵肋和沿长度方向均匀分布的横肋。按肋纹的形状分为月牙肋和等高肋，如图6-7所示。月牙肋钢筋有生产简便、强度高、应力集中敏感性小、性能好等优点，但其与混凝土的黏结锚固性能稍逊于等高肋钢筋。根据《钢筋混凝土用热轧光圆钢筋》（GB 1499.1—2008）和《钢筋混凝土用热轧带肋钢筋》（GB 1499.2—2007），热轧钢筋的力学性能及工艺性能应符合表6-8的规定。H、R、B分别为热轧、带肋、钢筋3个词的英文首写字母。

热轧钢筋牌号构成及分类（GB1499.1—2008，GB1499.2—2007）　　　表6-8

类　　别		牌　号	牌号构成	英文字母含义
热轧光圆钢筋		HPB300	由HPB+屈服强度特征值构成	HPB—热轧光圆钢筋的英文（Hot rolled Plain Bars）缩写。
热轧带肋钢筋	普通热轧钢筋	HRB335	由HRB+屈服强度特征值构成	HRB—热轧带肋钢筋的英文（Hot rolled Ribbed Bars）缩写。
		HRB400		
		HRB500		
	细晶粒热轧钢筋	HRBF335	由HRBF+屈服强度特征值构成	HRBF—在热轧带肋钢筋的英文缩写后加"细"的英文（Fine）首位字母
		HRBF400		
		HRBF500		

其中,热轧带肋钢筋通常又为圆形横截面,且表面通常带有两条纵肋和沿长度方向均匀分布的横肋。按肋纹的形状分为月牙肋和等高肋,如图6-7所示。

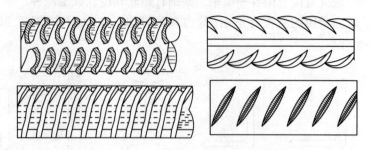

图6-7 带肋钢筋外形

月牙肋钢筋有生产简便、强度高、应力集中敏感性小、性能好等优点,但其与混凝土的黏结锚固性能稍逊于等高肋钢筋。根据《钢筋混凝土用热轧光圆钢筋》(GB 1499.1—2007)和《钢筋混凝土用热轧带肋钢筋》(GB 1499.2—2008),热轧钢筋的力学性能及工艺性能应分别符合表6-9、表6-10的规定。

热轧光圆钢筋的力学性能(GB1499.1—2008)　　　　表6-9

牌号	屈服强度 R_{el} (MPa)	抗拉强度 R_m (MPa)	断后伸长率 A(%)	最大总伸长率 A_{gt} (%)	冷弯试验180° d-弯芯直径 a-钢筋公称直径
	不小于				
HPB235	235	370	23	10.0	$d = a$
HPB300	300	420			

热轧带肋钢筋的力学性能(GB1499.2—2007)　　　　表6-10

牌号	屈服强度 R_{el} (MPa)	抗拉强度 R_m (MPa)	断后伸长率 A (%)	最大总伸长率 A_{gt} (%)
	不小于			
HRB335 HRBF335	335	455	17	7.5
HRB400 HRBF400	400	540	16	
HRB500 HRBF500	500	630	15	

热轧钢筋均为可焊接钢筋,HRB335级和HRB400级钢筋的强度较高,塑性和焊接性能

也较好,广泛用作大、中型钢筋混凝土结构的受力钢筋,冷拉后也可用作预应力钢筋。细晶粒钢筋的特点是在强度相当的情况下延性有较大提高,伸长率 A 和最大力下的总伸长率 A_{gt} 通常优于一般的热轧钢筋。

热轧带肋钢筋牌号标志以阿拉伯数字或阿拉伯数字加英文字母表示,HRB335、HRB400、HRB500 分别以 3、4、5 轧在钢筋表面表示,HRBF335、HRBF400、HRBF500 分别以 C3、C4、C5 轧在钢筋表面表示。

2. 冷轧带肋钢筋

热轧圆盘条经冷轧后,在其表面带有沿长度方向均匀分布的三面或两面横肋,即成为冷轧带肋钢筋。根据《冷轧带肋钢筋》(GB 13788—2008)规定,冷轧带肋钢筋按抗拉强度分为 5 个牌号,分别为 CRB550、CRB650、CRB800、CRB970、CRB1170。C、R、B 分别为冷轧、带肋、钢筋 3 个词的英文首写字母,数值为抗拉强度的最小值。冷轧带肋钢筋的力学性能及工艺性能见表 6-11。与冷拔低碳钢丝相比,冷轧带肋钢筋具有强度高、塑性好,与钢筋黏结牢固,节约钢材,质量稳定等优点。CRB550 宜用做普通钢筋混凝土结构;其他牌号宜用在预应力混凝土结构中。

冷轧带肋钢筋力学性能和工艺性能(GB 13788—2008)　　表 6-11

牌号	σ_b(MPa) $\geq$	伸长率(%) $\geq$		弯曲试验 (180°)	反复试验次数	松弛率(初始应力,$\sigma_{con}=0.7\sigma_b$)	
		δ_{10}	δ_{100}			(1000h,%) $\leq$	(10h,%) $\leq$
CRB550	550	8.0	—	$d=3a$	—	—	—
CRB650	650	—	4.0	—	3	8	5
CRB800	800	—	4.0	—	3	8	5
CRB970	970	—	4.0	—	3	8	5
CRB1170	1170	—	4.0	—	3	8	5

3. 冷拔低碳钢丝

冷拔低碳钢丝是由直径为 6~8mm 的 Q195、Q215 或 Q235 热轧圆条经冷拔而成,低碳钢经冷拔后,屈服强度可提高 40%~60%,同时塑性大幅度降低。所以,冷拔低碳钢丝变得硬脆,属硬钢类钢丝。目前,已逐渐限用该类钢丝,故它的性能要求和应用在本书中不再细述。

4. 预应力混凝土用钢棒

预应力混凝土用钢棒是由热轧盘条经冷加工(或不经冷加工)淬火和回火调质处理后所得,其代号为 PCB。《预应力混凝土用钢棒》(GB/T 5223.3—2005)根据表面形状分为:光圆钢棒 P 公称直径为 6、7、8、10、11、12、13、14、16(mm)9 种规格,螺旋槽钢棒 HG 公称直径为 7.1、9、10.7、12.6(mm)4 种规格,螺旋肋钢棒 HR 公称直径为 6、7、8、10、12、14(mm)6 种规格,带肋钢棒 R 公称直径为 6、8、10、12、14、16(mm)6 种规格。其力学性能要求见表 6-12。

预应力混凝土用钢棒(GB/T 5223.3—2005) 表6-12

表面形状类型	公称直径 D_0 (mm)	抗拉强度 R_m 不小于(MPa)	规定百比例延伸强度,不小于(MPa)	弯曲性能 性能要求	弯曲性能 弯曲半径(mm)
光圆	6	对所有规格钢棒 1080 1234 1420 1570	对所有规格钢棒 930 1080 1280 1420	反复弯曲不小于4次/180°	15
光圆	7			反复弯曲不小于4次/180°	20
光圆	8			反复弯曲不小于4次/180°	20
光圆	10			反复弯曲不小于4次/180°	25
光圆	11			弯曲160°～180°后弯曲处裂纹	弯心直径为钢棒直径的10倍
光圆	12			弯曲160°～180°后弯曲处裂纹	弯心直径为钢棒直径的10倍
光圆	13			弯曲160°～180°后弯曲处裂纹	弯心直径为钢棒直径的10倍
光圆	14			弯曲160°～180°后弯曲处裂纹	弯心直径为钢棒直径的10倍
光圆	16			弯曲160°～180°后弯曲处裂纹	弯心直径为钢棒直径的10倍
螺旋槽	7.1			—	
螺旋槽	9			—	
螺旋槽	10.7			—	
螺旋槽	12.6			—	
螺旋肋	6			反复弯曲不小于4次/180°	15
螺旋肋	7			反复弯曲不小于4次/180°	20
螺旋肋	8			反复弯曲不小于4次/180°	20
螺旋肋	10			反复弯曲不小于4次/180°	25
螺旋肋	12			弯曲160°～180°后弯曲处裂纹	弯心直径为钢棒直径的10倍
螺旋肋	14			弯曲160°～180°后弯曲处裂纹	弯心直径为钢棒直径的10倍
带肋	6			—	
带肋	8			—	
带肋	10			—	
带肋	12			—	
带肋	14			—	
带肋	16			—	

热处理钢筋经调质热处理后,其强度高、韧性高,可代替高强钢丝使用;配筋根数少,节约钢材;锚固性好,不易打滑,预应力值稳定;施工简便,开盘后钢筋自然伸直,不需调直,不能焊接。主要用作预应力钢筋混凝土轨枕,也用于预应力梁、板结构及吊车梁等。

5. 预应力混凝土用优质钢丝及钢绞线

1) 预应力混凝土用钢丝

预应力混凝土用钢丝是优质碳素结构钢盘条经淬火、酸洗、冷拉加工而制成的高强度钢丝。预应力混凝土用钢丝通常按加工状态可分为:冷拉钢丝、消除应力钢丝;消除应力钢丝按照松弛性能又分为低松弛级钢丝(WRL)及普通松弛级钢丝(WNR)按外形可分为:光圆钢丝(P)、刻痕钢丝(H)、螺旋肋钢丝(I)三种。

预应力钢丝具有强度高、柔性好、松弛率低、耐蚀等特点,适用于各种特殊要求的预应力结构,主要用于大跨度屋架及薄腹梁、大跨度吊车梁、桥梁、电杆、轨枕等的预应力钢筋。

冷拉钢丝的技术性能应符合表6-13规定。

消除应力光圆及螺旋肋钢丝的技术性能应符合表6-14 的规定。

消除应力的刻痕钢丝的技术性能应符合表6-15 规定。

冷拉钢丝的力学性能(GB/T 5223—2002) 表6-13

公称直径(mm)	抗拉强度(MPa)不小于	规定非比例伸长应力(MPa)不小于	最大力下总伸长率($l_0=200mm$,%)不小于	弯曲次数(180°)不小于	弯曲半径(mm)	断面收缩率%不小于	每210mm转矩的扭转次数不小于	初始应力相当于70%公称抗拉强度时,1000h后应力松弛率不大于
3.00	1470	1100	1.5	4	7.5	—	—	8
	1570	1180						
4.00	1670	1250		4	10	35	8	
5.00	1770	1330		4	15		8	
6.00	1470	1100		5	15		7	
	1570	1180						
7.00	1670	1250		5	20	30	6	
8.00	1770	1330		5	20		5	

消除应力光圆及螺旋肋钢丝的力学性能(GB/T 5223—2002) 表6-14

公称直径(mm)	抗拉强度(MPa)不小于	规定非比例伸长应力(MPa)不小于		最大力下总伸长率($l_0=200mm$,%)不小于	弯曲次数(180°)不小于	弯曲半径(mm)	应力松弛性能		
		WLR	WNR				初始应力相当于公称抗拉强度的比例(%)	1000h后应力松弛率不小于	
								WLR	WNR
4.00	1470	1290	1250	3.5	3	10	60	1.0	4.5
	1570	1380	1330						
4.80	1670	1470	1410						
5.00	1770	1560	1500		4	15			
	1860	1640	1580						
6.00	1470	1290	1250		4	15	70	2.0	8
6.25	1570	1380	1330		4	20			
7.00	1670	1470	1410		4	20			
	770	1560	1500						
8.00	1570	1290	1250		4	20			
9.00	1470	1380	1330		4	25			
10.00	1470	1290	1250		4	25	80	45	12
12.00					4	30			

消除应力的刻痕钢丝的力学性能（GB/T 5223—2002）　　　表6-15

公称直径（mm）	抗拉强度（MPa）不小于	规定非比例伸长应力（MPa）不小于 WLR	规定非比例伸长应力（MPa）不小于 WNR	最大力下总伸长率（l_0=200mm,%）不小于	弯曲次数（180°）不小于	弯曲半径（mm）	应力松弛性能 初始应力相当于公称抗拉强度的比例（%）	应力松弛性能 1000h后应力松弛率不小于 WLR	应力松弛性能 1000h后应力松弛率不小于 WNR
≤5.0	1470	1290	1250	3.5	3	15	60	1.5	4.5
≤5.0	1570	1380	1330	3.5	3	15	60	1.5	4.5
≤5.0	1670	1470	1410	3.5	3	15	60	1.5	4.5
≤5.0	1770	1560	1500	3.5	3	15	60	1.5	4.5
≤5.0	1860	1640	1580	3.5	3	15	60	1.5	4.5
>5.0	1470	1290	1250	3.5	3	20	70	2.5	8
>5.0	1570	1380	1330	3.5	3	20	80	4.5	12
>5.0	1670	1470	1410	3.5	3	20	80	4.5	12
>5.0	1770	1560	1500	3.5	3	20	80	4.5	12

2）预应力混凝土用钢绞线

预应力混凝土用钢绞线，是以数根优质碳素结构钢钢丝经绞捻和消除内应力的热处理后制成。预应力混凝土用钢绞线：按现行国家标准《预应力混凝土用钢绞线》（GB/T 5224—2003）的规定，预应力钢绞线按结构分为5类，代号分别为：

用两根钢丝捻制的钢绞线　　　　　　　　1×2
用3根钢丝捻制的钢绞线　　　　　　　　1×3
用3根刻痕钢丝捻制的钢绞线　　　　　　1×3I
用7根钢丝捻制的标准型钢绞线　　　　　1×7
用7根钢丝捻制又经模拔的钢绞线　　　　（1×7）C

预应力混凝土用钢绞线的力学性能要符合表6-16的规定。

钢绞线具有强度高、与混凝土黏结性好、断面面积大，使用根数少，在结构中排列布置方便，易于锚固等优点。主要用于大跨度、大负荷、曲线配筋的后张法预应力屋架、桥梁和薄腹梁等结构的预应力筋，还可用于岩土锚固。

部分预应力钢绞线力学性能（GB/T 5224—2003）　　　表6-16

钢绞线结构	钢绞线公称直径（mm）	强度级别（MPa）	整根钢绞线 最大力（kN）不小于	整根钢绞线 固定非比例延伸力（kN）不小于	最大力总伸长率（%）不小于	应力松弛性能 初始负荷相当于公称最大力的百分数（%） 对所有结构	应力松弛性能 1000h后应力松弛率（%）不小于 对所有结构
1×2	5.0	1570	15.4	13.9	3.5	60	1.0
1×2	5.0	1720	16.9	15.2	3.5	70	2.5
1×2	5.0	1860	18.3	16.5	3.5	80	4.5
1×2	5.0	1960	19.3	17.3	3.5	80	4.5

续上表

钢绞线结构	钢绞线公称直径（mm）	强度级别（MPa）	整根钢绞线		最大力总伸长率（%）不小于	应力松弛性能	
			最大力（kN）	固定非比例延伸力（kN）		初始负荷相当于公称最大力的百分数（%）	1000h后应力松弛率（%）不小于
			不小于			对所有结构	
1×2	12.0	1470	83.1	74.8	3.5		
		1570	88.7	79.8			
		1720	97.2	87.5			
		1860	105	94.5			
1×3	6.20	1570	31.1	28.0		60	1.0
		1720	34.1	30.7			
		1860	36.8	33.1			
		1960	38.8	34.9			
	12.90	1470	125	113		70	2.5
		1570	133	120			
		1720	146	131			
		1860	158	142			
		1960	166	149			
1×3I	8.74	1570	60.6	54.5		80	4.5
		1670	64.5	58.1			
		1860	71.8	64.6			
1×7	9.50	1720	94.3	84.9			
		1860	102	91.8			
		1960	107	96.3			
	17.80	1720	327	294			
		1860	353	318			
(1×7)C	12.70	1860	208	187			
	15.20	1820	300	270			
	17.80	1720	384	346			

三、钢材的选用原则

钢材的选用一般遵循下面原则：

（1）荷载性质：对于经常承受动力或振动荷载的结构，容易产生应力集中，从而引起疲劳破坏，需要选用材质高的钢材。

（2）使用温度：对于经常处于低温状态的结构，钢材容易发生冷脆断裂，特别是焊接结构更容易断裂，因而要求钢材具有良好的塑性和低温冲击韧性。

（3）连接方式：对于焊接结构，当温度变化和受力性质改变时，焊缝附近的母体金属容易出现冷、热裂纹，促使结构早期破坏。所以焊接结构对钢材化学成分和机械性能要求应较严。

(4) 钢材厚度:钢材力学性能一般随厚度增大而降低,钢材经多次轧制后,钢的内部结晶组织更为紧密,强度更高,质量更好。故一般结构用的钢材厚度不宜超过 40mm。

(5) 结构重要性:选择钢材要考虑结构使用的重要性,如大跨度结构、重要的建筑物结构,须相应选用质量更好的钢材。

第四节　钢材的锈蚀及防止

一、钢材的锈蚀

钢材的锈蚀是指其表面与周围介质发生化学反应而遭到的破坏过程。根据锈蚀作用的机理,钢材的锈蚀可分为化学锈蚀和电化学锈蚀两种:

1. 化学锈蚀

化学锈蚀是指钢材直接与周围介质发生化学反应而产生的锈蚀。这种锈蚀多数是氧化作用,使钢材表面形成疏松的氧化物。在常温下,钢材表面能形成一薄层起保护作用的氧化膜 FeO,可以防止钢材进一步锈蚀。因而在干燥环境下,钢材锈蚀进展缓慢,但在温度和湿度较高的环境中,这种锈蚀进展加快。

2. 电化学锈蚀

电化学锈蚀是建筑钢材在存放和使用中发生锈蚀的主要形式。它是指钢材与电解质溶液接触而产生电流,形成微电池而引起的锈蚀。钢材含有铁、碳等多种成分,由于这些成分的电极电位不同,形成许多微电池。在潮湿环境中的钢材表面会被一层电解质水膜所覆盖,在阳极区,铁被氧化成 Fe^{2+} 离子进入水膜,因为水中溶有来自空气中的氧,故在阴极区氧将被还原为 OH^- 离子,两者结合成为不溶于水的 $Fe(OH)_2$,并进一步氧化成为疏松易剥落的红棕色铁锈 $Fe(OH)_3$。电化学锈蚀是钢材最主要的锈蚀形式。

影响钢材锈蚀的主要因素是水、氧及介质中所含的酸、碱、盐等。同时钢材本身的组织成分对锈蚀影响也很大。埋于混凝土中的钢筋,由于普通混凝土的 pH 值为 12 左右,处于碱性环境,使之表面形成一层碱性保护模,它有较强的阻止锈蚀继续发展的能力,故混凝土中的钢筋一般不易锈蚀。

二、防止钢材锈蚀的措施

1. 提高产品本身防锈蚀的能力

钢材的组织及化学成分是引起锈蚀的内因。通过调整钢的基本组织或加入某些合金元素,可有效地提高钢材的抗腐蚀能力。例如,在钢中加入一定量的合金元素铬、镍、钛等,制成不锈钢,可以提高耐锈蚀能力。

2. 在使用过程中增加保护层

通常的方法是采用在表面施加保护层,使钢材与周围介质隔离。保护层可分为金属保护层和非金属保护层两类。非金属保护层常用的是在钢材表面刷漆,常用底漆有红丹、环氧富锌漆、铁红环氧底漆等,面漆有调和漆、醇酸磁漆、酚醛磁漆等,该方法简单易行,但不耐久。此外,还可以采用塑料保护层、沥青保护层、搪瓷保护层等。金属保护层是用耐蚀性较好的金属,以电镀或喷镀的方法覆盖在钢材表面,如镀锌、镀锡、镀铬等。薄壁钢材可采用热浸镀锌或镀锌后加涂塑料涂层等措施。

混凝土配筋的防锈措施,根据结构的性质和所处环境条件等考虑混凝土的质量要求,主要是保证混凝土的密实度(控制最大水胶比和最小水泥用量、加强振捣)、保证足够的保护层厚度、限制氯盐外加剂的掺量和保证混凝土一定的碱度等;还可掺用阻锈剂(如亚硝酸钠等)。国外有采用钢筋镀锌、镀镍等方法。对于预应力钢筋,一般含碳量较高,又多系经过变形加工或冷加工,因而对锈蚀破坏较敏感,特别是高强度热处理钢筋,容易产生应力锈蚀现象。故重要的预应力承重结构,除禁止掺用氯盐外,应对原材料进行严格检验。

3. 仓储中加强防锈蚀措施

在平时的仓储过程中也应加强防锈蚀的工作,主要从以下几点着手:

(1)有保护金属材料的防护与包装,不得损坏;

(2)选择适宜的保管场所,妥善的苫垫、码垛和密封;

(3)在金属表面涂刷防锈油(剂);

(4)加强检查,经常维护保养。

第五节　钢材的验收与储运

一、钢材的验收

钢材验收按批进行检查验收。钢材验收的主要内容如下:

(1)钢材的数量和品种是否与订货单符合。

(2)钢材的质量保证书是否与钢材上打印的记号符合:每批钢材必须具备生产厂家提供的材质证明书,写明钢材的炉号、钢号、化学成分和机械性能等,根据国家技术标准核对钢材的各项指标。

(3)钢材表面质量检验。钢材表面不允许有结疤、裂纹、折叠和分层、油污等缺陷。

(4)按国家标准按批取样检测其力学性能。同一级别、种类,同一规格、批号、批次不大于 60t 为一验收批(不足 60t 也为一批),取样方法应符合国家标准规定。钢材试验内容主要为拉伸力学性能试验和弯曲试验,试验操作方法必须符合国家标准《钢及钢产品交货一般技术要求》(GB/T 17505—1998)(详见本书第 10 章钢筋试验部分)。拉伸试验和弯曲试验中,如有一项实验不合格,则从同一批另取双倍数量的试样从做各项试验。如仍有一个试样不合格,则该批钢筋为不合格产品,严禁使用。

二、钢材的储运

1. 运输

钢材在运输中要求不同钢号、炉号、规格的钢材分别装卸,以免混乱。装卸中钢材不许摔掷,以免破坏。在运输过程中,其一端不能悬空及伸出车身的外边。同时,装车时要注意荷重限制,不许超过规定,并须注意装载负荷的均衡,使钢材重量分布于几个轮轴上。

2. 堆放

钢材的堆放要减少钢材的变形和锈蚀,节约用地,也要便于提取钢材。

（1）钢材应按不同的钢号、炉号、规格、长度等分别堆放。

（2）露天堆放时，应加上简易的篷盖，或选择较高的堆放场地，四周有排水沟，雪后易于清扫。堆放时尽量使钢材截面的背面向上或向外，以免积雪、积水。

（3）堆放在有顶棚的仓库时，可直接堆放在地坪上（下垫楞木），对小钢材亦可放在架子上，堆与堆之间应留出走道；堆放时每隔5~6层放置楞木。其间距以不引起钢材明显的弯曲变形为宜。楞木要上下对齐，在同一垂直平面内。

（4）为增加堆放钢材的稳定性，可使钢材互相勾连，或采用其他措施。这样，钢材的堆放高度可达堆宽度的两倍；否则，钢材的堆放高度不应大于其宽度；一堆内上、下相邻的钢材须前后错开，以便在其端部固定标牌和编号。标牌应表明钢材的规格、钢号、数量和材质验收证明书号。并在钢材端部根据其钢号涂以不同颜色的油漆。

（5）钢材的标牌应定期检查。选用钢材时，要按顺序寻找，不准乱翻。

（6）不要把完整的钢材与已有锈伤的钢材混放一处。凡是已经锈蚀者，应捡出另放，进行适当的处理，将锈蚀处用硬钢丝刷刷净。

本 章 小 结

建筑钢材的技术性质主要包括：抗拉性能、冲击性能、硬度、耐疲劳性、冷弯性能和焊接性能。其中，前四项为力学性质，后两项为工艺性质。钢材的强度等级主要根据抗拉性能（屈服点、抗拉强度、伸长率）和冷弯性能来确定。

建筑工程用钢材包括钢结构用钢和混凝土结构用钢。最常用的钢结构用钢材有：优质碳素结构钢、低合金钢及各种型材、钢板、钢管等。最常用的混凝土结构用钢材有：热轧钢筋、冷轧带肋钢筋、冷拔低碳钢丝、热处理钢筋及预应力钢丝、钢绞线等。其中热轧钢筋是最主要的品种。

复习思考题与习题

1. 简述钢材与建筑钢材的分类。
2. 评价钢材技术性质的主要指标有哪些？
3. 钢材拉伸性能的表征指标有哪些，各指标的含义是什么？
4. 什么是钢材的冷弯性能，应如何进行评价？
5. 何谓钢材的冷加工和时效，钢材经冷加工和时效处理后性能有什么改变？
6. 试述碳素结构钢和低合金钢在工程中的应用。
7. 钢筋混凝土用热轧钢筋有哪几个牌号？其表示的含义是什么？
8. 预应力混凝土用热轧钢筋、钢丝和钢绞线应检验哪些力学指标？
9. 建筑钢材的锈蚀原因有哪些？如何防锈？

第七章 建筑功能材料

学习要求

掌握沥青及防水材料的主要类型、技术性质和评价方法;了解其他各类沥青的组成和性质;了解密封材料、绝热材料、吸声材料以及隔声材料的类型、性能及应用。

建筑功能材料是以材料的力学性能以外的功能为特征的材料,它赋予建筑物防水、防火、绝热、采光、防腐等功能。建筑物用途的拓展以及人们物质需求的提高,使其对建筑功能材料方面的要求越来越高。目前,国内外现代建筑中常用的建筑功能材料主要有:防水材料、密封材料、绝热材料、吸声材料以及隔声材料等。

第一节 建筑防水材料

防水材料是建筑工程的重要材料之一,是防止雨水、地下水与其他水分渗透的关键,在建筑、公路、桥梁、水利等土木工程中有着广泛的应用,防水材料质量的优劣直接影响建筑物的使用性和耐久性。沥青作为防水材料使用已有较长的历史,直至现在,仍用作各种建筑物的防水层。同时,其他种类防水材料也发展较快,由传统的沥青基防水材料逐渐向高聚物改性沥青防水材料和合成高分子防水材料系列发展,突破了我国防水材料品种单一的状况,使防水材料向中、高档方向迈进了一大步。本节主要介绍沥青材料、防水卷材和防水涂料等防水材料的组成、类型、性能特点及应用。

一、沥青材料

沥青是高分子碳氢化合物及其非金属(氧、氮、硫等)衍生物组成的极其复杂的混合物,在常温下呈现黑色或黑褐色的固体、半固体或液体状态。

沥青作为一种有机胶凝材料,具有良好的黏性、塑性、耐腐蚀性和憎水性,在建筑工程中主要用作防潮、防水、防腐蚀材料,用于屋面、地下防水工程以及其他防水工程和防腐工程。此外,沥青还大量用于道路工程。

沥青按产源不同分类如下:

沥青 { 地沥青 { 天然沥青:由沥青湖或含有沥青的砂岩、砂等提炼而成 / 石油沥青:由石油原油蒸馏后的残留物加工而成 } 焦油沥青 { 煤沥青:由煤焦油蒸馏后的残留物加工而成 / 页岩沥青:油页岩炼油工业的副产品 } }

建筑工程主要应用石油沥青,另外还使用少量的煤沥青。

1. 石油沥青

石油沥青是石油原油经蒸馏提炼出各种轻质油(如汽油、煤油、柴油等)及润滑油以后的残留物,或再经加工而成的产品。

1)石油沥青的组分与结构

(1)石油沥青的组分。

从工程使用的角度出发,通常将沥青中化学成分和物理性质相近,并且具有某些共同特征的部分,划分为一个组分(或称为组丛)。一般来说,石油沥青可划分为油分、树脂和沥青质三个主要组分。这三个组分可利用沥青在不同有机溶剂中的选择性溶解分离出来。不同组分对石油沥青性能的影响不同。油分赋予沥青流动性;树脂使沥青具有良好的塑性和黏结性;沥青质则决定沥青的耐热性、黏性和硬性,其含量越多,软化点越高,黏性越大,越硬脆。

(2)石油沥青的结构。

在沥青中,油分与树脂互溶,树脂浸润沥青质。因此,石油沥青的结构是以沥青质为核心,周围吸附部分树脂和油分,构成胶团,无数胶团分散在油分中而形成胶体结构。

当沥青质含量相对较少时,油分和树脂含量相对较高,胶团外膜较厚,胶团之间相对运动较自由,这时沥青形成溶胶结构。这种结构的沥青,黏性小而流动性大,塑性好,但温度稳定性较差。

当沥青质含量较多而油分和树脂较少时,胶团外膜较薄,胶团靠近聚集,移动比较困难,这时沥青形成凝胶结构。具有凝胶结构的石油沥青弹性和黏结性较高,温度稳定性较好,但流动性和塑性较差。

当沥青质含量适当时,并有较多的树脂作为保护膜层时,胶团之间保持一定的吸引力,这时沥青形成溶—凝胶结构。这类沥青在高温时温度稳定性好,低温时的变形能力也好。

三种沥青的结构示意图如图 7-1 所示。

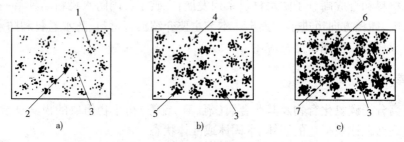

图 7-1　石油沥青胶体结构的类型示意
a)溶胶型;b)溶凝胶型;c)凝胶型
1-溶胶中的胶粒;2-质点颗粒;3-分散介质油分;4-吸附层;5-地沥青质;6-凝胶颗粒;7-结合的分散介质油分

2)石油沥青的技术性质

(1)防水性。

石油沥青是憎水性材料,几乎完全不溶于水,且构造致密,与矿物材料表面有很好的黏结力,能紧密黏附于矿物材料表面,同时,它还具有一定的塑性,能适应材料或构件的变形,所以石油沥青具有良好的防水性,故广泛用作土木工程的防潮、防水材料。

(2)黏滞性(黏性)。

石油沥青的黏滞性是指沥青在外力作用下抵抗变形的能力,是反映沥青材料内部阻碍其相对流动的一种特性。也可以说,它反映了沥青软硬、稀稠的程度,是划分沥青牌号的主要技术指标。

工程上,液体石油沥青的黏滞性用黏滞度(也称标准黏度)指标表示,它表征了液体沥青在流动时的内部阻力;对于半固体或固体的石油沥青则用针入度指标表示,它反映了石油沥青抵抗剪切变形的能力。黏滞度是在规定温度 t(t 通常为 20℃、25℃、30℃、60℃)、规定直径 d(d 为 3mm、5mm 或 10mm)的孔流出 50mL 沥青所需的时间秒数 T,常用符号 $C_{T,d}$ 表示。在相同条件下流出时间越长,表示沥青黏度越大,其示意图见图 7-3。

针入度是在规定温度 25℃ 条件下,以规定质量 $100g \pm 0.05g$ 的标准针,在规定时间 5s 内贯入试样中的深度,以 1/10mm 为单位。针入度测定示意图见图 7-2。显然,针入度越大,表示沥青越软,黏度越小。

一般来说,沥青质含量高,有适量的树脂和较少的油分时,石油沥青黏滞性大。温度升高,其黏性降低。

(3)塑性。

塑性是指石油沥青在外力作用时产生变形而不破坏,除去外力后仍保持变形后的形状不变的性质。它是石油沥青的主要性能之一。

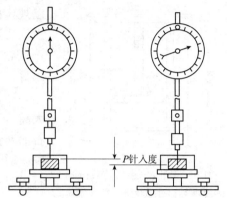

图 7-2 针入度法测定黏稠沥青针入度示意图

石油沥青的塑性用延度指标表示。沥青延度是把沥青试样制成"∞"字形标准试模(中间最小截面积为 $1cm^2$),在规定的拉伸速度(5cm/min)和规定温度(15℃)下拉断时的伸长长度,以 cm 为单位。延度指标测定的示意图见图 7-4。延度值越大,表示沥青塑性越好。

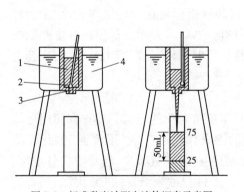

图 7-3 标准黏度计测定液体沥青示意图
1-沥青试样;2-活动球杆;3-流孔;4-水

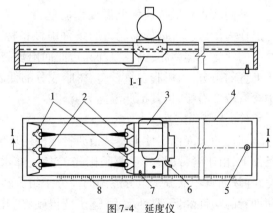

图 7-4 延度仪
1-试模;2-试样;3-电机;4-水槽;5-泄水孔;6-开关柄;7-指针;8-标尺

一般来说,沥青中油分和沥青质适量,树脂含量越多,延度越大,塑性越好。温度升高,沥青的塑性随之增大。

(4)温度稳定性。

温度稳定性是指石油沥青的黏滞性和塑性随温度升降而变化的性能,是沥青的重要指标之一。

①高温稳定性。

高温稳定性用软化点指标衡量。软化点是指沥青由固态转变为具有一定流动性膏体的温度,可采用环球法测定,示意图见图7-5。它是把沥青试样装入规定尺寸(直径约16mm,高约6mm)的铜环内。试样上放置一标准钢球(直径9.5mm,质量3.5g),浸入水中或甘油中,以规定的升温速度(每分钟5℃)加热,使沥青软化下垂。当沥青下垂量达25.4mm时的温度(℃),即为沥青软化点。软化点越高,表明沥青的耐热性越好,即温度稳定性越好。

沥青软化点不能太低,不然夏季易熔化发软;但也不能太高,否则不易施工,并且品质太硬,冬季易发生脆裂现象。石油沥青温度敏感性与沥青质含量和蜡含量密切相关。沥青质增多,温度敏感性降低。工程上往往加入滑石粉、石灰石粉或其他矿物填料的方法来减小沥青的温度敏感性。沥青中含蜡量多时,其温度敏感性大。

沥青的针入度、软化点和延度是划分沥青标号的主要依据,称为沥青的三大指标。

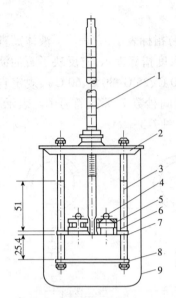

图7-5 软化点试验仪(单位:mm)
1-温度计;2-上盖板;3-立杆;4-钢球;
5-钢球定位环;6-金属环;7-中层板;
8-下底板;9-烧杯

②低温脆性。

沥青温度降低时会表现出明显的塑性下降,在较低温度下甚至表现为脆性。特别是在冬季低温下,用于防水层或路面中的沥青由于温度降低时产生的体积收缩,很容易导致沥青材料的开裂。显然,低温脆性反映了沥青抗低温的能力。

不同沥青对抵抗这种低温变形时脆性开裂的能力有所差别。通常采用弗拉斯(Frass)脆点作为衡量沥青抗低温能力的条件脆性指标。沥青脆性指标是在特定条件下,涂于金属片上的沥青试样薄膜,因被冷却和弯曲而出现裂纹时的温度,以℃表示。低温脆性主要取决于沥青的组分,当树脂含量较多、树脂成分的低温柔性较好时,其抗低温能力就较强;当沥青中含有较多石蜡时,其抗低温能力就较差。

(5)大气稳定性。

沥青的大气稳定性主要是指沥青在使用环境条件下抵抗老化的能力。沥青在使用环境条件下,由于各种因素(主要是阳光、空气、降水等)的综合作用而产生"不可逆"的化学变化,导致沥青中低分子组分逐渐向高分子组分转变,油分和树脂含量减少,沥青质含量增加,使沥青的塑性降低,黏性增大,逐步变得硬脆、开裂。这个过程称为沥青的"老化"。沥青材料大气稳定性的优劣主要决定于其组成和结构,使用环境和施工质量也是重要的影响因素。

以上五种性质是石油沥青的主要性质,是鉴定土木工程中常用石油沥青品质的依据。

除了上述性质要求外,还有含蜡量、溶解度、闪点与燃点。

3)建筑石油沥青的技术标准

建筑石油沥青、防水防潮石油沥青和普通石油沥青的技术标准见表7-1。

建筑石油沥青的牌号主要是根据针入度、延度和软化点指标划分并以针入度值表示。在同一品种建筑石油沥青中牌号越大,相应的针入度值越大(黏性越小),延度越大(塑性越大),软化点越低(温度敏感性越大)。

建筑石油沥青技术要求（GB/T 494—2010） 表7-1

质量指标		质量指标			试验方法
		10号	30号	40号	
针入度(25℃,100g,5s)/(1/10mm)		10~25	26~35	36~50	GB/T 4509
针入度(46℃,100g,5s)/(1/10mm)		报告a	报告a	报告a	
针入度(0℃,200g,5s)(1/10mm)	不小于	3	6	6	
延度(25℃,5cm/min)/(cm)	不小于	1.5	2.5	3.5	GB/T 4508
软化点(环球法)/(℃)	不低于	95	75	60	GB/T 4507
溶解度(三氯乙烯)/(%)	不小于	99.0			GB/T 11148
蒸发质量变化(163℃,5h)/(%)	不大于	1			GB/T 11964
蒸发后针入度比/(%)	不小于	65			GB/T 4509
闪点(COC)/(℃)	不低于	260			GB/T 267

1. 报告应为实测值；
2. 测定蒸发后样品的25℃针入度与原25℃针入度之比乘以100后，所得的百分比，称为蒸发后针入度比

4) 石油沥青的选用

选用石油沥青的原则是根据工程性质与要求（房屋、道路、防腐）及当地气候条件、所处工程部位（屋面、地下）来选用。在满足使用的前提下，应选用牌号较大的石油沥青，以保证有较长的使用年限。

建筑工程中，特别是屋面防水工程，应防止沥青因软化而流淌。由于夏日太阳直射，屋面沥青防水层的温度高于环境气温25~30℃。为避免夏季流淌，所选沥青的软化点应高于屋面温度20~25℃，并适当考虑屋面的坡度。

建筑石油沥青的黏性较大、温度敏感性较小、塑性较小，主要用于生产或配制屋面与地下防水、防腐蚀等工程用的各种沥青防水材料（油毡、沥青胶等）。对不受较高温度作用的部位，宜选用牌号较大沥青。屋面防水工程一般选用10号或30号建筑石油沥青，或将10号建筑石油沥青与30号建筑石油沥青掺配使用。严寒地区屋面工程不宜单独使用10号建筑石油沥青。

防水防潮石油沥青的温度稳定性较高，特别适合用作油毡的涂覆材料及屋面与地下防水的黏结材料。3号防水防潮石油沥青适用于一般温度下的室内及地下工程防水；4号防水防潮石油沥青适用于一般地区可行走的缓坡屋面防水；5号防水防潮石油沥青适用于一般地区暴露屋顶及气温较高地区的屋面防水；6号防水防潮石油沥青适用于一般地区，特别适用于寒冷地区的屋面及其他防水工程。

普通石油沥青石蜡含量较多（一般均大于5%），温度敏感性大，建筑工程中不宜单独使用，只能与其他种类石油沥青掺配后使用。

5) 石油沥青的掺配

在选用沥青时，因生产和供应的限制，现有沥青不能满足要求时，可按使用要求，对沥青进行掺配，得到满足技术要求的沥青。在进行掺配时，为了不使掺配后的沥青胶体结构破坏，应选用表面张力相近和化学性质相似的沥青。试验证明同产源沥青容易保证掺配后的沥青胶体结构的均匀性。所谓同产源是指同属石油沥青，或同属煤沥青（或煤焦油）。

两种沥青掺配的比例可用下式估算：

$$Q_1 = \frac{T_2 - T}{T_2 - T_1} \times 100\%$$

$$Q_2 = 100 - Q_1$$

式中：Q_1——较软石油沥青用量(%)；

Q_2——较硬石油沥青用量(%)；

T——掺配后的石油沥青软化点(℃)；

T_1——较软石油沥青软化点(℃)；

T_2——较硬石油沥青软化点(℃)。

以估算的掺配比例和其邻近的比例(±5%～±10%)进行试配(混合熬制均匀)，测定掺配后沥青的软化点，然后绘制掺配比—软化点关系曲线，即可从曲线上确定出所要求的掺配比例。同样地也可采用针入度指标按上法估算及试配。

如用三种沥青时，可先算出两种沥青的配比，再与第三种沥青进行配比计算，然后再试配。

【例 7-1】 某工程需用软化点为 88℃的石油沥青，现有 10 号及 40 号石油沥青，其软化点分别为 95℃和 60℃，试估算如何掺配才能满足工程需要？

解 估算掺配用量：

40 号石油沥青用量 $= \dfrac{95℃ - 88℃}{95℃ - 60℃} \times 100\% = 20\%$

10 号石油沥青用量 $= 100\% - 20\% = 80\%$

即以 20%的 40 号石油沥青和 80%的 10 号石油掺配进行试配。

2. 其他沥青及其制品

1) 煤沥青

煤沥青是由煤干馏的产品——煤焦油再加工获得的，是由芳香族化合物及其非金属(氧、硫、氮等)的衍生物组成的极其复杂和高度缩合的混合物，常温下呈黏稠液体至半固体。

煤沥青的组分有游离碳(固态碳质微粒)、硬树脂(类似石油沥青中的沥青质)、软树脂(类似石油沥青的树脂)及油分(为液态碳氢化合物)。

与石油沥青相比煤沥青有以下特点：

(1) 密度大：一般为 1.1～1.26g/cm³；

(2) 塑性差：由于煤沥青中含较多的自由碳和硬树脂，受力后易开裂，尤其在低温下易硬脆；

(3) 大气稳定性差：由于煤沥青含有易挥发的不饱和芳香烃，在周围介质(热、光、氧气等)作用下，老化过程较快；

(4) 温度感应性大：由于煤沥青中含较多可溶性树脂，热稳定性较差；

(5) 有毒、有臭味，但防腐能力强；

(6) 与矿物质材料黏附力强。

煤沥青一般用于地下防水工程和防腐工程，也可配制道路沥青混凝土。

石油沥青和煤沥青不能混合使用，它们的制品也不能相互粘贴或直接接触，否则会分层、成团而失去胶凝性，以致无法使用或降低防水效果。

2) 乳化沥青

乳化沥青是将极微小的沥青颗粒(1～6μm)均匀分散在含有乳化剂的水中所得到的稳定

的悬浮体。生产乳化沥青，是将加热熔化的沥青流入含有乳化剂的水中，经机械强力搅拌而成。

(1)乳化沥青的组成。

沥青是乳化沥青的主要成分，乳化沥青的性能主要取决于沥青的性质。选择沥青还应考虑其乳化的难易程度。建筑工程中使用的乳化沥青常用30号及60号石油沥青。

乳化剂属于表面活性剂，其憎水基团吸附在沥青微粒的表面，而亲水基团与水分子吸附与结合，从而降低沥青与水的表面张力，使沥青微粒能够稳定、均匀地分散于水中获得稳定的乳状液。

(2)乳化沥青的成膜及其性质、应用。

乳化沥青的成膜速度与空气的湿度与温度、风速、基层的干燥情况等因素有关；另外，沥青微粒越小，成膜越快。

乳化沥青可在常温下施工。主要用于防水工程的底层，可代替冷底子油。乳化沥青也可用于粘贴玻璃纤维网，拌制沥青砂浆和沥青混凝土。建筑上主要使用皂液乳化沥青（ZBQ 17001—81）及用化学乳化剂配制的乳化沥青（JC/T 418—2005，代号 AE-2-C），又称水性沥青基薄质防水涂料。

在乳化沥青中加入矿物填料或石棉纤维等时，成膜后膜层或涂层较厚（大于4mm），称为水性沥青基厚质防水涂料（JC/T 418—2005），可直接作为防水涂料单独使用于Ⅲ、Ⅳ级防水工程。水性沥青基防水涂料分为水性石棉沥青防水涂料（AE-1-A）、膨润土沥青乳液（AE-1-B）、石灰乳化沥青（AE-1-C）。

3)改性沥青

改性沥青是采用各种措施使沥青的性能得到改善的沥青。

建筑工程中使用的沥青必须具有一定的物理性质和黏附性；在低温条件下应有良好的弹性和塑性；在高温条件下要有足够的强度和稳定性；在加工使用条件下具有抗"老化"能力；与各种矿料和结构表面有较强的黏附力；对构件变形的适应性和耐疲劳性等。通常，石油加工厂制备的沥青不一定能全面满足这些要求，致使目前沥青防水屋面渗漏现象严重，使用寿命短。

为此，常用橡胶、树脂和矿物填料等对沥青进行改性。橡胶、树脂和矿物填料等通称为石油沥青改性材料。

(1)橡胶改性沥青。

橡胶是一类重要的石油改性材料。它与沥青有较好的混溶性，并能使沥青具有橡胶的很多优点，如高温变形小，低温柔性好等。沥青中掺入一定量橡胶后，可改善其耐热性、耐候性等。

常用于沥青改性的橡胶有氯丁橡胶、丁基橡胶、再生橡胶等。氯丁橡胶改性沥青，可使其气密性、低温柔性、耐化学腐蚀性、耐光性、耐臭氧性、耐气候性和耐燃烧性得到大大改善。丁基橡胶改性沥青具有优异的耐分解性，并有较好的低温抗裂性和耐热性能，多用于道路路面工程和制作密封材料和涂料。

(2)树脂改性沥青。

树脂改性沥青，可以改进沥青的耐寒性、耐热性、黏结性和不透气性。由于石油沥青中含芳香性化合物较少，因而树脂和石油沥青的相溶性较差，而且用于改性沥青的树脂品种也较少，常用品种有：古马隆树脂、聚乙烯、无规聚丙烯APP、酚醛树脂及天然松香等。无规聚丙烯APP改性沥青克服单纯沥青冷脆热流缺点,具有较好的耐高温性,特别适合于炎热地区。APP改性沥青主要用于生产防水卷材和防水涂料。

(3)橡胶和树脂改性沥青。

橡胶和树脂同时用于沥青改性,可使沥青同时具有橡胶和树脂的特性。如耐寒性,且树脂比橡胶便宜,橡胶和树脂间有较好的混溶性,故效果较好。橡胶和树脂改性沥青可用于生产卷材、片材、密封材料和防水涂料等。

(4)矿物填充料改性沥青。

矿物填充料改性沥青可提高沥青的黏结能力、耐热性,减小沥青的温度敏感性。常用的矿物填充料大多是粉状或纤维状矿物,主要有滑石粉、石灰石粉、硅藻土、石棉和云母粉等。矿物改性沥青的机理为:沥青中掺矿物填充料后,由于沥青对矿物填充料有良好的润湿和吸附作用,在矿物颗粒表面形成一层稳定、牢固的沥青薄膜,带有沥青薄膜的矿物颗粒具有良好的黏性和耐热性。矿物填充料的掺入量要恰当,以形成恰当的沥青薄膜层。

4)沥青基制品

(1)冷底子油。

冷底子油是用稀释剂(汽油、柴油、煤油、苯等)对沥青进行稀释的产物。它多在常温下用于防水工程的底层,故称冷底子油。它通常用30%~40%的10号或30号石油沥青与60%~70%的稀释剂(汽油、煤油、柴油)配制而成。

调制冷底子油时,先将石油沥青加热至180~200℃脱水,至不起沫为止,然后冷却至130~140℃,加入约占溶剂10%的煤油(或柴油),待降温至约70℃时,再加入全部溶剂(汽油),搅拌均匀即可。

冷底子油黏度小,具有良好的流动性。涂刷在混凝土、砂浆或木材等基面上,能很快渗入基层孔隙中,待溶剂挥发后,便与基面牢固结合。冷底子油形成的涂膜较薄,一般不单独作防水材料使用,只作某些防水材料的配套材料。施工时在基层上先涂刷一道冷底子油,再刷沥青防水涂料或铺油毡。冷底子油可封闭基层孔隙,使基层形成防水能力,并使基层表面变为憎水性,为黏结同类防水材料创造了有利条件。

冷底子油应涂刷于干燥的基面上,不宜在有雨、雾、露的环境中施工,通常要求与冷底子油相接触的水泥砂浆的含水率不大于10%。

施工中冷底子油应随用随配,施工时要求被涂表面干燥,涂层薄而均匀,注意通风,施工及贮存时应注意防火。

(2)沥青玛碲脂。

沥青玛碲脂是沥青与适量粉状或纤维状矿物质填充料的混合物。

沥青玛碲脂常用10号或30号石油沥青配制。掺入填料不仅可节省沥青,更可提高沥青玛碲脂的耐热性、黏结性及大气稳定性;使用纤维状填料还可以提高沥青玛碲脂的柔韧性和抗裂性。常用的粉状填料有石灰石粉、滑石粉;常用的纤维状填料有石棉绒和石棉粉等。沥青玛碲脂分冷用和热用两种。冷用的是将沥青熔化脱水后,加入25%~30%的溶剂,再掺入10%~30%的填料,拌匀即可,在常温下施工;热用的需将沥青加热脱水后与填料热拌,趁热施工。

①沥青玛蹄脂的技术要求。

a. 黏结性:

沥青玛碲脂的黏结性是保证被黏结材料与底层黏结牢固的性质。测定方法是在两张油纸间涂2mm厚的沥青玛碲脂,然后慢慢撕开,若油纸与沥青玛碲脂脱离的面积不超过黏结面积的 1/2,则黏结性合格。

b. 耐热性:

沥青玛碲脂的耐热性用耐热度来表示。测定方法是将用 2mm 厚的沥青玛碲脂黏合的两张油纸放在 45°斜面上,在一定的温度下停放 5h,沥青玛碲脂不流淌,油纸不相互滑动时的最高恒温温度即为耐热度。

c. 柔韧性:

柔韧性是保证沥青玛碲脂在使用中受基层变形影响时不致破坏的性质。测定方法是在油纸上涂 2mm 厚的沥青玛蹄脂,绕规定直径的圆棒,在 2s 内匀速绕成半圆,然后检查弯曲拱面处,若无裂纹,为合格。

石油沥青玛碲脂按其耐热度、黏结力和柔韧性划分标号,并用耐热度来表示。各标号的技术要求应满足表 7-2 的规定。

沥青玛碲脂的质量要求(GB 50207—2002) 表 7-2

指标名称 \ 标号	S-60	S-65	S-70	S-75	S-80	S-85
耐热度	用 2mm 厚的沥青玛碲脂黏合两张沥青油纸,在不低于下列温度(单位为℃)中,在 1:1 坡度上停放 5h 后,沥青玛碲脂不应流淌,油纸不应滑动					
	60	65	70	75	80	85
柔韧性	涂在沥青油纸上的 2mm 的沥青玛碲脂层,在 18℃ ±2℃ 时围绕下列直径(单位为 mm)的圆棒,用 2s 的时间以均衡速度弯成半周,沥青玛碲脂不应有裂纹					
	10	15	15	20	25	30
黏结力	用手将两张粘贴在一起的油纸慢慢地一次撕开,从油纸和沥青玛碲脂粘贴面的任何一面的撕开部分,应不大于粘贴面积的 1/2					

②沥青玛碲脂的应用。

沥青玛碲脂主要用于粘贴防水卷材,也可用于涂刷防水涂层;作为沥青砂浆防水层的底层及接头密封等。选用时应根据层面坡度及历年室外最高气温条件来选择标号(表 7-3),以保证夏季不流淌,冬季不开裂。

沥青玛蹄脂标号选用(GB 50207—2002) 表 7-3

材料名称	屋面坡度(%)	历年极端最高气温(℃)	沥青玛蹄脂标号
沥青玛蹄脂	1~3	<38	S-60
		1~3	S-65
		1~3	S-70
	3~15	<38	S-65
		1~3	S-70
		1~3	S-75
	15~25	<38	S-75
		1~3	S-80
		1~3	S-85

注:1. 卷材层上有块体保护层或整体刚性保护层时,沥青玛碲脂的标号可较本表降低 5 号。
　2. 屋面受其他热源影响(如高温车间等)或屋面坡高超过 25%时,应将沥青玛碲脂的标号适当提高。

二、防水卷材

1. 防水卷材的基本要求

防水卷材是防水材料的重要品种之一,广泛用于屋面、地下和构筑物等的防水中。主要包括沥青防水卷材、聚合物改性沥青防水卷材和合成高分子防水卷材三大系列(图7-6)。其中,沥青防水卷材是传统的防水材料,成本较低,应用广泛;但其拉伸强度和延伸率低,温度稳定性较差,高温易流淌,低温易脆裂;耐老化性较差,使用年限较短,属于低档防水卷材。聚合物改性沥青防水卷材和合成高分子防水卷材是新型防水材料,各项性能较沥青防水卷材优异,能显著提高防水功能,延长使用寿命,在土木工程中也得到了广泛应用。目前防水卷材已由沥青基向高聚物改性沥青基和橡胶、树脂等合成高分子防水卷材发展,油毡的胎体也从纸胎向玻璃纤维胎或聚酯胎方向发展,防水层的构造有多层向单层方向发展,施工方法由热熔法向冷贴法方向发展。

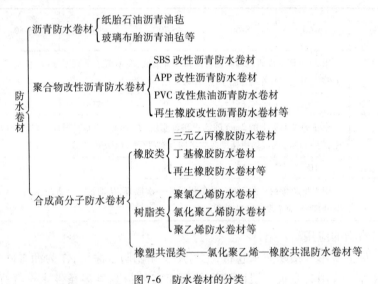

图7-6 防水卷材的分类

防水卷材的品种很多,性能和特点各异,但作为防水卷材,要满足防水工程的要求,均应具备以下性能:

(1)防水性。

指在水的作用下卷材的性能基本不变,在压力水作用下不透水的性能。常用不透水性、抗渗透性等指标表示。

(2)机械力学性能。

指在一定荷载、应力或一定变形的条件下卷材不断裂的性能。常用拉力、拉伸强度和断裂伸长率等指标表示。

(3)温度稳定性。

指在高温下卷材不流淌、不滑动、不起泡,在低温下不脆裂的性能。即在一定的温度变化下,保持防水性能的能力。常用耐热度、耐热性、脆性温度等指标表示。

(4)大气稳定性。

指在阳光、热、水分和臭氧等的长期综合作用下卷材抵抗老化的性能。常用耐老化性、老化后性能保持率等指标表示。

(5)柔韧性。

指在低温条件下卷材保持柔韧、易于施工的性能。对保证施工质量十分重要。常用柔度、低温弯折性、柔性等指标表示。

2. 常用的防水卷材

防水卷材按照材料的组成一般可分为沥青防水卷材、聚合物改性沥青防水卷材和合成高分子防水卷材三大类。

1）沥青防水卷材

沥青防水卷材是用原纸、纤维织物、纤维毡等胎体浸涂沥青，用粉状、粒状、片状矿物粉或合成高分子膜、金属膜作为隔离材料制成的可卷曲的片状防水材料。沥青基防水卷材具有原材料广、价格低、施工技术成熟等特点，可以满足建筑物的一般防水要求，是目前用量最大的防水卷材品种。常用的有石油沥青纸胎油毡、石油沥青石棉纸油毡、石油沥青玻璃布油毡、石油沥青麻布油毡和石油沥青铝箔油毡等。

石油沥青纸胎油毡是最具代表性的沥青防水卷材，是用高软化点的石油沥青涂盖油纸两面，再涂撒隔离材料制成的一种纸胎防水卷材。油毡按原纸 $1m^2$ 的质量克数分为 200 号、300 号和 500 号三种标号。纸胎油毡的防水性能与原纸的质量、浸渍材料和涂盖材料的重量有着密切关系。200 号油毡适用于简易防水、临时性建筑防水、建筑防潮及包装等；350 号和 500 号油毡适用于一般的屋面和地下防水。

纸胎油毡的抗拉能力低、易腐烂、耐久性差，为了改善沥青防水卷材的性能，通常是改进胎体材料。因此，开发了玻璃布沥青油毡、玻纤沥青油毡、黄麻胎沥青油毡、铝箔胎沥青油毡等一系列沥青防水卷材。常见的沥青防水卷材的特点及适用范围见表7-4。

常见沥青防水材料的特点和适用范围　　　　表7-4

卷 材 名 称	特　　点	适 用 范 围
石油沥青纸胎油毡	资源丰富、价格低廉，抗拉性能低、低温柔性差、温度敏感性大，使用年限较短。是我国传统的防水材料	三毡四油、二毡三油叠层铺设的屋面工程
石油沥青玻璃布油毡	抗拉强度较高、胎体不易腐烂，柔韧性好，耐久性比纸胎油毡高一倍以上	用作纸胎油毡的增强附加层和突出部位的防水层
石油沥青玻纤油毡	耐腐蚀性和耐久性好，柔韧性、抗拉性能优于纸胎油毡	常用于屋面和地下防水工程
石油沥青黄麻胎油毡	抗拉强度高，耐水性和柔韧性好，但胎体材料易腐烂	常用于屋面增强附加层
石油沥青铝箔胎油毡	防水性能好，隔热和隔水气性能好，柔韧性较好，且具有一定的抗拉强度	与带孔玻纤毡配合或单独使用，用于热反射屋面和隔气层

2）聚合物改性沥青防水卷材

聚合物改性沥青防水卷材是以聚合物改性沥青为涂盖层，纤维织物、纤维毡为胎体，粉状、粒状、片状或薄膜材料为覆面材料制成的可卷曲片状防水材料。

聚合物改性沥青防水卷材克服了传统沥青防水卷材的温度稳定性差、延伸率小的不足，具有高温不流淌、低温不脆裂、拉伸强度高、延伸率较大等优异性能。此类防水卷材一般单层铺设，也可复层使用，根据不同卷材可采用热熔法、冷黏法、自黏法施工。

聚合物改性沥青防水卷材常用的胎体有玻纤胎和聚酯胎。与原纸胎相比，玻纤胎不仅防潮性能好，而且容易被沥青浸透，但延伸率小、抗钉刺破强度低。聚酯胎的延伸率大，拉伸强度高,抗顶破强度、撕裂强度和抗钉刺破强度高,耐水性好、不腐烂、有弹性、容易施工,但尺寸稳定性较差。

(1)SBS改性沥青防水卷材。

SBS改性沥青防水卷材属弹性体沥青防水卷材,弹性体沥青防水卷材是用沥青或热塑性弹性体(如苯乙烯—丁二烯—苯乙烯嵌段共聚物SBS)改性沥青浸渍胎基,两面涂以弹性体沥青涂盖层,上表面撒以细砂、矿物粒(片)料或覆盖聚乙烯膜,下表面撒以细砂或覆盖聚乙烯膜所制成的一类防水卷材。

该类卷材使用玻纤毡和聚酯毡两种胎体,其延伸率高,可达150%,大大优于普通纸胎油毡,对结构变形有很高的适应性;有效使用范围广,为-38~119℃;耐疲劳性能优异,疲劳循环1万次以上仍无异常,广泛适用于各类防水、防潮工程,尤其适用于高级和高层建筑物的屋面、地下室、卫生间等的防水防潮,以及桥梁、停车场、屋顶花园、游泳池、蓄水池、隧道等建筑的防水。又由于该卷材具有良好的低温柔韧性和极高的弹性延伸性,更适合于北方寒冷地区和结构易变形的建筑物的防水。其中,35号及其以下品种用作多层防水;35号以上的品种可用作单层防水或多层防水的面层,并可采用热熔法施工。

(2)APP改性沥青防水卷材。

APP改性沥青防水卷材属塑性体沥青防水卷材,塑性体沥青防水卷材是用沥青或热塑性塑料(如无规聚丙烯APP)改性沥青浸渍胎基,两面涂以塑性体沥青涂盖层,上表面撒以细砂、矿物粒(片)料或覆盖聚乙烯膜,下表面撒以细砂或覆盖聚乙烯膜所制成的一类防水卷材。该类卷材也使用玻纤毡和聚酯毡两种胎体,广泛适用于各类防水、防潮工程,尤其适用于高温或有强烈太阳辐照地区的建筑物防水。其中,35号及其以下品种用作多层防水;35号以上的品种可用作单层防水或多层防水层的面层,并可采用热熔法施工。

聚合物改性沥青防水卷材除SBS改性沥青防水卷材和APP改性沥青防水卷材外,还有PVC改性焦油沥青防水卷材、再生胶改性沥青防水卷材和废橡胶粉改性沥青防水卷材等。它们因聚合物和胎体的品种不同而性能各异,使用时应根据其性能特点合理选择。常见的聚合物改性沥青防水卷材的特点和适用范围见表7-5。

常见聚合物改性沥青防水卷材的特点和适用范围　　　　表7-5

卷材名称	特　点	适用范围
SBS改性沥青防水卷材	高温稳定性和低温柔韧性明显改善,抗拉强度和延伸率较高,耐疲劳性和耐老化性好	单层铺设的防水层或复合使用,适合寒冷地区和结构变形频繁的结构
APP改性沥青防水卷材	抗拉强度高、延伸率大、耐老化性、耐腐蚀性和耐紫外线老化性能好,使用温度宽(-15~130℃)	单层铺设或复合使用的防水层,适合紫外线强烈及炎热地区的屋面使用
PVC改性焦油沥青防水卷材	有良好的耐高温和耐低温性能,最低开卷温度为-18℃,可在低温下施工	单层或复合的防水层,有利于在冬季负温下施工
再生胶改性沥青防水卷材	有一定的延伸性和防腐能力,低温柔性较好,价格低廉	适合变形较大或档次较低的防水工程
废橡胶粉改性沥青防水卷材	抗拉强度、高温稳定性和低温柔性均比沥青防水卷材有明显改善	一般叠层使用,宜用于寒冷地区的防水工程

3）合成高分子防水卷材

合成高分子防水卷材是以合成橡胶、合成树脂或它们两者的共混体为基料,加入适量的助剂和填充料等,经混炼、压延或挤出等工序加工而制成的可卷曲的片状防水材料。分为加筋增强型与非加筋增强型两种。

合成高分子防水卷材具有拉伸强度和抗撕裂强度高、断裂伸长率大、耐热性和低温柔性好、耐腐蚀、耐老化等一系列优异的性能,是新型高档防水卷材。常见的有三元乙丙橡胶防水卷材、聚氯乙烯防水卷材、氯化聚乙烯防水卷材、氯化聚乙烯—橡胶共混防水卷材等。

①三元乙丙(EPDM)橡胶防水卷材。

三元乙丙橡胶防水卷材是以三元乙丙橡胶为主体,掺入适量的硫化剂、促进剂、软化剂和补强剂等,经过配料、密炼、拉片、过滤、压延或挤出成型、硫化等工序加工制成的高弹性防水卷材。三元乙丙橡胶由于其分子结构中的主链没有双键,当其受到臭氧、光和湿热作用时,主链不易断裂,故该卷材耐老化性能比其他类型卷材优越,使用寿命30年以上。此外,还具有重量轻、使用温度范围宽、抗拉强度高、延伸率大、对基层变形适应性强、耐酸碱腐蚀等特点,而且其使用的温度范围广,并可以冷施工,目前在国内属高档防水材料,广泛适用于防水要求高、使用年限长的工业与民用建筑的防水工程。

②聚氯乙烯(PVC)防水卷材。

聚氯乙烯防水卷材是以聚氯乙烯树脂为主要原料,掺加填充料及适量的改性剂、增塑剂、抗氧化剂和紫外线吸收剂等,经过混炼、压延或挤出成型、冷却、分卷包装等工序制成的防水卷材。

聚氯乙烯防水卷材变形能力强,断裂延伸率大,对基层变形的适应性较强;低温柔性好,耐老化性能好。根据基本原料的组成与特性,聚氯乙烯防水卷材分为S型和P型。其中,S型是以煤焦油与聚氯乙烯树脂混溶料为基料的防水卷材,P型是以增塑聚氯乙烯树脂为基料的防水卷材。聚氯乙烯防水卷材的尺寸稳定性、耐热性、耐腐蚀性、耐细菌性等均较好,适用于各类建筑的屋面防水工程和水池、堤坝等防水抗渗工程。

聚氯乙烯防水卷材的特点是价格便宜、抗拉强度和断裂伸长率较高,对基层伸缩、开裂、变形的适应性强;低温度柔韧性好,可在较低的温度下施工和应用;卷材的搭接除了可用黏结剂外,还可以用热空气焊接的方法,接缝处严密。

与三元乙丙橡胶防水卷材相比,除在一般工程中使用外,聚氯乙烯防水卷材更适应于刚性层上的防水层及旧建筑混凝土构件屋面的修缮工程,以及有一定耐腐蚀要求的室内地面工程的防水、防渗工程等。

③氯化聚乙烯—橡胶共混防水卷材。

氯化聚乙烯—橡胶共混防水卷材是以氯化聚乙烯树脂和合成橡胶为主体,掺入适量的硫化剂、促进剂、稳定剂等,经过配料、密炼、过滤、压延成型、硫化等工序加工制成的防水卷材。这种卷材具有氯化聚乙烯特有的高强度和优异的耐候性,同时还表现出橡胶的高弹性、高延伸率及良好的耐低温性能,适用于寒冷地区或变形较大的建筑防水工程。

合成高分子防水卷材除以上三种典型品种外,还有丁基橡胶、氯化聚乙烯、氯磺化聚乙烯等防水卷材。它们因所用的基材不同而性能差异较大,使用时应合理选择,常用的合成高分子防水卷材的特点和适用范围见表7-6。

常见合成高分子防水卷材的特点和适用范围 表7-6

卷材名称	特点	适用范围
三元乙丙橡胶防水卷材	防水性能好,弹性和抗拉强度大,耐候性和耐臭氧性好,抗裂性强,使用温度范围宽,寿命长,重量轻,但价格高	单层或复合使用,适用于防水要求高、耐用年限要求长的防水工程
丁基橡胶防水卷材	有较好的耐候性和耐油性,抗拉强度、延伸率和耐低温性能稍低于三元乙丙橡胶防水卷材	单层或复合使用,适用于防水要求较高和有耐油要求的工程
氯化聚乙烯防水卷材	强度高,延伸率大,收缩率低,耐候、耐臭氧、耐热老化、耐化学腐蚀性好,使用寿命长,重量轻,综合性能接近三元乙丙橡胶防水卷材	单层或复合使用,特别适用于紫外线强的炎热地区
氯磺化聚乙烯防水卷材	延伸率较大,弹性较好,耐高温和耐低温性好,耐腐蚀性能优良,有较好的难燃性	适用于有腐蚀介质影响和寒冷地区的防水工程
聚氯乙烯防水卷材	拉伸强度和撕裂强度较高,延伸率较大,耐老化性能好,原材料丰富,价格便宜	单层或复合使用,适用于各种防水工程和有一定腐蚀的防水工程
氯化聚乙烯—橡胶共混防水卷材	不但具有高强度和优异的耐臭氧、耐老化性能,而且有高弹性、高延伸率和良好的低温柔性	单层或复合使用,特别适用于寒冷地区和变形较大的防水工程

【工程实例分析7-1】 夏季中午铺设沥青防水卷材。

现象: 某住宅楼屋面于8月份施工,铺贴沥青防水卷材全是白天施工,以后卷材出现鼓泡、渗漏,请分析原因。

原因分析: 夏季中午炎热,屋顶受太阳辐射,温度较高。此时铺贴沥青防水卷材基层中的水汽会蒸发,集中于铺贴的卷材内表面,并会使卷材鼓泡。此外,高温时沥青防水卷材软化,卷材膨胀,当温度降低后卷材产生收缩,导致断裂。还需指出的是,沥青中还含有对人体有害的挥发物,在强烈阳光照射下,会使操作工人得皮炎等疾病。因此,铺贴沥青防水卷材应尽量避开炎热中午。

【工程实例分析7-2】 同一防水材料在不同场合有不同效果。

现象: 某石砌水池因灰缝不饱满,以一种水泥基粉状刚性防水涂料整体涂覆,效果良好,长时间不渗透。但同样使用此防水涂料用于因基础下陷不均而开裂的地下室防水,效果却不佳。请分析原因。

原因分析: 此类刚性防水涂料,其涂层是刚性的。在涂料固化前对混凝土或水泥砂浆等多孔材料有一定的渗透性,起堵塞水分通道的作用。但刚性防水层并不能有效地适应基础不均匀下陷,在基础开裂的同时也会随之开裂。因此,在第一种情况下有好的防水效果,而在第二种情况下则效果不佳。

三、防水涂料

防水涂料是将在高温下呈黏稠液状态的物质,涂布在基体表面,经溶剂或水分挥发,或各组分间的化学变化,形成具有一定弹性的连续薄膜,使基层表面与水隔绝,并能抵抗一定的水压力,从而起到防水和防潮作用。

1. 防水涂料的组成、分类和特点

防水涂料实质上是一种特殊涂料,它的特殊性在于当涂料涂布在防水结构表面后,能形成柔软、耐水、抗裂和富有弹性的防水涂膜,隔绝外部的水分子向基层渗透。因此,在原材料的选择上不同于普通建筑涂料,主要采用憎水性强、耐水性好的有机高分子材料,常用的主体材料采用聚氨酯、氯丁胶、再生胶、SBS橡胶和沥青以及它们的混合物,辅助材料主要包括固化剂、增韧剂、增黏剂、防霉剂、填充料、乳化剂、着色剂等。

防水涂料根据组分的不同可分为单组分防水涂料和双组分防水涂料两类。根据成膜物质的不同可分为沥青基防水材料、高聚物改性沥青防水材料和合成高分子防水材料三类。如按涂料的介质不同,又可分为溶剂型、水乳型和反应型三类,不同介质的防水涂料的性能特点见表7-7。

溶剂型、乳液型和反应型防水涂料的性能特点 表7-7

项 目	溶剂型防水涂料	水乳型防水涂料	反应型防水涂料
成膜机理	通过溶剂的挥发、高分子材料的分子链接触、缠结等过程成膜	通过水分子的蒸发,乳胶颗粒靠近、接触、变形等过程成膜	通过预聚体与固化剂发生化学反应成膜
干燥速度	干燥快,涂膜薄而致密	干燥较慢,一次成膜的致密性较低	可一次形成致密的较厚的涂膜,几乎无收缩
储存稳定性	储存稳定性较好,应密封储存	储存期一般不宜超过半年	各组分应分开密封存放
安全性	易燃、易爆、有毒,生产、运输和使用过程中应注意安全使用,注意防火	无毒,不燃,生产使用比较安全	有异味,生产、运输和使用过程中应注意防火
施工情况	施工时应通风良好,保证人身安全	施工较安全,操作简单,可在较为潮湿的找平层上施工,施工温度不宜低于5℃	施工时需现场按照规定配方进行配料,搅拌均匀,以保证施工质量

一般来说,防水涂料具有以下特点:

(1)防水涂料在常温下呈液态,特别适宜在立面、阴阳角、穿结构层管道、不规则屋面、节点等细部构造处进行防水施工,固化后能在这些复杂表面处形成完整的防水膜。

(2)涂膜防水层自重轻,特别适宜于轻型薄壳屋面的防水。

(3)防水涂料施工属于冷施工,可刷涂,也可喷涂,操作简便,施工速度快,环境污染小,同时也减小了劳动强度。

(4)温度适应性强,防水涂层在 $-30 \sim 80℃$ 条件下均可使用。

(5)涂膜防水层可通过加贴增强材料来提高抗拉强度。

(6)容易修补,发生渗漏可在原防水涂层的基础上修补。

防水涂料的主要优点是易于维修和施工,特别适用于管道较多的卫生间、特殊结构的屋面以及旧结构的堵漏防渗工程。

2. 常用的防水涂料

防水涂料按成膜物质的主要成分分为沥青类、聚合物改性沥青类和合成高分子类三类;按液态类型分为溶剂型、水乳型和反应型三种。

1)沥青基防水涂料

沥青基防水涂料是以沥青为基料配制而成的水乳型或溶剂型防水涂料。这类涂料对沥青基本没有改性或改性不多,有石灰乳化沥青、膨润土沥青乳液和水性石棉沥青防水涂料等。

石灰乳化沥青涂料是以石油沥青为基料,石灰膏为乳化剂,在机械强制搅拌下将沥青乳化制成的厚质防水涂料。石灰乳化沥青涂料为水性、单组分涂料,具有无毒、不燃、可在潮湿基层上施工等特点。

2) 聚合物改性沥青防水涂料

聚合物改性沥青防水涂料是以沥青为基料,用合成高分子聚合物进行改性,制成的水乳型或溶剂型防水涂料。这类涂料在柔韧性、抗裂性、拉伸强度、耐高低温性能和使用寿命等方面比沥青基防水涂料有很大改善。有水乳型氯丁橡胶沥青防水涂料、再生橡胶改性沥青防水涂料、SBS橡胶改性沥青防水涂料等品种。

水乳型氯丁橡胶沥青防水涂料是以阳离子氯丁橡胶乳液与阳离子石油沥青乳液混合,稳定分散在水中而制成的一种水乳型防水涂料。由于用氯丁橡胶进行改性,与沥青基防水涂料相比,水乳型氯丁橡胶沥青防水涂料无论在柔性、延伸性、拉伸强度,还是耐高低温性能、使用寿命等方面都有很大改善,具有成膜快、强度高、耐候性好、抗裂性好,且难燃、无毒等特点。

3) 合成高分子防水涂料

合成高分子防水涂料是以合成橡胶或合成树脂为主要成膜物质制成的单组分或多组分的防水涂料。这类涂料具有高弹性、高耐久性及优良的耐高、低温性能,品种有聚氨酯防水涂料、丙烯酸酯防水涂料和有机硅防水涂料等。

聚氨酯防水涂料是以化学反应成膜,几乎不含溶剂、体积收缩小、易做成较厚的涂膜,整体性好;涂膜具有橡胶弹性,延伸性好,耐高、低温性好,耐油、耐化学药品,抗拉强度和抗撕裂强度均较高;对基层变形有较强的适应性。该涂料固化前为黏稠状液体,可在任何复杂的基层表面施工。适用于各种有保护层的屋面防水工程、地下防水工程、浴室、卫生间以及地下管道的防水、防腐等。

第二节 建筑密封材料

建筑密封材料也称建筑防水油膏,主要应用在板缝、接头、裂隙、屋面等部位。通常要求建筑密封材料具有良好的黏结性、抗下垂性、不渗水、不透气、易于施工;还要求具有良好的弹塑性,能长期经受被粘构件的伸缩和振动,在接缝发生变化时不断裂、剥落,并要有良好的耐老化性能,不受热和紫外线的影响,长期保持密封所需要的黏结性和内聚力等。

一、建筑密封材料的组成和分类

建筑密封材料的原材料主要为高分子合成材料和各种辅料,与防水涂料十分类似。其生产工艺也相对比较简单,主要包括溶解、混炼、密炼等过程。

建筑密封材料的防水效果主要取决于两个方面,一是油膏本身的密封性、憎水性和耐久性等;二是油膏和基材的黏附力。黏附力的大小与密封材料对基材的浸润性、基材的表面性状(粗糙度、清洁度、温度和物理化学性质等)以及施工工艺密切相关。

建筑密封材料按形态的不同一般可分为不定型密封材料和定型密封材料两大类(表7-8)。不定型密封材料常温下呈膏体状态;定型密封材料是将密封材料按密封工程特殊部位的不同要求制成带、条、方、圆、垫片等形状,定型密封材料按密封机理的不同可分为遇水膨胀型和非遇水膨胀型两类。

二、常用建筑密封材料

目前,常用的非定形密封材料有:橡胶沥青油膏、聚氯乙烯胶泥、丙烯酸酯密封膏、聚氨酯弹性密封膏、聚硫橡胶密封材料和有机硅橡胶密封膏等。

1. 橡胶沥青油膏

橡胶沥青油膏是一种弹塑性冷施工防水嵌缝密封材料,是目前我国产量最大的品种。它具有良好的防水防潮性能,黏结性好,延伸率高,耐高低温性能好,老化缓慢,适用于各种混凝土屋面、墙板及地下工程的接缝密封等,是一种较好的密封材料。

建筑密封材料的分类及主要品种 表 7-8

分 类	类 型		主要品种
不定型密封材料	非弹性密封材料	油性密封材料	普通油膏
		沥青基密封材料	橡胶改性沥青油膏、桐油橡胶改性沥青油膏、桐油改性沥青油膏、石棉沥青腻子、沥青鱼油油膏、苯乙烯焦油油膏
		热塑性密封材料	聚氯乙烯胶泥、改性聚氯乙烯胶泥、塑料油膏、改性塑料油膏
	弹性密封材料	溶剂型弹性密封材料	丁基橡胶密封膏、氯丁橡胶橡胶密封膏、氯磺化聚乙烯橡胶密封膏、丁基氯丁再生胶密封膏、橡胶改性聚酯密封膏
		水乳型弹性密封材料	水乳丙烯酸密封膏、水乳氯丁橡胶密封膏、改性 EVA 密封膏、丁苯胶密封膏
		反应型弹性密封材料	聚氨酯密封膏、聚硫密封膏、硅酮密封膏
定型密封材料	密封条带		铝合金门窗橡胶密封条、丁腈胶(PVC)门窗密封条、自黏性橡胶、水膨胀橡胶、PVC 胶泥墙板防水带
	止水带		橡胶止水带、嵌缝止水密封胶、无机材料基止水带、塑料止水带

2. 聚氯乙烯胶泥

聚氯乙烯胶泥是目前屋面防水嵌缝中适用较为广泛的一类密封材料。

其主要特点是生产工艺简单,原材料来源广,施工方便,具有良好的耐热性、黏结性、弹塑性、防水性以及较好的耐寒性、耐腐蚀性和耐老化性能。适用于各种工业厂房和民用建筑的屋面防水嵌缝,以及受酸碱腐蚀的屋面防水,也可用于地下管道的密封和卫生间等。

3. 有机硅建筑密封膏

有机硅密封膏分为双组分和单组分两种,单组分应用较多。

单组分有机硅建筑密封材料施工时,包装筒中的密封膏体嵌填于作业缝中,硅橡胶分子链端的官能团在接触空气中的水分后发生缩合反应,从表面开始固化形成橡胶状弹性体。单组分密封膏的特点是使用方便,使用时不需要称量、混合等操作,适宜野外和现场施工时使用。可在 $0 \sim 80℃$ 范围内硫化,胶层越厚,硫化越慢,对胶层厚度大于 10mm 的灌封,一般要添加氧化镁或采用分层灌封来解决。

双组分有机硅建筑密封膏的主剂与单组分的相同,但硫化剂及其机理不同,两者分开包装。使用时,两组分按比例搅拌均匀后嵌填于作业缝隙,固化后成为三维网状结构的橡胶状弹性体。与单组分相比,使用时其固化时间较长。

有机硅建筑密封膏具有优良的耐热、耐寒、耐老化及耐紫外线等耐候性能,与各种基材如混凝土、铝合金、不锈钢、塑料等有良好的黏结力,并且具有良好的伸缩耐疲劳性能,防水、防潮、抗振、气密、水密性能好。适用于各类建筑物和地下结构的防水、防潮和接缝处理。

4. 聚硫橡胶密封材料

聚硫密封材料是由液态聚硫橡胶(多硫聚合物)为主剂,以金属过氧化物(多数为二氧化铅)为固化剂,加入增塑剂、增韧剂、填充剂及着色剂等配制而成。是目前世界上应用最广、使用最成熟的一类弹性密封材料。聚硫密封材料也分为单组分和双组分两类。目前国内双组分聚硫密封材料的品种较多。

这类密封材料的特点是弹性特别高,能适应各种变形和振动,黏结强度好(0.63MPa)、抗拉强度高(1~2MPa)、延伸率大(500%以上)、直角撕裂强度大(8kN/m),并且它还具有优异的耐候性,极佳的气密性和水密性,良好的耐油、耐溶剂、耐氧化、耐湿热和耐低温性能,使用温度范围广,对各种基材如混凝土、陶瓷、木材、玻璃、金属等均有良好的黏结性能。

聚硫密封材料适用于混凝土墙板、屋面板、楼板、地下室等部位的接缝密封以及金属幕墙、金属门窗框四周、中空玻璃的防水、防尘密封等。

5. 聚氨酯弹性密封膏

聚氨酯弹性密封膏分为单组分和双组分两种,以双组分的应用较广,单组分的目前已较少应用。其性能比其他溶剂型和水乳型密封膏优良,可用于防水要求中等和偏高的工程。

聚氨酯弹性密封膏对金属、混凝土、玻璃、木材等均有良好的黏结性能,具有弹性大、延伸率大、黏结性好、耐低温、耐水、耐油、耐酸碱、抗疲劳及使用年限长等优点。与聚硫、有机硅等反应型建筑密封膏相比,价格较低。

聚氨酯弹性密封膏广泛应用于墙板、屋面、伸缩缝等勾缝部位的防水密封工程,以及给排水管道、蓄水池、游泳池、道路桥梁、机场跑道等工程的接缝密封与渗漏修补,也可用于玻璃、金属材料的嵌缝。

6. 水乳型丙烯酸密封膏

该类密封材料具有良好的黏结性能、弹性和低温柔韧性能,无溶剂污染、无毒、不燃,可在潮湿的基层上施工,操作方便,特别是具有优异的耐候性和耐紫外线老化性能,属于中档建筑密封材料。其适用范围广、价格便宜、施工方便,综合性能明显优于非弹性密封膏和热塑性密封膏,但要比聚氨酯、聚硫、有机硅等密封膏差一些。该密封材料中含有约15%的水,故在温度低于0℃时不能使用,而且要考虑其中水分的散发所产生的体积收缩,对吸水性较大的材料如混凝土、石料、石板、木材等多孔材料构成的接缝的密封比较适宜。

水乳型丙烯酸密封膏主要用于外墙伸缩缝、屋面板缝、石膏板缝、给排水管道与楼屋面接缝等处的密封。

7. 止水带

止水带也称为封缝带,是处理建筑物或地下构筑物接缝(伸缩缝、施工缝、变形缝)用的一类定型防水密封材料。常用品种有橡胶止水带、塑料止水带等。

橡胶止水带具有良好的弹塑性、耐磨性和抗撕裂性能,适应变形能力强,防水性能好。但使用温度和使用环境对物理性能有较大的影响,当作用于止水带上的温度超过50℃,以及受强烈的氧化作用或受油类等有机溶剂的侵蚀时不宜采用。橡胶止水带一般用于地下工程、小型水坝、储水池、地下通道、河底隧道、游泳池等工程的变形缝部位的隔离防水以及水库、输水洞等处闸门的密封止水。

塑料止水带目前多为软质聚氯乙烯塑料止水带,是由聚氯乙烯树脂、增塑剂、稳定剂等原料经塑炼、造粒、挤出、加工成型而成。塑料止水带的优点是原料来源丰富,价格低廉,耐久性好,物理力学性能能满足使用要求,可用于地下室、隧道、涵洞、溢洪道、沟渠等的隔离防水。

第三节 绝热材料

在建筑中,通常将防止室内热量流向室外的材料称为保温材料,将防止室外热量进入室内的材料称为隔热材料。保温材料和隔热材料统称为绝热材料。

建筑中要求绝热材料的导热系数(λ)值小于 $0.23W/(m·K)$,热阻(R)值大于 $4.35(m^2·K)/W$;毛体积密度不大于 $600kg/m^3$,抗压强度大于 $0.3MPa$,且构造简单、施工容易、造价低廉。

在建筑中合理地使用绝热材料,能提高建筑物使用效能,可以减少能量损失,节约能源,减小外墙厚度,减轻屋面体系的自重及整个建筑物的重量。据统计,具有良好的绝热功能的建筑,其能源可节省25%～50%。随着建筑技术和材料科学的发展,以及节约能源的需要,绝热材料已日益为人们所重视。

一、常用的绝热材料

绝热材料按化学成分可分为有机和无机两大类;按材料的构造可分为纤维状、松散粒状和多孔状三种。通常可制成板、片、卷材或管壳等多种形式的制品。一般来说,无机绝热材料的表观密度较大,但不易腐朽,不会燃烧,有的能耐高温。有机绝热材料则质轻,绝热性能好,但耐热性较差。现将土木工程中常用的绝热材料简介如下。

1. 有机气泡状绝热材料

1)泡沫塑料

泡沫塑料是以各种树脂为基料,加入各种辅助材料经发泡制得的轻质保温材料。发泡的方法有机械发泡、物理发泡和化学发泡三种。机械发泡通过强烈的机械搅拌产生气泡;物理发泡通过压缩使其易挥发物质的挥发或液化气体气化发泡;化学发泡是通过化学反应产生气体发泡。泡沫塑料的毛体积密度很小,隔热、隔声性能好,加工方便,广泛用作保温隔热材料。常用品种有聚苯乙烯泡沫塑料、聚氨酯泡沫塑料、聚氯乙烯泡沫塑料、脲醛泡沫塑料及酚醛泡沫塑料等。

(1)聚苯乙烯泡沫塑料。

聚苯乙烯泡沫塑料含有大量微细封闭气孔,孔隙率可达98%,其毛体积密度约为 $10～20kg/m^3$,导热系数约为 $0.038～0.047W/(m·K)$,最高使用温度为70℃。

(2)聚氨酯泡沫塑料。

聚氨酯泡沫塑料是以聚醚树脂或聚酯树脂与甲苯二异氰酸酯经发泡制成。其毛体积密度为 $30～50kg/m^3$,导热系数约 $0.035～0.042W/(m·K)$,最高使用温度为120℃。

(3)聚氯乙烯泡沫塑料。

聚氯乙烯泡沫塑料是由聚氯乙烯为原料,采用发泡剂分解法、溶剂分解法或气体混入法制得。其毛体积密度约 $12～72kg/m^3$,导热系数约 $0.031～0.045W/(m·K)$,最高使用温度为70℃。

2)硬质泡沫橡胶

硬质泡沫橡胶是采用化学发泡法制成。其毛体积密度为 $64～120kg/m^3$,导热系数小,强度较高。硬质泡沫塑料为热塑性材料,耐热性不好,在65℃左右开始软化。但它具有良好的低温性能,且有较好的体积稳定性,是一种较好的保冷材料。

2. 无机纤维状绝热材料

这类材料主要是以矿棉、石棉、玻璃棉及植物纤维等为主要原料,制成板、筒、毡等形状的制品,广泛用于住宅建筑和热工设备、管道等的保温隔热。这类绝热材料通常也是良好的吸声材料。

(1)石棉及其制品。

石棉是纤维状天然矿物。其特点是绝热、耐火、耐热、耐酸碱、隔声等。通常将其加工成石棉粉、石棉板、石棉毡等制品使用。可用于绝热及防火覆盖,但应注意石棉有致癌性。

(2)矿物棉及其制品。

矿物棉有矿渣棉和岩棉两类,矿渣棉是以冶金炉渣为原料制成,岩棉是以天然岩石为原料制成。这两种矿物棉的产品形态均为絮状物或细粒,其特点是允许使用温度高、吸水性大、弹性小。矿物棉一般作为填充材料使用,根据需要,可制成各种规格的毡、板、管壳等制品。

(3)玻璃棉及其制品。

玻璃棉是用玻璃原料或碎玻璃经熔融后制成的纤维材料,包括短棉和超细棉两种。短棉的表观密度为 $40\sim150kg/m^3$,$\lambda=0.035\sim0.058W/(m\cdot K)$,价格与矿棉相近。可制成沥青玻璃棉毡、板及酚醛玻璃棉毡、板等制品,广泛用在温度较低的热力设备和房屋建筑中的保温隔热,同时它还是良好的吸声材料。超细棉直径在 $4\mu m$ 左右,表观密度可小至 $18kg/m^3$,$\lambda=0.028\sim0.037W/(m\cdot K)$,绝热性能更为优良。

3. 无机多孔状绝热材料

(1)泡沫玻璃。

在磨细的玻璃粉中加入碳酸钙、碳粉等发泡剂(包括发泡促进剂),经混合、装模、烧成、退火、切割加工后所得到的轻质石状的材料,称为泡沫玻璃。泡沫玻璃的特性是使用温度范围宽($-270\sim430℃$)、孔隙率大($94\%\sim95\%$)、导热系数低[约 $0.052W/(m\cdot K)$]、毛体积密度小(平均为 $145kg/m^3$),并具有良好的机械强度(抗压强度约为 0.7MPa)、不透气、不吸水、不燃、不腐蚀等特点。

泡沫玻璃的应用范围十分广泛,可用于烟道、烟囱的内衬和冷库、空调的绝热材料。

(2)膨胀蛭石及其制品。

蛭石是一种天然矿物,在 $900\sim1000℃$ 焙烧后,体积膨胀 $5\sim20$ 倍。膨胀蛭石的主要特性是堆积密度小($80\sim200kg/m^3$)、导热系数低[$0.046\sim0.070W/(m\cdot K)$]、允许使用温度高($1000\sim1100℃$),而且不蛀、不腐。但其吸水性较大,使用中应予注意防潮,以保证绝热性能。

通常,膨胀蛭石是以松散颗粒状态使用,填充于墙壁、楼板、屋面等的中间层,起绝热、隔声的作用。也可用水泥、水玻璃等胶凝材料将膨胀蛭石胶结,预制成砖、板、管壳等,用于建筑围护结构和管道保温。

(3)膨胀珍珠岩及其制品。

珍珠岩是一种天然的酸性玻璃质火山岩,其导热系数在 $0.028\sim0.175W/(m\cdot K)$ 之间变动,其最高使用温度可达 800℃。膨胀珍珠岩具有堆积密度小($40\sim300kg/m^3$)、吸湿性小、无毒、无味、不燃烧、抗菌、耐腐蚀和吸声性能好等特点。在建筑中常用作围护结构的填充材料。膨胀珍珠岩的低温绝热性能特别优异,常用于低温设备的保冷绝热;也可用水泥、水玻璃、沥青或其他胶凝材料将膨胀珍珠岩胶结成膨胀珍珠岩制品。

4. 保温材料

(1) 泡沫混凝土。

是由水泥、水、松香泡沫剂混合后,经搅拌、成型、养护而制成的一种多孔、轻质、保温、绝热、吸声的材料。也可用粉煤灰、石灰、石膏和泡沫剂制成粉煤灰泡沫混凝土。泡沫混凝土的表观密度为 $300\sim500kg/m^3$,导热系数为 $0.082\sim0.186W/(m\cdot K)$。

(2) 加气混凝土。

加气混凝土是由水泥、石灰、粉煤灰和发泡剂(铝粉)配制而成。是一种保温绝热性能良好的轻质材料。由于加气混凝土的表观密度小($500\sim700kg/m^3$),导热系数[$0.093\sim0.164W/(m\cdot K)$]是烧结普通砖的几分之一,因而 24cm 厚的加气混凝土墙体,其保温绝热效果优于 37cm 厚的砖墙。此外,加气混凝土的耐火性能良好。

(3) 胶粉聚苯颗粒保温浆料。

由胶粉料和聚苯颗粒组成,并且聚苯颗粒体积比不小于 80% 的保温灰浆。它是胶粉聚苯颗粒外墙外保温系统的重要组成成分之一。具有保温功能的抹灰干混砂浆,有质轻、隔热、保温、耐腐蚀、不吸水、韧性大、抗裂性能好等优势,是一种新型保温材料。

【工程实例分析 7-3】 绝热材料的应用。

概况:某冰库原采用水玻璃胶结膨胀蛭石而成的膨胀蛭石板做隔热材料,经过一段时间后,隔热效果逐渐变差。后以聚苯乙烯泡沫作为墙体隔热夹芯板,在内墙喷涂聚氨酯泡沫层作绝热材料,取得良好的效果。

原因分析:水玻璃胶结膨胀蛭石板用于冰库易受潮,受潮后其绝热性能下降。而聚苯乙烯泡沫隔热夹芯板和聚氨酯泡沫层均不易受潮,且有较好的低温性能,故用于冰库可取得良好的效果。

第四节 吸声材料与隔声材料

一、吸声材料

1. 常用的吸声材料及其构造

(1) 多孔吸声材料。

多孔吸声材料是含有较多开放、互相连通、细小的气孔的材料。包括纤维材料和颗粒状材料组成的纤维毡和轻质吸声砖或板。声波进入材料内部互相贯通的孔隙,使孔内的空气产生振动,空气受到摩擦和黏滞阻力,使声能转化为机械能,最后转变为热能被吸收。多孔吸声材料的吸声系数,一般从低频到高频逐渐增大,故对中频和高频的声音的吸收效果较好。

(2) 柔性吸声材料。

柔性吸声材料是具有密闭气孔和一定弹性的材料,包括各类泡沫塑料。这种材料的吸声机理是外表面的孔壁在空气振动的作用下发生振动,在这一振动过程中,由于克服材料内部的摩擦而消耗声能,引起声波衰减。其特点是在一定频率范围内会出现一个或多个吸声频率。

(3) 空间吸声结构。

空间吸声体是一种悬挂于室内的吸声构造。悬挂于空间的吸声体的有效吸声面积较大,大大提高了吸声效果。空间吸声体可以认为是共振吸声结构和多孔吸声材料的组合,因此,有很宽的吸收频率,对低频至高频的各个频率的吸收均较好。空间吸声体可预制,便于安装和维修,设计成各种形式,既可以获得良好的吸声效果,还可以获得装饰效果。

（4）帘幕吸声结构。

帘幕吸声体是用具有通气性能的纺织品,安装在距墙面或窗玻璃有一定距离处,背后设置空气层的吸声构造。这种吸声构造对中、高频的声波都有一定的吸声效果。

（5）薄膜、薄板共振吸声结构。

将皮革、人造革、塑料薄膜等具有不透气、柔软、有弹性的薄膜固定在框架上,背后留有一定的空气层,构成薄膜共振吸声结构。将薄胶合板、薄木板等薄板固定在框架上,也能与其后面的空气层构成薄板共振结构。该吸声结构主要吸收低频的声波。

（6）穿孔板组合共振吸声结构。

穿孔板组合共振吸声结构是由穿孔的各种薄板周边固定在龙骨上,并在背后设置空气层形成的吸声结构。穿孔板可用穿孔硬质纤维板、石膏板、石棉水泥板、胶合板、钢板和铝板等。该结构适合中频声波的吸收。

常用吸声材料和吸声结构的构造见表7-9。常用吸声材料及部分常用吸声结构的吸声性能和装置情况见表7-10。

常用吸声结构的构造图例及材料构成 表7-9

类别	多孔吸声材料	薄板振动吸声结构	共振腔吸声结构	穿孔板组合吸声结构	特殊吸声结构
构造图例	(a)	(b)	(c)	(d)	(e)
举例	玻璃棉 矿棉 木丝板 半穿孔纤维板	胶合板 硬质纤维板 石棉水泥板 石膏板	共振吸声器	穿孔胶合板 穿孔铝板 微穿孔板	空间吸声体帘幕体

常用建筑吸声材料及结构的吸声系数 表7-10

序号	名称	厚度（cm）	毛体积密度（kg/m³）	125	250	500	1000	2000	4000	装置情况
1	石膏砂浆（掺有水泥,玻璃纤维）	2.2		0.24	0.12	0.09	0.30	0.32	0.83	粉刷在墙上
*2	石膏砂浆（掺有水泥,石棉纤维）	1.3		0.25	0.78	0.97	0.81	0.82	0.85	喷射在钢丝网板条,表面滚平,后有15cm空气层
3	水泥膨胀珍珠岩板	2	350	0.16	0.46	0.64	0.48	0.56	0.56	贴实
4	矿渣棉	3.1 3 8.0	210 240	0.10 0.35	0.21 0.65	0.60 0.65	0.95 0.75	0.85 0.88	0.72 0.92	贴实
5	沥青矿渣棉毡	6.0	200	0.19	0.51	0.67	0.70	0.85	0.86	贴实

续上表

序号	名 称	厚度(cm)	毛体积密度(kg/m³)	各频率(Hz)下的吸声系数						装置情况
				125	250	500	1000	2000	4000	
6	玻璃棉 超细玻璃棉	5.0 5.0 5.0 15.0	80 130 20 20	0.06 0.10 0.10 0.50	0.08 0.12 0.35 0.80	0.18 0.31 0.85 0.85	0.44 0.76 0.85 0.85	0.72 0.85 0.86 0.86	0.82 0.99 0.86 0.80	贴实
7	酚醛玻璃纤维板（去除表面硬皮层）	8.0	100	0.25	0.55	0.80	0.92	0.98	0.95	贴实
8	泡沫玻璃	4.0	1260	0.11	0.32	0.52	0.44	0.52	0.33	贴实
9	脲醛泡沫塑料	5.0	20	0.22	0.29	0.40	0.68	0.95	0.94	贴实
10	软木板	2.5	260	0.05	0.11	0.25	0.63	0.70	0.70	贴实
*11	关木丝板	3.0		0.10	0.36	0.62	0.53	0.71	0.90	钉在木龙骨上，后留10cm空气层
*12	穿孔纤维板穿孔率5%，孔径5mm	1.6		0.13	0.38	0.72	0.89	0.82	0.66	钉在木龙骨上，后留5cm空气层
*13	胶合板（二夹板）	0.3		0.21	0.73	0.21	0.19	0.08	0.12	钉在木龙骨上，后留5cm空气层
*14	胶合板（三合板）	0.3		0.60	0.38	0.18	0.05	0.05	0.08	钉在木龙骨上，后留5cm空气层
*15	穿孔胶合板（五夹板）（孔径5mm，孔心距25mm）	0.5		0.02	0.25	0.55	0.30	0.16	0.19	钉在木龙骨上，后留10cm空气层
*16	穿孔胶合板（五夹板）（孔径5mm，孔心距25mm）	0.5		0.23	0.69	0.86	0.47	0.26	0.27	钉在木龙骨上，后留5cm空气层，但在空气层内填充矿物棉
*17	穿孔胶合板（五夹板）（孔径5mm，孔心距25mm）	0.5		0.20	0.95	0.61	0.32	0.23	0.55	钉在木龙骨上，后留5cm空气层，填充矿物棉
18	工业毛毡		370	0.10	0.28	0.55	0.60	0.60	0.59	张贴在墙上
19	地毯	厚		0.20		0.30		0.50		铺于木搁栅楼板上
20	帷幕	厚		0.10		0.50		0.60		有折叠、靠墙装置
*21	木条子			0.25		0.65		0.65		4cm木条钉在木龙骨上木条之间空出0.5cm，后填2.5cm矿物棉

注：1. 表中名称前有关者表示系用混响室法测得的结果；无关者系用驻波管法测得的结果，混响室法测得的数据比驻波管法大0.20左右。

2. 穿孔板吸声结构，以穿孔率为0.5%~5%，板厚为1.5~10mm，孔径为2~15mm，后面留腔深度为100250mm时，可得较好效果。

3. 序号前有 * 者为吸声结构。

二、隔声材料

隔声材料是指用来隔绝声音的材料。隔声分为隔绝空气声（通过空气传播的声音）和隔绝固体声（通过固体传播的声音）两种。

对于在空气中传播声波的隔绝，通常是增加声波的反射，减少声波的透射。空气声的隔绝主要由质量定律所支配。即隔声能力的大小，主要取决于其单位面积质量的大小。质量越大，材料越不易受激振动，因此，对空气声的反射越大，透射越小，隔声性能越好。同时还有利于防止发生共振现象和出现低频共振效应。为了有效地隔绝空气声，应尽可能选用密实、沉重的材料。当必须使用轻质材料时，则应辅以填充吸声材料或采用夹层结构，这样处理后的隔声量比相同质量的单层墙体的隔声量可以提高很多。但应注意使各层材料质量不等，以避免谐振。

隔绝固体声的方法与隔绝空气声的方法截然不同。对固体声的隔绝，最有效的方法是采用柔性材料隔断声音传播的路径。一般来说，可采用加设弹性面层、弹性垫层等方法来隔绝声音，当撞击作用发生时，这些材料发生变形，使机械能转换为热能，而使固体传播的声能大大降低。常用的弹性衬垫材料有橡胶、软木、毛毡、地毯等。

【工程实例分析7-4】 吸声材料工程应用。

广州地铁坑口车站为地面站：一层为站台，二层为站厅。站厅顶部为纵向水平设置的半圆形拱顶，长84m，拱跨27.5m。离地面最高点10m，最低点4.2m，钢筋混凝土结构。在未作声学处理前该厅严重的声缺陷是低频声的多次回声现象。发一次信号枪，枪声就像轰隆的雷声，经久才停。声学工程完成以后声环境大大改善，经电声广播试验后，主观听音效果达到听清分散式小功率扬声器播音。该声学工程采用了以下几种吸声材料：

(1) 阻燃轻质吸声材料。

该材料是由天然植物纤维素，如碎纸、废棉絮等经防火和防尘处理，其吸声保温性能接近玻璃棉。现场喷粘或成品铺装而成。

(2) 矿棉吸声板。

矿棉吸声板是以矿渣棉为主要原料，加入适量胶黏剂、防尘剂和憎水剂经加压成型、烘干、固化、切割、贴面等工序而成。具有保温、吸声、抗振、不燃等特性。

(3) 穿孔铝合金板和穿孔FC板。

经钻孔处理后的材料，因增加了材料暴露在声波中的面积，即增加了有效吸声表面面积，同时使声波易进入材料深处，因此提高了材料的吸声性能。在穿孔板后面贴附玻璃棉更增强了吸声效果。

本 章 小 结

建筑防水材料主要包括沥青材料、防水卷材、防水涂料等。建筑工程中使用较多的沥青材料是石油沥青。石油沥青的技术性质包括防水性、黏滞性、塑性、温度稳定性和大气稳定性等。了解其他沥青及其制品的性质、特点对建筑施工和防水也很有用。应知道煤沥青和乳化沥青的特点。

防水卷材是防水材料的重要品种之一，广泛用于屋面、地下和构筑物等的防水中。主要包括沥青防水卷材、聚合物改性沥青防水卷材和合成高分子防水卷材三大系列。

防水涂料是一种特殊涂料,它的特殊性在于当涂料涂布在防水结构表面后,能形成柔软、耐水、抗裂和富有弹性的防水涂膜,隔绝外部的水分子向基层渗透。

建筑密封材料的防水效果主要取决于两个方面,一是油膏本身的密封性、憎水性和耐久性等;二是油膏和基材的黏附力。建筑密封材料按形态的不同一般可分为不定型密封材料和定型密封材料两大类,常用的非定型密封材料有:橡胶沥青油膏、聚氯乙烯胶泥、丙烯酸酯密封膏、聚氨酯弹性密封膏、聚硫橡胶密封材料和有机硅橡胶密封膏等;定型密封材料主要有密封条带和止水带两大类。

保温材料是防止室内热量流向室外的材料,隔热材料是防止室外热量进入室内的材料。保温材料和隔热材料统称为绝热材料。土木工程中常用的绝热材料分为有机气泡状绝热材料、无机纤维状绝热材料、无机多孔状绝热材料和保温浆料四大类,其作用原理是降低对流和辐射,切断热传导。

常用的吸声材料和隔声材料有多孔吸声材料、柔性吸声材料、空间吸声结构、帘幕吸声结构、薄膜薄板共振吸声结构、穿孔板组合共振吸声结构等,吸声系数表示当声波遇到材料表面时,被吸收和穿透的声能与入射声能之比。吸声系数越大,则材料的吸声效果越好。

复习思考题与习题

1. 试说明石油沥青的主要组分与技术性质之间的关系?
2. 石油沥青由哪些组分组成?有哪几种胶体结构?各种胶体结构的石油沥青有何特点?
3. 石油沥青的"三大指标"指的是什么?各表征沥青哪些特征?
4. 什么是沥青的"老化"?老化后的沥青其性质有哪些变化?
5. 煤沥青与石油沥青相比在化学组分和性质上有些什么特点?
6. 某防水工程需石油沥青30t,要求软化点不低于80℃,现有60号和10号石油沥青,测得它们的软化点分别为40℃和98℃,问这两种牌号的石油沥青如何掺配?
7. 为满足防水功能的要求,防水卷材应具有哪些技术要求?
8. 试述防水涂料的品种和特点。
9. 与传统的沥青基防水材料比,合成高分子防水材料有何突出的优点?常用的合成高分子防水卷材有哪几种?
10. 密封材料有哪些品种?试述密封材料的特点。
11. 什么是绝热材料?工程上对绝热材料有哪些要求?
12. 绝热材料的基本特征如何?常用绝热材料品种有哪些?
13. 什么是吸声材料?吸声系数有何物理意义?
14. 多孔吸声材料与多孔绝热材料在孔隙结构上有什么区别?为什么?

第八章　建筑装饰材料

学习要求

了解常用装饰材料(石材、陶瓷砖、木材、塑料、涂料、玻璃、幕墙和金属装饰材料等)的类型;掌握常用装饰材料的性能;熟悉常用装饰材料的应用。

建筑装饰材料又称装修材料或饰面材料,一般是在建筑主体工程(结构工程和管、线安装等)完成后,最后进行装修阶段所使用的材料。装饰材料主要用于建筑物的表面(如墙面、柱面、地面及顶棚等),起装饰作用。选择和使用装饰材料,要同时考虑材料的装饰性、功能性和经济性,即一方面要满足造型、质感、色调等美学方面的要求,另一方面要具有与使用环境相协调的各种功能,如耐磨性、吸声、隔声性、防污性等;最后还要综合考虑材料的经济性,确保投资经济合理。

建筑装饰材料的品种很多,常用的包括石材、陶瓷砖、木材、塑料、涂料、玻璃、幕墙和金属装饰材料等。

第一节　建筑装饰石材

现代建筑室内外装饰装修工程中采用的石材通常有天然石材和人造石材两大类。

一、天然石材

天然石材作为装饰石材使用,多用于公共建筑和装饰等级要求高的工程中。常用的天然饰面石材有花岗岩和大理石两类。

1. 花岗石

花岗石是指作为石材开采而用作装饰材料的各类岩浆岩及其变质岩,通常包括深成岩中的花岗岩、闪长岩、正长岩、辉长岩;喷出岩中的安山岩、辉绿岩、玄武岩;变质岩中的片麻岩等。

1)花岗石的技术性能
(1)结构致密;
(2)质地坚硬、强度高;
(3)装饰性好;
(4)耐久性好;
(5)耐火性差。

2)花岗石的应用

花岗岩属高档建筑装饰材料,其特性和应用如下。

(1)不易风化变质,外观色泽耐久。多用于外墙饰面,如用于纪念碑、墓碑、影剧院、纪念馆等建筑的装饰。

(2) 耐酸腐蚀能力强。较大理石坚硬、耐磨,适用于基础、勒脚、柱子、踏步、耐酸工程中,如用于做室外地面、台阶、基座、宾馆、饭店、银行等处的装饰;亦用于吧台、服务台、展示台等部位的装饰。

(3) 在现代大城市建筑中,镜面花岗岩板多用于室内外墙面、地面、柱面、踏步等处的装饰。

2. 大理石

"大理石"是由于盛产在我国云南省大理县而得名的,是沉积岩或其变质岩中碳酸盐类岩石的统称。具体包括大理岩、白云岩、石灰岩、页岩和板岩。

1) 大理石的技术性能

(1) 结构致密,强度高;

(2) 硬度相对较小;

(3) 耐腐蚀能力差;

(4) 装饰性好;

(5) 耐久性次于花岗岩。

2) 大理石的应用

(1) 耐酸能力差,在潮湿的空气中易被 CO_2、SO_2 等酸性气体腐蚀,使表面平整度降低,失去光泽度,故主要用做室内高级饰面材料(汉白玉、艾叶青例外),如适用于大型公共建筑(宾馆、商场、机场、车站等)的室内墙面、柱面、地面、栏杆、楼梯踏步等;也可作楼梯栏杆、服务台立面与台面、门套、墙裙、窗台板、卫生间的洗漱台面等。

(2) 花色品种多,磨光后的装饰效果更好,可用于制作大理石壁画、工艺品等。

二、人造石材

人造石材简称人造石,是人造大理石和人造花岗岩的总称,是以大理石碎料、石英砂、石粉等为集料,以树脂、聚酯等聚合物或水泥为黏结剂,在真空条件下经强力拌和振动、加压成型、打磨抛光以及切割等工序制成的板材。

1. 人造石材的分类

人造石材按其所用胶结材料的不同,通常分为以下三类。

(1) 水泥型人造石材。

以白水泥、普通水泥为胶结材料,与破碎的大理石和大理石粉、颜料等配制拌和成混合料,经浇捣成型、养护等工序制成。

(2) 树脂型人造石材。

以不饱和聚酯树脂为黏结剂,配以天然大理石或方解石、白云石、硅砂、玻璃粉等无机粉料、适量的阻燃剂、颜料等,经浇捣成型、固化、脱模、烘干、抛光等加工工序制成。

(3) 复合型人造石材。

以水泥等无机胶凝材料将碎石、石粉等集料胶结成型并硬化,再将硬化体浸渍于有机高分子材料(树脂)中,使其在一定条件下集合而成的人造材料。复合型人造石板是目前普遍使用的人造石材。

2. 人造石材的技术性能

(1) 花色纹理仿真性强,品种多,质感好。可以配合不同的家居色彩和装修档次。

（2）不存在色差，重量轻、耐污染、耐腐蚀、耐久性好。

（3）施工便捷，无缝拼接，整体性好。

在装饰较长的台面或转角处时，可按设计的形状和尺寸切割、拼接，经过打磨抛光处理，整体效果好，实现无缝对接。

（4）利于环保。人造石台面是一种由天然矿石粉、高性能树脂和天然颜料经过真空浇铸或模压成型的矿物填充高分子复合材料，其中的树脂配方技术所含的功能性助剂，决定了人造石台面具有卓越的环保性，可直接与食物接触，是注重环保人士的最佳选择。

（5）易老化，宜在室内使用。人造石中的有机高分子材料在大气中的自然因素条件下抗老化能力差，不宜用于室外装修。

3. 人造石材的常用品种及其应用

（1）聚酯型人造石材。

聚酯型人造石材是以不饱和聚酯树脂为胶结料而生产的人造石。采用的天然石料的种类、粒度和纯度不同，所加颜料以及制作工艺方法的不同，使得制成的石材的花纹、图案、颜色和质感也就不同；另外，还可以制成具有类似玉石色泽和透明状的人造石材，称为人造玉石。人造玉石也可仿造出紫晶、彩翠、芙蓉石等名贵玉石产品，达到以假乱真的程度。

聚酯型人造石材通常可以制作成饰面板材、卫生洁具，如浴缸、带梳妆台的单、双盆洗脸盆、立柱式脸盆、坐便器等，还可做成人造大理石壁画等工艺品。

（2）仿花岗岩水磨石砖。

仿花岗岩水磨石砖是使用颗粒较小的碎石，加入各种颜色的色料，采用压制、粗磨、打蜡、磨光等生产工艺制成。其砖面的颜色、纹理和天然花岗岩十分相似，光泽度较高，装饰效果好。被用于宾馆、饭店、办公楼、住宅等的内外墙和地面装饰。

（3）仿黑色大理石。

仿黑色大理石主要以钢渣和废玻璃为原料，加入水玻璃、外加剂、水混合成型烧结而成。适用于内外墙、地面装饰贴铺，也可用于台面等装饰。

（4）透光大理石。

透光大理石是将加工成 5mm 以下具有透光性的薄型石材和玻璃相复合，芯层为丁醛膜，在 140～150℃ 下热压 30min 而成。具有能使光线变得很柔和的特点。

三、建筑装饰石材的选用原则

1. 技术质量指标

装饰石材的技术质量指标包括强度、吸水率、耐磨性、耐蚀性、使用年限等指标，使用时要根据建筑本身使用要求及所处环境选用，以保证建筑物使用的耐久性。

2. 质量等级标准

石材的质量根据规格允许公差、角度偏差、平度偏差、棱角缺陷、表面色彩和光泽度、色差、色斑等项标准划分相应的等级，应考虑工程的设计表现效果并综合造价投资大小，选择合适的等级的石材。

3. 经济性

尽量就地选材，降低工程成本。

四、建筑石材饰面板材储存、运输的注意事项

（1）花岗石、大理石、水磨石饰面板须成捆运输，每捆最多10块，切须用草绳或其他绳索捆紧扎牢。捆内板块要光面相对切须用质细、坚韧的整纸垫隔，以免损坏表面光泽；每捆的规格、花色必须相同，并须注明编号。

（2）运输及搬运中严禁摔掷、碰撞，尤其要注意保护板的棱角。装车要紧密稳固，空隙处用纸垫实、塞实，严禁松动、冲撞。木箱包装的饰面板，如使用机械装卸，一次起吊以不超过两箱为宜。并须轻起轻落，以防损坏包装。

（3）散装的大型饰面板须直立搬运，下放时须使背面棱先着地。吊运或抬运时，受力处应加衬垫。

（4）饰面板不宜露天存放，宜存于库内。成捆成箱者须将同种规格、品种、花色、编号者存于一处，以免混乱。堆码高度不宜超过1.6m。

（5）散置饰面板应直立堆垛，并使光面相对，顺序倾斜放置。倾斜度不应大于15°；底层与每层间须用弹性材料支垫。花岗石饰面板垛高不得超过1.7m，大理石、水磨石者不宜超过1.6m。

第二节　建筑装饰陶瓷砖

陶瓷砖是指由黏土和其他无机非金属原料，经成型、烧结等工艺生产的板状或块状陶瓷制品，用于装饰与保护建筑物、构筑物的墙面和地面。

陶瓷砖具有耐水、耐腐蚀、不易褪色、易清洁、价格适宜、使用寿命长等优点而得到广泛应用。最常用的陶瓷砖有釉面砖、外墙面砖、地面砖、陶瓷锦砖等。

一、釉面砖

1. 釉及其作用

釉是以石英、长石、黏土为原料，经研磨、加水调制后，涂敷于陶瓷坯体表面，在一定条件下焙烧后在陶瓷表面形成的连续的薄层玻璃质。釉具有使陶瓷器的表面平滑富有光泽，不吸水、不透气，防止液体和气体的侵蚀的特性，能增加瓷器美观，便于洗拭。

2. 釉面砖

釉面砖是正面施釉的陶瓷砖，又称内墙面砖、瓷砖、瓷片或釉面陶土砖，是用于内墙装饰的薄片精陶建筑制品。表面的釉层有不同类型，如光亮釉、花釉、珠光釉、结晶釉等。

1）釉面砖的种类

釉面砖按釉面颜色分为单色（含白色）、花色和图案砖三种；按用途分为通用砖（正方形、长方形）和异形配件砖（圆边、阴角、阳角、压顶等）。通用砖用于大面积墙面的铺贴，异形配件砖多用于墙面阴阳角和各收口部位的细部构造处理。

2）釉面砖的技术性能

（1）物理力学性能。釉面砖的物理力学性能要求见表8-1。

釉面砖的物理力学性能　　　　　　　　　　　　表 8-1

项　目	指　标
密度(g·cm^{-3})	2.3～2.4
吸水率(%)	<18
抗冲击强度	用30g钢球,从30cm高处落下,三次不碎
热稳定性(自140℃至常温剧变次数)	三次无裂纹

(2)规格公差。釉面砖的尺寸允许偏差要求见表8-2。

釉面砖的尺寸允许偏差(mm)　　　　　　　　　　表 8-2

项　目	尺　寸	允许偏差值
长度或宽度	≤152	±0.5
	152～250(含250)	±0.8
	>250	±1.0
厚度	≤5	+0.4 -0.3
	>5	厚度的±8%

(3)外观质量。釉面砖根据表面缺陷、色差、平整度、边直度和直角度、白度等外观质量,分为优等品、一级品、合格品三个等级,其外观质量须符合表8-3的要求。

釉面砖的外观质量要求　　　　　　　　　　　　表 8-3

缺陷名称	优 等 品	一 级 品	合 格 品
开裂、夹层、釉裂	不允许		
背面磕碰	深度为砖厚的1/2	不影响使用	
剥边、落脏、釉泡、斑点、坯粉、釉缕、桔釉、波纹、缺釉、棕眼、裂纹、图案缺陷、正面磕碰	距离砖面1m处测无可见缺陷	距离砖面2m处测缺陷不明显	距离砖面3m处目测缺陷不明显

3)釉面砖的特点与应用

釉面砖热稳定性好,防火、防潮、耐酸碱,表面光滑,易清洗,主要适用于厨房、浴室、卫生间、实验室、医院手术室、精密仪器车间等室内墙面、台面等处。釉面砖色泽柔和典雅,朴实大方,由釉面砖组成的陶瓷壁画可作为大型公共建筑的内部装饰。

4)釉面砖使用注意事项

(1)通常不宜用于室外。

釉面砖不能用于室外,否则经日晒、雨沐、风吹、冰冻而导致破裂损坏。因为釉面砖吸水率较大,吸水后将产生湿胀,但其表面釉层的湿胀性很小,当温湿度发生较大幅度的改变,尤其是在潮湿的环境中,它就会吸收水分产生湿胀,其湿胀应力大于釉层的抗张应力时,釉层就会发生裂纹,经过多次冻融后还会出现脱落现象,影响装饰效果。

(2)铺贴前必须进行浸水处理。

釉面砖铺贴前必须浸水2h以上,然后取出晾干至表面无明水,才可进行粘贴施工。若直接干贴,会吸走水泥砂浆中的水分而影响其正常的凝结硬化,降低粘贴强度,造成空鼓、脱落等现象。

目前,施工中常在水泥浆或水泥砂浆中掺入一定量的108胶,它不仅可改善灰浆的和易性,延缓水泥凝结时间,以保证铺贴时有足够的时间对所贴砖进行拨缝调整,也有利于提高铺贴质量,还可提高工效,缩短工期。

二、墙地砖

墙地砖是陶瓷锦砖、地砖、墙面砖的总称,它们强度高,耐磨性、耐腐蚀性、耐火性、耐水性均好,又容易清洗,不褪色。墙地砖主要用于建筑物外墙贴面和室内外地面装饰。常用的墙地砖品种和性能如表8-4～表8-6所示。

彩釉砖的外观质量要求 表8-4

缺陷名称	优等品	一级品	合格品
缺陷、斑点、裂纹、落脏、棕眼、熔洞、釉缕、釉泡、烟熏、开裂、磕碰、波纹、剥边、坯粉	距离砖面1m处目测,有可见缺陷的砖数不超过5%	距离砖面2m处目测,有可见缺陷的砖数不超过5%	距离砖面3m处目测,缺陷不明显
色差	距离砖面3m处目测,色差不明显		
分层	各级彩釉砖均不得有结构分层缺陷存在		
背纹	凸背纹的高度和凹背纹的深度均不小于0.5mm		

劈离砖的技术要求 表8-5

项 目	技 术 要 求
抗折强度	20MPa
抗冻性	-15～20℃冻融循环15次,无破坏现象
耐急冷急热性	150～20℃ 6次热交换无开裂
吸水率	深色为6%,浅色为3%
耐酸碱性能	分别在70%浓硫酸和20%氢氧化钾溶液中浸泡28d无侵蚀,表面无变化

常用墙地砖制品的性能及应用 表8-6

种 类		性能及应用
墙地砖	彩釉砖	彩釉砖属墙地砖,其结构致密、抗压强度高,坚固耐用。表面防滑处理后光洁明亮,色彩图案丰富,用于建筑外墙的装饰;加厚的彩釉砖还可用于商场、餐厅、实验室等室内场所地面的装饰铺贴
	无釉砖	无釉砖属地面砖,是表面不施釉的耐磨地面砖。无釉砖一般以单色或加色斑点为多,适用于建筑物地面、庭院道路等处铺设
	劈离砖	劈离砖属墙地砖,因其成型时两块砖背对背同时挤出,烧成后才"劈离"成单块而得名。表面形式有细质的或粗质的,有上釉的或有无釉的。劈离砖种类多,色彩丰富,耐久性好,密实,抗压强度高,吸水率小,表面硬度大,耐磨防滑,可用于各类建筑物的外墙装饰,也用于车站、机场、餐厅等室内地面的铺贴。 加厚的劈离砖可用于工厂、公园、人行道等露天地面的铺设
	麻面砖	麻面砖属墙地砖,采用天然花岗岩石的色彩配料,压制成表面凹凸不平的麻面坯体经焙烧而成。表面酷似人工修凿过的天然花岗石,自然粗犷。薄型砖适用于外墙饰面,厚型砖适用于广场、码头、停车场、人行道等铺设
	陶瓷锦砖(马赛克)	陶瓷锦砖(马赛克)属墙地砖,是具有多种色彩和不同形状的小块砖,按不同图案贴在牛皮纸上,也称纸皮砖。陶瓷锦砖分为无釉和有釉两种,目前国内产品多为无釉砖。 它主要用于化学实验室及民用建筑的门厅、走廊、餐厅、厨房、浴室等地面的贴铺,也用于装饰外墙面。彩色陶瓷锦砖还可以镶拼成壁画,集装饰性和艺术性于一体

第三节 建筑装饰木材

木材是土木建筑工程中应用历史最悠久的材料之一。在装饰装修工程中,木材主要被用做地板、家具和室内其他部位的装饰(如楼梯扶手、木花格、木线等)。本节主要介绍木材的主要物理和力学性能、装饰装修中常用木地板和人造板。

一、木材的技术性能

木材的性质主要包括含水率、湿胀与干缩、强度以及装饰性。

1. 含水率

木材的含水量即木材所含水的质量占干燥木材质量的百分比,以含水率表示。含水率的大小对木材的湿胀干缩和强度影响很大。一般新砍伐的树木(生材),其含水率为70%~80%;风干木材的含水率为15%~25%;室内干燥的木材含水率为8%~15%。

木材中的水分主要有以下三种存在形式。

(1)自由水。

自由水是存在于细胞腔和细胞间隙中的水分。通常木材中自由水含量随环境湿度的变化而发生较大幅度的变化,直接影响木材的表现密度、抗腐蚀性和燃烧性。

(2)吸附水。

吸附水是渗透于细胞壁中的水分,其含量多少与细胞壁厚度有关。吸附水含量的变化将直接影响木材体积的大小和强度的高低。

(3)结合水。

结合水是构成木材各化学组成中的化合水,同一树种木材其化合水含量基本不变,它对木材性质的影响不大。

通常,当木材中无自由水,而细胞壁内的吸附水达到饱和时,木材的含水率称为纤维饱和点。纤维饱和点是木材物理力学性质发生变化的转折点,其大小与木材的细观结构有关,且因树种而异,一般为25%~35%。

木材所含水分受环境温湿度的影响,长时间处在一定温湿度的环境,木材的含水量将达到与周围环境湿度相平衡,此时的含水率称为平衡含水率。平衡含水率是木材进行干燥时的重要指标。图8-1为木材在不同温湿度环境条件下的平衡含水率。

平衡含水率随空气湿度的变大和温度的升高而增大,反之减少。我国北方木材的平衡含水率约为12%,南方约为18%,长江流域一般为15%。

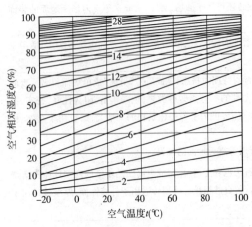

图8-1 不同温湿度环境中木材的平衡含水率

2. 湿胀、干缩与变形

湿胀干缩是指材料在含水率增加时体积膨胀、减少时体积收缩的现象。木材具有显著的湿胀干缩性。干缩会使木材翘曲开裂,结构构件连接处出现接榫松弛、拼缝不严的现象;湿胀则造成木材凸起。为了避免这种不良情况,在木材加工前必须进行干燥处理,使木材的含水率比使用地区平衡含水率低2%~3%。

3. 强度

木材在构造上有顺纹和横纹之分,这决定了其强度也呈现出明显的各向异性,即有顺纹强度和横纹强度的差异。通常顺纹抗压、抗拉强度均比相应的横纹强度大得多。

4. 装饰性

天然木材色彩自然柔和、纹理细腻美观、质感好,有着优良的涂饰功能,表面可通过贴、喷、涂等工艺达到理想的外部装饰效果。

二、建筑装饰木材

1. 人造板

人造板是利用天然木材在加工过程中产生的边角废料、锯屑,混合其他纤维制作成的板材的总称。

人造板的种类很多,常用的有细木工板(大芯板)、胶合板、饰面板、纤维板、刨花板、保丽板、桦丽板、防火板(塑料贴面板)、纸制饰面板等。

1)细木工板(大芯板)

细木工板又称大芯板,是将原木切割成条,拼接成芯,外贴面材加工而成的人造板材。

细木工板可用杨木、桦木、松木、泡桐等树种,其中以杨木、桦木为最好,质地密实,木质不软不硬,握钉力强,不易变形。

根据材质的优劣、面材的质地将细木工板分为"优等品"、"一等品"及"合格品"。质量好的板材表面平整光滑,不易翘曲变形,是家庭装修中墙体、顶部装修必不可少的木材制品,主要用做家具的面板、门扇窗框的龙骨框架等。

2)胶合板

胶合板是将原木沿年轮方向旋切成大张单板,经干燥、涂胶后按相邻单板层木纹方向相互垂直的原则组坯、胶合而成的板材。

胶合板的单板层数为奇数,常见的有三合板、五合板、九合板和十三合板(市场上俗称为三厘板、五厘板、九厘板、十三厘板)。最外层的正面单板称为面板,反面的称为背板,内层板称为芯板。

胶合板的分类、特性、使用范围见表8-7。

胶合板的分类、特性、适用范围　　表8-7

分类	名称	性能	适用范围
Ⅰ类	耐气候胶合板	耐沸水或蒸汽处理,耐候性、耐久性好,抗菌	室内、外工程
Ⅱ类	耐水胶合板	耐冷水浸泡和短时间热水浸泡,抗菌	室内、外工程
Ⅲ类	耐潮胶合板	耐短期冷水浸泡	室内常温下使用。用于家具和一般建筑用途
Ⅳ类	不耐潮胶合板	干燥环境下有一定胶结强度	在室内常态下使用

胶合板克服了天然木材的结构缺陷,如疵点、变形、开裂等,材质比较均匀,强度较高,厚度小,幅面宽,使用较方便,常用做门面、隔断、吊顶等室内高级装修。实际应用中要考虑使用环境和部位选择合适的胶合板。

3）纤维板

纤维板是以木材、竹材或其他农作物茎秆等植物纤维作主要原料,经机械分离成单体纤维,加入添加剂制成板坯,通过热压或胶黏剂组合成的人造板。

纤维板按原料可分为木质纤维板,非木质纤维板;按处理方式可分为特硬质纤维板,普通硬质纤维板;按容重可分为硬质纤维板(又称高密度纤维板)、半硬质纤维板(又称中密度纤维板)、软质纤维板(又称低密度纤维板)。

纤维板具有以下使用特点：

(1)结构均匀,完全避免了天然木材节子、腐蚀、虫蛀等缺陷,同时中密度纤维板胀缩性小,变形小,翘曲小。

(2)便于加工,表面平整,易于粘贴饰面。可用各种花样美观的胶纸薄膜及塑料贴面、单板或轻金属薄板等材料胶贴在纤维板表面上。

(3)吸湿性比木材小,形状稳定性、抗菌性都较好。

(4)内部结构均匀,有较高的抗弯强度和冲击强度。

(5)容易进行涂饰加工。各种油质、胶质的漆类均可涂饰在纤维板上,使其美观耐用。

(6)本身又是一种美观的装饰板材。可覆贴在被装饰或需要保温的结构件上。

此外,硬质纤维板是木材的优良代用品,可用于室内地面装饰,也可用于室内墙面装饰、装修,制作硬质纤维板室内隔断墙,用双面包箱的方法达到隔声的目的,经冲制、钻孔,硬质纤维板还可制成吸声板应用于建筑的吊顶工程。

4）饰面板

饰面板全称为装饰单板贴面胶合板,它是将天然木材刨切成一定厚度的薄片,黏附于胶合板表面,然后热压而成的一种用于室内装修或家具制造的表面材料。

常见的饰面板分为天然木质单板饰面板和人造薄木饰面板。人造薄木贴面与天然木质单板贴面的外观区别在于前者的纹理基本为通直纹理或图案有规则;而后者为天然木质花纹,纹理图案自然,变异性比较大、无规则。既具有木材的优美花纹,又达到充分利用木材资源,降低了成本。

5）刨花板

刨花板是将木材加工过程中的边角料、木屑等切削成一定规格的碎片,经过干燥,拌以胶黏剂、硬化剂、防水剂,在一定的温度和压力下压制而成的一种人造板材。

刨花板具有以下使用性能：

(1)结构比较均匀,表面平整,纹理逼真,加工性能好,可以根据需要加工成大幅面的板材;耐污染、耐老化、美观,可进行油漆和各种贴面,是制作不同规格、样式的家具的较好原材料。

(2)制成品刨花板不需要再次干燥,可以直接使用,吸音和隔声性能也很好,在建筑装饰装修中主要用作隔断墙,室内墙面装饰板。

但使用中需注意的是：

①密度较重,因而用其加工制作的家具重量较大。

②刨花板边缘粗糙,容易吸湿,作家具边缘暴露部位要采取相应的封边措施处理,以防变形。

③握螺钉力低于木材。

④使用中通常需要在刨花板表面覆盖塑料贴面。未经贴面的刨花板多用于护墙板的基

层板等,只起承托作用。

6)塑料贴面板(防火板)

塑料贴面人造板又称防火板,是采用硅质材料或钙质材料为主要原料,与一定比例的纤维材料、轻质集料、黏合剂和化学添加剂混合,经蒸压技术制成的装饰板材。它具有优良的耐磨、耐酸碱、阻燃、易清洁及耐水性能等,是做餐桌面、厨房家具、卫生间家具的好材料。

7)纸质饰面人造板

纸质饰面人造板,是以人造板为基材,在表面贴有木纹或其他图案的特制纸质饰面材料。它的各种表面性能比塑料饰面人造板稍差,常见的有宝丽板、华丽板等。

(1)宝丽板。

宝丽板是在人造板表面贴一张印有图案并已涂饰好聚酯类的装饰纸。宝丽板表面漆膜,具有很高的光泽,坚硬耐磨,有很好的装饰性。

(2)华丽板。

华丽板是用涂过氨基树脂的装饰纸,采用热压法贴于人造板表面制成,表面多为柔光。因热压时间很短,常把这种板叫"短周期"复合板。

2. 木地板

1)实木地板

实木地板是木材经烘干、加工形成的地面装饰材料。

实木地板按表面处理情况,可分为淋漆板和素板两类,淋漆板是地板的表面已经涂刷了地板漆,可以直接安装使用;素板是地板在铺贴后必须经过打磨、涂刷地板漆后才能使用;按加工工艺又可分为原木地板和指接木地板两种,其中指接木地板是将木材经裁切剪碎或利用短碎小木料,通过新工艺重新拼接而成;按木材的品种有水曲柳、樱桃木、榉木、柚木、柞木等;按地板的形式可分为实木地板条、拼花地板块和立木地板三个品种。

(1)实木条形地板。

实木地板条均为长短不一的长方形板,宽度一般不大于120mm,板厚为16~18mm;有平口和企口(错口)之分,见图8-2。平口就是上下、前后、左右方向平齐的长方形木条,四周光滑、直边;企口就是用专用设备将木条的断面(具体几面依要求而定)加工成榫槽状,安装时口榫插接固定。

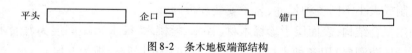

图 8-2 条木地板端部结构

实木条形地板所用木材要求不易腐朽、不易变形、不易开裂,主要用于办公室、会议室、会客厅、住宅、幼儿园等场所,具有自重轻、弹性好、脚感舒适、导热性小、冬暖夏凉、易于清洁等优点;对于素板在铺设完后再找平,对地面的平整要求不严,木材变形稳定后再进行刨光、清扫及油漆,便于施工铺设。

(2)拼花地板块。

拼花地板块是事先按一定图案、规格将实木加工成不同的几何单元,在设备良好的车间里拼结成不同图案、一定几何形状(一般呈正方形)的木质地板块。几何单元常见的有长方形、正方形、菱形、三角形、正六边形等,常用的有正芦席纹斜芦席纹、人字纹、清水砖墙纹等,如图 8-3 所示。

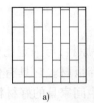 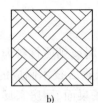 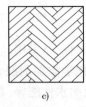 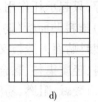

a)　　　　　　b)　　　　　　c)　　　　　　d)

图8-3　几种常见的拼花木地板图案

a)清水砖墙纹;b)斜芦席纹;c)人字纹;d)正芦席纹

拼花地板块的特点是：

①拼花形式多样，图案丰富，制造专业化，质量高；

②幅面大，安装简便，效率高，有些拼花地板背后贴有底胶，可直接贴在混凝土基层地面上；

③对地面的平整要求较高，产品加工与安装不当时容易产生翘变现象。

拼花木地板均采用清漆进行油漆，木材表面纹理清晰、自然，作为较高级的室内地面装修材料，适用于宾馆、会议室、办公室、疗养院、托儿所、体育馆、舞厅、酒吧、民用住宅等的地面装饰，冬暖夏凉、防火防蛀；亦用于地热环境，它升温快、储能节能、防水防潮、膨胀变形小、环保防静电。

（3）立木地板。

立木地板又称木质马赛克。是一种用木材的横截面作装饰面的结构比较特殊的地板。其特点是：

①利用木材的断面纹理，新颖大方，别具一格；

②力学结构合理，断面耐磨而抗压；

③组合图案极其丰富，装饰性强；

④利用小径木材加工，成本低。

2）实木复合地板

实木复合地板是用经过处理的木材按合理的结构组合，再经高温高压制成。其特点如下：

（1）花纹美观，色彩一致，装饰性很强；

（2）可制成大小不同各种尺寸，易于安装和拆卸；

（3）采用复合结构，表面层为珍稀木材（榉木、樱桃木、橡木），中间层为普通木材（杨木、松木等），底层（防潮层）用各种木材旋切单片（也可用多层胶合板为基层）。

（4）强度较高，不易收缩开裂和翘曲变形，防腐蚀，耐水性、耐久性好。

（5）基层稳定干燥，不助燃、防虫、不反翘变形；铺装容易，材质性温，脚感舒适。

第四节　金属装饰材料

金属材料在建筑上的应用有着悠久的历史。在现代建筑装饰装修中，金属材料以其优良的理化性能和装饰性被广泛应用，如柱子外包不锈钢板或铜板；墙面和顶棚镶贴铝合金板；楼梯扶手采用不锈钢管或铜管；隔墙、幕墙用不锈钢板等。应用较多的金属装饰材料是铝与铝合金以及钢材及其复合制品。

一、铝及铝合金

1. 铝

铝是有色金属中的轻金属,纯铝呈银白色,密度为 $2.7g/cm^3$(相当于钢的1/3)。铝的化学活性较大,在空气中极易被氧化而失去原本的金属光泽。铝的比强度高、延展性好,可加工成 $0.001cm$ 的箔片。

由于铝硬度和强度较低,在建筑工程中仅做门、窗、小五金、铝箔等非承重材料,铝粉还可用于调制装饰涂料或防水涂料。

为了扩大铝的工程应用范围,人们常在铝中加入适量的铜、镁、锰、锌等合金元素,制成铝合金,既提高了铝的强度和硬度,又保留了纯铝轻质、耐腐蚀、加工性强等优点。

2. 铝合金的种类

(1)铸造铝合金。

铸造铝合金是在铝中分别加入适量的 Si、Cu、Mg、Zn 等元素得到的合金。这种合金塑性低,抗裂性差,不宜压力加工,但铸造性能好,宜用于铸造装饰铸件。

(2)变形铝合金。

变形铝合金在铝中加入一种或几种合金元素(Si、Cu、Mg、Zn、Mn 等)制得的合金。这种合金的塑性较高,适于冷态和热态压力加工,可制得板材、管材和其他的异型材。

3. 铝合金的性质

铝合金的优点是:

(1)密度小,强度较高,比强度大(约为碳钢的2.5倍),适于用作大跨度轻型结构材料;

(2)低温使用性能好,不出现低温冷脆性,即强度不随温度下降而降低;

(3)可加工性能好,可通过切割、切削、冷弯、压轧、挤压等方法成型;

(4)耐蚀性好,不易生锈,不燃烧,耐久性好。

铝合金的缺点是:弹性模量小,不宜做重型结构承重材料。

4. 常用的铝合金制品

(1)铝塑板。

铝塑板又名复合铝板或塑铝板,是采用铝片(正反两面各有 $0.1\sim0.3mm$ 厚的铝层)和聚乙烯树脂(中间的夹芯材料)经高温高压制成的复合板材。其厚度分别为3、4、6(mm);其表面可进行防腐、轧压、冷装、印刷等二次加工。铝塑板的特点是质量轻,有适当的刚性,可用作减振、隔声材料;亦可代替玻璃钢和木材等材料的使用部位,可作门窗和墙面的装饰材料。但该板材不耐高温,遇热变形温度为115℃,应注意防火。

(2)铝合金花纹板。

铝合金花纹板是采用防锈铝合金坯料,用特殊的花纹辊轧而制成的铝合金板材。

铝合金花纹板花纹筋高适中,耐磨损,抗滑性好,防腐蚀性能强,便于冲洗,花纹美观大方,其表面可以处理成各种美丽的色彩,板材平整,裁剪尺寸精确,广泛应用于现代建筑的墙面装饰以及楼梯踏板等处。

(3)铝合金波纹板。

铝合金波纹板的特点是自重轻(仅为钢的3/10),有银白色等多种颜色,既有装饰效果,又有很强的反射阳光能力。它能防火、防潮、耐腐蚀,在大气中可使用20年以上。在建筑装修中适合于旅馆、饭店、商场等建筑墙面和屋面的装饰。

(4)铝合金压型板。

铝合金压型板质量轻、外形美、耐腐蚀,经久耐用,经表面处理可得各种优美的色彩,主要用作墙面和屋面。

(5)铝合金冲孔平板。

铝合金冲孔板采用各种铝合金平板经机械穿孔而成,是一种能降低噪声并兼有装饰作用的新产品。孔型根据需要有圆孔、方孔、长圆孔、长方孔、三角孔、大小组合孔等。

铝合金冲孔板材质轻、耐高温、防火、防潮、防振、化学稳定性好;造型美观,立体感强,装饰效果好,且组装简便;可用于空间较大的公共建筑的顶棚,以改善建筑室内的音质条件,如宾馆、影剧院、播音室等;也可用于各类车间厂房、人防地下室等作为降噪措施。

(6)铝合金吊顶龙骨。

铝合金龙骨具有自重轻、刚度大、防火、耐腐蚀、不锈、抗震性好的特点;加工方便,安装简单,适用于室内吊顶装饰,可用作隔断龙骨,起着支撑造型、固定结构的作用。

(7)镁铝曲板。

镁铝曲板是由细条铝板粘于可曲板面制成。这种板材可根据使用者的需要作弯曲、弧形处理,造型美观,色彩丰富(金铜色、古铜色、银铝本色、黄咖啡色、浅咖啡银砂及面色),一般用于隔间、天花板、门面、镜框、包柱、柜台面、吧台、壁板、广告底板、广告字、厨具、桌脚等。

二、钢材

钢材是建筑装饰中强度、硬度与韧性最优良的一种材料,目前,建筑装饰工程中常用的钢材制品主要有不锈钢板、钢管,彩色不锈钢板,彩色涂层钢板和彩色压型钢板以及轻钢龙骨等。

1. 不锈钢的一般特性

不锈钢是在铁碳合金中加入以铬为主的合金元素所得到的制品。不锈钢的主要特点是耐腐蚀性好;经不同表面加工可形成不同的光泽度和反射能力;安装方便;装饰效果好。

2. 建筑装饰钢材制品

(1)不锈钢板。

建筑装饰用不锈钢制品包括薄钢板、管材、型材及各种异型材。其中厚度小于2mm的薄钢板用得最多。

常用的板形是平面板和凹凸板两类;平面板是经研磨、抛光等工序制成的,而凹凸板是在正常的研磨、抛光之后再经辊压、雕刻、特殊研磨等工序制成的。

不锈钢薄板可作内外墙饰面、幕墙、隔墙、屋面等面层。近几年来,不锈钢镜面板已被广泛应用于大型商场、宾馆、高级住宅等处,做立柱包面、楼梯扶手,也有用不锈钢做建筑幕墙材料,高雅、美观。

(2)彩色不锈钢。

彩色不锈钢是在不锈钢板上再进行技术和艺术加工,使其成为各种色彩绚丽的装饰板。其颜色有蓝、灰、紫、红、青、绿、金黄、茶色等。彩色不锈钢板不仅具有良好的抗腐蚀性,耐磨、耐刻划、耐高温(能耐200℃的温度)等特点,而且当弯曲90℃时,彩色层仍不会损坏。彩色不锈钢常用作厅堂墙板、顶棚、电梯厢板、外墙饰面等。

(3)彩色涂层钢板。

彩色涂层钢板是以有机高分子材料做涂层制得的具有颜色和花纹的钢板。

彩色涂层钢板耐污染性强、热稳定性好、涂层附着力强、色泽持久,并且具有良好的耐污染性能、耐高低温性能和耐沸水浸泡性能,可进行切断、弯曲、钻孔、铆接、卷边等工艺操作。用作外墙板、壁板、屋面板等。

(4)彩色压型钢板。

彩色压型钢板是以镀锌钢板为基材,经成型轧制,并敷以各种耐腐蚀涂层与彩色烤漆而成的轻型围护结构材料。其性能和用途与彩色涂层钢板相同,即可用作商业亭、候车亭的瓦楞板,工业厂房大型车间的壁板与屋顶等。

(5)轻钢龙骨。

轻钢龙骨是以镀锌钢带或薄钢板由特制轧机以多道工艺轧制而成的。它具有强度高、抗风压能力大的优点,耐火性好,安全可靠,安装简易、通用性强。可装配各种类型的石膏板、钙塑板、吸音板等。它广泛用于各种民用建筑工程以及轻纺工业厂房等场所,对室内装饰造型、隔声等功能起到良好效果;用做墙体隔断和吊顶的龙骨支架,美观大方。

三、铜材

铜材与不锈钢类似,属于价格较高的高级装饰材料。

铜及铜合金华丽、高雅、坚固耐用,被用于宫廷、寺庙、纪念性建筑以及商店的铜字招牌等的装饰,亦可用于外墙板、门把手、水龙头、门锁、纱窗(紫铜纱窗)等。

铜合金还可用做铜粉,俗称"金粉",是一种铜合金制成的金黄色颜料。其主要成分为铜及少量的锌、铝、锡等金属,其制作方法同铝粉,常用于调制装饰涂料,代替"贴金"。

第五节 建筑塑料装饰制品

塑料是指由高分子聚合物加入(或不加)填料、增塑剂及其他添加剂,经过加工形成的塑性材料或固化交联形成的刚性材料。

塑料集金属的坚硬性、木材的轻便性、玻璃的透明性、陶瓷的耐腐蚀性、橡胶的弹性和韧性于一身,被广泛地应用于生产、生活的各个领域。在现代建筑装饰工程中,塑料可用于替代钢材、木材等传统建筑装饰材料,其应用和发展的前景十分可观。

一、塑料的分类及特性

1. 塑料的分类

塑料的种类很多,到目前为止世界上投入生产的塑料大约有300多种。塑料的分类方法较多,按其受热后的形态性能表现不同,可分为热塑性塑料和热固性塑料。

(1)热塑性塑料。

热塑性塑料可在特定的温度范围内反复加热软化、冷却固化,在软化、熔融状态下可进行各种成型加工,成型加工中几乎没有化学变化,即对其性能没有影响。如聚乙烯、聚氯乙烯、聚苯乙烯等属于热塑性塑料。其优点是加工成型简便,有较高的机械性能,其制品丧失使用性能后可再生利用;缺点是耐热性、刚性差。

(2)热固性塑料。

热固性塑料在加热时易转变成黏稠状态,并发生分解,再继续加热则固化,不能再恢复到可塑状态,难以再生利用。酚醛树脂、脲醛树脂、环氧树脂等属于热固性塑料。其特点是耐热性较好,不容易变形,但机械性能较差。

2. 塑料的特性

(1)自重轻。

塑料的密度通常在 $0.9\sim2.3\mathrm{g/cm}^3$ 之间,与木材相近,平均约为铝的1/2,钢的1/5。

(2)导热性低,隔热性能好。

密实塑料的导热系数一般为 $0.12\sim0.80\mathrm{W/(m\cdot K)}$,是热的不良导体或绝热体,如泡沫塑料的热导率与静止的空气相当,因此在建筑工程中塑料常被用做保温绝热材料。

(3)比强度高。

塑料及制品的比强度高,即属于轻质高强材料。

(4)加工性能好。

塑料可用各种方法加工成具有各种断面形状的通用材或异型材,如塑料薄膜、薄板、管材、门窗型材和扶手等,生产效率高。

(5)装饰性优异。

塑料的表面可以着色,并可制成各种色彩和图案,能取得大理石、花岗岩和木材表面的装饰效果,还可用烫金或电镀的方法对其表面进行处理,因而塑料制品的表面具有优异的装饰性。

(6)电绝缘性好。

塑料的导电性低,又因热导率低,是良好的电绝缘材料。

(7)易老化。

塑料制品在阳光、空气、热及环境介质中的酸、碱、盐等作用下,其机械性能变差,易发生硬脆、破坏等现象,这种现象称为"老化"。但经改进的塑料制品的使用寿命可大大延长。

二、常用的建筑塑料制品

1. 塑料门窗

以聚氯乙烯(PVC)树脂为主要原料,按适当的配合比加入适量添加剂(如抗老化剂)等物质,经挤出形成各种型材,型材经过加工、拼装便可组成所需塑料门窗。

目前塑料门窗主要采用改性聚氯乙烯,并加入适量的添加剂,经混炼、挤出等工序而制成塑料门窗异型材;再将异型材经机械加工成不同规格的门窗构件,组合拼装成相应的门窗制品。

为了增强塑料门窗的刚性,提高门窗的抗风压能力,生产中在门窗框内部嵌入铝合金型材或钢型材金。塑料门窗与钢木门窗和铝合金门窗相比有以下特点。

(1)保温隔热性好。

塑料的导热系数小,塑料门窗的保温、隔热性比钢、铝、木质门窗都好;对具有冷暖空调设备系统的建筑,可防止冷暖气逸散,节约能源,在同样面积的条件下,使用塑钢门窗比使用金属门窗节约能源30%以上;如选用双层玻璃或中空玻璃,则节能效率更高。

(2)密封性好。

塑料门窗所用的中空异型材,挤压成型,尺寸准确,而且型材侧面带有嵌固弹性密封条的凹槽,采用密封条等密封措施,使塑料门窗具有良好的水密性、气密性、隔声性。试验表明,塑料门窗的隔声效果优于普通门窗。按德国工业标准 DIN 4109 试验,塑料门窗隔声达30dB,而普通窗的隔声只有25dB。

(3)装饰性好。

塑料门窗可根据需要设计出各种颜色和样式,一次成型,尺寸准确,使用过程不需粉刷油漆,维修保养方便、装饰效果好。

(4)耐腐蚀、耐老化、耐久。

塑料门窗具有优良的耐腐蚀性,可广泛用于多雨、潮湿的地区,有腐蚀性介质(食品、酿酒、造纸、制药、化工等)的工业建筑中;同时具有较好的耐老化性能,因为在原料中加入了适当的抗老化剂和防紫外线制剂,使其抗老化性得到保证。据史料记载,德国从最早使用的塑料门窗距今已有30余年,除光泽稍有变化外,性能无明显变化。

2. 塑料墙纸

塑料墙纸是以一定材料为基材,表面进行涂塑后,再经过印花、压花或发泡处理等多种工艺而制成的一种墙面装饰材料。它是目前国内外使用广泛的一种室内墙面装饰材料。其特点如下。

1)装饰效果好

由于塑料壁纸表面可进行印花、压花及发泡处理,色彩艳丽,仿真性强。

2)性能优越

根据需要可加工成具有难燃、隔热、吸声、防霉、不易受机械损伤的产品。

3)粘贴方便

纸基的塑料墙纸,可用白乳胶粘贴,且透气性好,可在尚未完全干燥的墙面粘贴,而不致成起鼓,剥落。

4)使用寿命长、易维修保养

表面可清洗,对酸碱有较强的抵抗能力。

3. 塑料地板

塑料地板是发展较早的塑料类装修材料,是指由高分子树脂及其助剂通过适当的工艺所制成的片状地面覆盖材料。

塑料地板种类繁多,目前绝大部分的塑料地板为聚氯乙烯块状(又称地板块)或卷状(又称地板革)材料。

块状塑料地板(又称塑料地板砖)具有以下特点。

(1)色泽选择性强。根据室内设施、用途或设计要求,拼组成不同色彩和图案,装饰效果好。

(2)轻质耐磨。塑料地板砖与大理石、水磨石等装修材料相比,地板砖自重只有 $3kg/m^2$ 左右。

(3)地板砖表面光洁、平整,步行有弹性感而且不打滑,遇潮湿、接触稀酸碱不受腐蚀,遇明火后自熄性好,不助燃。

(4)造价低,施工方便。塑料地板砖属于低档产品,造价大远低于大理石、水磨石和木地板,易于在各类场所使用,粘贴方便,一般不需要保护期即可使用,也便于局部修补。

(5)多功能的发展方向。

如抗静电塑料地板具有质轻、耐磨、耐腐蚀、防火、抗静电等特性,适用于计算机房、邮电部门、空调要求较高及有抗静电要求的建筑物地面。

卷材塑料地板(又称地板革)具有以下特点:

①色泽选择性强。可仿各种天然材料如木材、石材的颜色和图案,装饰效果好。

②使用性能好。具有耐磨、耐污染、耐腐蚀、可自熄等特点;发泡塑料地板革还具有优良的弹性,脚感舒适,清洗更换方便。

③卷状塑料地板铺设速度快,施工效率高。

第六节 建筑装饰涂料

建筑涂料是指能涂敷于建筑物表面,并能形成牢固、完整、坚韧的涂膜,从而对建筑物起到保护、装饰或使其具有某些特殊功能(如防霉变、防火、防水等功能)的材料。

建筑涂料品种繁多,按其在建筑物中使用部位的不同,可以分为内墙涂料、外墙涂料、地面涂料、顶棚涂料、屋面防水涂料等,其中最常用的是内墙涂料和外墙涂料。

一、涂料的主要技术性能

1. 遮盖力

遮盖力是指涂料干结后的膜层遮盖基层表面颜色的能力。

涂料的遮盖力可用黑白格玻璃板进行测定。测定时将涂料涂饰在玻璃板上,当涂刷的涂料将玻璃板上的黑白格子完全遮住时,测出的涂料用量即为该涂料的遮盖力大小(单位为 g/m^2)。涂料的遮盖力大小与涂料中的颜料着色力和含量有关,涂料的涂刷量越多,则它的遮盖力就越低。

2. 黏度

涂料的黏度可反映它的流平性,也就是涂料涂抹后的膜层应平整光滑、不产生流挂现象。

涂料的黏度与涂料中成膜物质中的胶黏剂和填料的种类及含量有关;涂料的黏度值应该适中,黏度太高,涂料的成本不仅会过高,而且涂料涂抹时易在膜层上留下抹刷的痕迹,同时膜层的固化时间变长;涂料的黏度值过低,则涂料施工时易产生流挂现象。

涂料的黏度值可用涂—4杯或旋转黏度计进行测定。用涂—4杯测定时,使规定用量的涂料通过杯下的小孔所需要的时间即为涂料的黏度值,单位为"s"。用旋转黏度计测定时,将一定量的涂料倒入烧杯中,选好转子的号数,并使转子上的刻划线刚好浸入涂料液面以下,开动黏度计一段时间后从刻度窗上读出的数值就是该涂料的黏度,单位是"Pa·s"。

3. 细度

涂料的细度是指涂料中固体颗粒大小的分布程度。细度的大小会影响到涂膜表面的平整性和光泽度。细度大,涂膜的表面就比较粗糙;反之,涂膜的表面则光滑平整。涂料的细度可用刮板细度计测定。

4. 附着力

附着力是涂料膜层与基体之间的黏结力。涂料的附着力用划格法测定,即在标准试件的膜层表面用刀子划出宽为 1mm 的 100 个方格,然后用软毛刷沿格子的对角线方向前后各刷 5 次,最后检查掉下的方格数目。附着力用剩余方格数占总方格数的百分比表示,单位为"%"。

涂料还有黏结强度、抗冲击强度、抗冻性、耐刷洗性、耐磨性、耐碱性、耐污染性、耐老化性和耐温性等方面的要求。

二、常用的装饰涂料

1. 内墙涂料

内墙涂料亦可用作顶棚涂料,它的主要功能是装饰及保护内墙墙面及顶棚。

内墙涂料应具有以下性能:

(1)色彩丰富、细腻、协调;
(2)耐碱、耐水性好,不易粉化;
(3)好的透气性、吸湿排湿性;
(4)施工方便、重涂性好。

2. 外墙涂料

外墙涂料的主要功能是装饰和保护建筑物的外墙,使建筑物外观整洁美观,与使用环境协调一致。

外墙涂料一般应具有以下特点:

(1)装饰性好;
(2)耐水性良好;
(3)防污性能良好;
(4)良好的耐候性。

常用内墙、外墙涂料的品种及性能见表 8-8。

常用内墙、外墙涂料的品种及性能　　　　　　　表 8-8

品种	名　称	主 要 性 质	主 要 应 用
内墙涂料	聚醋酸乙烯乳胶漆	它具有无味、无毒、不燃、易于施工、干燥快、透气性好、附着力强、耐水性好、颜色鲜艳、装饰效果明快、价格适中等优点,但耐水性差,适用于装饰要求较高的内墙	适用于要求较高的内墙及顶棚装饰
	乙丙乳胶漆	无毒无味、耐候性及耐碱性好、保色性好,具有光泽,属于中、高档内墙涂料	适用于高级的内墙面及顶棚装饰,也可用于木质门窗
	多彩涂料	由两种以上色彩组合,涂膜质地较厚类似壁纸,具有耐擦洗性,属于高档内墙涂料	适用于建筑物内墙和顶棚的装饰
	幻彩涂料(梦幻涂料、云彩涂料)	无毒、无味、无接缝、不起皮等优点,并具有优良的耐水性、耐碱性和耐洗刷性,是目前较为流行的一种内墙高档涂料	主要用于办公、住宅、商业等的内墙、顶棚装饰

续上表

品种	名称	主要性质	主要应用
外墙涂料	彩砂涂料	这种涂料无毒、不燃、附着力强、保色性及耐候性好,耐水性、耐酸碱腐蚀性也较好,彩砂涂料的立体感较强,色彩丰富	适用于各种场所的室内外墙面装饰
	丙烯酸酯系外墙涂料	无刺激性气味,耐候性好,不易变色、粉化或脱落;耐碱性好,且对墙面有较好的渗透作用,涂膜坚韧,附着力强,施工方便,可刷、滚、喷,也可根据工程需要配制成各种颜色	主要适用于民用、工业、高层建筑及高级宾馆外装饰
	聚氨酯系外墙涂料	对基层的裂缝有很好的适应性,耐候性好,极好的耐水、耐碱、耐酸等性能。表面光洁度好,呈瓷状质感,耐污性好,使用寿命可达15年以上,有一定毒性,价格较高	主要用于高级住宅、商业楼群、宾馆等的外墙装饰
	彩色砂壁状外墙涂料	属于粗面厚质涂料,涂层具有丰富的质感,耐久性约为10年以上,属于中、高档涂料	办公楼、商店、宾馆等的外墙面
	硅酸盐无机涂料	价格低,有优良的耐候性、耐久性、防火性,对环境的污染低	商店、宾馆学校、住宅等的外墙面或门面装饰
内外墙涂料	苯丙乳胶漆	耐碱、耐水、耐久性、耐擦性都优于其他内墙涂料,属于中档防水涂料,目前使用量最大	适于高档内墙和外墙装饰

3. 特种涂料

特种功能建筑涂料不仅具有保护和装饰作用,还具有某些特殊功能,如防霉、防腐、防锈、防火、防静电等。在我国,这类涂料的发展历史较短,品种和数量也不多,尚处于研究开发和试用阶段。

(1)防霉涂料。

防霉涂料是指一种能够抑制霉菌生长的功能涂料。防霉作用是通过添加某种抑菌剂而实现的。防霉涂料主要适用于食品厂、糖果厂、酒厂、卷烟厂及地下室等的内墙。

(2)防火涂料。

防火涂料是指涂饰在某些易燃材料表面(如木结构件)或遇火软化变形较大的材料表面(如钢结构件)能提高其耐火能力,或能减缓火焰蔓延传播速度,在一定时间内能阻止燃烧的涂料。

防火涂料可使木材或木制品、钢材和混凝土等材料的防火性能得到提高。

(3)防水涂料。

防水涂料是指用于地下工程、卫生间、厨房等场合,起着防水、渗漏作用的涂料。

防水涂料的耐水性、耐老化性和弹性均较好,抗拉强度、延伸率较高,是目前工程中使用较多的一种涂料。

三、建筑装饰涂料的选择

1. 按建筑物的使用部位选用涂料

装饰的部位不同,其所经受的外界环境的影响因素也不同,所采用的装饰涂料也应有所不同。

2. 按基层材料选用建筑装饰涂料

（1）考虑涂膜与基层材料的黏结力。

（2）考虑基层材料的性能，如对于诸如石灰、水泥及混凝土类基层材料，涂料应有较强的耐碱性；对于钢铁构件，所选用的涂料还应具有防锈功能。

（3）考虑基材的强度。强度较低的基层材料不易选用强度高且涂膜收缩大的涂料，以免造成基层材料剥落。

（4）按装饰装修周期选用建筑装饰涂料

一般来说，所选用涂料的使用周期应略大于建筑物的装修周期，可以使装饰面保持良好的装饰效果。

四、涂料的保管

涂料中都含有挥发性很大的各种强溶剂，如酮类、苯类等，这些溶剂容易燃烧和爆炸，有些挥发气体还有毒性；另外，有的涂料容易产生化学变化而改变性能，因此在保管涂料时应注意以下几点。

（1）单独存放。涂料和辅助材料应保存在单独的库房内，禁止与酸、碱和其他自燃物质（如黄磷等）放在一起，并且要严格遵守防火规定。夏天应特别注意通风和降温，库房温度不能超过30℃。

（2）应分类存放。不得将油基、硝基、过氯乙烯等类涂料混放。小桶涂料可叠放在架子上或垫木上，叠放高度不得超过三层；大桶油漆可排放在垫木上，排与排之间应留出间隙，以便通风。桶上的商标一律向外，以便识别。

（3）定期翻转、密封存放。涂料桶要定期翻转，防止涂料因长期固定在一个位置而发生沉淀、结块；涂料尽量用原包装密封存放，容器不密封或损坏时，应立即堵严或更换新容器。

（4）涂料在装箱时，应特别注意不要钉坏铁桶。箱子上的钉头不得露出木板，以免损坏容器。

（5）在开启涂料桶盖时（尤其是大桶），应先拧松桶盖，让桶内挥发气体的压力减低后才可全部卸下；同时，人体的任何部分，特别是头部不得置于桶盖的正上方，以免挥发气体冲击时受到伤害。分装小桶时，只能装其容量的95%左右，不应装满，以防止涂料膨胀时撑坏容器。倒装后应把渗到容器口上的油漆擦拭干净，以免油漆干后不易打开盖子。

第七节 建筑玻璃

玻璃是以石英砂、纯碱、长石和石灰石等为主要原料，添加适当的辅料，经高温熔融、成型、冷却固化而成的非结晶无机材料。

应用于建筑工程的各种玻璃统称为建筑玻璃。

玻璃的品种繁多，分类方法也有多种，目前我国使用量最大的是平板玻璃及由平板玻璃制成的深加工玻璃。

一、玻璃的基本性质

1. 光学性质

玻璃具有良好的光学性质，当光线入射玻璃时，表面有反射、吸收和透射三种性质。用于采光、照明时要求透光率高,以常用厚度为2~6mm窗用玻璃为例,其透光率不小于82%~88%。

2. 热学性质

普通玻璃的导热系数较低,耐急冷急热性差。温度骤变时,玻璃的表面和内部将出现较大的温差,产生温度应力,超过玻璃的抗拉极限时,将导致玻璃破碎,严重时出现炸裂现象。

3. 化学性质

玻璃的化学稳定性好,能抵抗弱酸的侵蚀,但易受强酸、氢氟酸和苏打、苛性钾的侵蚀;在空气中长期与水、CO_2作用,会产生白斑(玻璃发霉)。

二、常用的建筑玻璃

1. 平板玻璃

(1)普通平板玻璃。

普通平板玻璃是未经加工的钠钙类平板玻璃。其透光率为85%~90%,也称单光玻璃、净片玻璃、窗玻璃。普通平板玻璃是平板玻璃中产量最大、使用最多的一种,也是进一步制得深加工玻璃制品的基础材料。它主要用于门、窗,起透光、保温、隔声、挡风雨和保护的作用。

(2)浮法玻璃。

浮法玻璃是用浮法工艺生产的高级平板玻璃。

所谓浮法是因玻璃液漂浮在熔融的金属液上成型而得名。浮法工艺是将熔融体从熔窑中经导辊引入盛有锡液的锡槽中,熔融体在平静的锡液表面摊平,上表面用火抛光使表面光滑,经冷却退火后切割而成。

浮法工艺是目前世界上先进的玻璃成型工艺,世界上有近百条生产线,约占平板玻璃总产量的三分之一。浮法工艺可生产大规格尺寸的产品,所制得的玻璃质量好,表面光洁平整、厚度均匀、光学畸变极小。

浮法玻璃可用于高级建筑门窗、玻璃幕墙,汽车、火车、船舶的挡风玻璃,也用于要求高的玻璃深加工产品的基础材料。

2. 深加工玻璃

深加工玻璃是将平板玻璃经深加工,或采用其他新的工艺所得到的新的玻璃品种。

1)安全玻璃

(1)钢化玻璃。

钢化玻璃也称强化玻璃。它是平板玻璃在钢化炉中加热然后迅速冷却或通过离子交换法制得的玻璃制品。与普通玻璃相比,钢化玻璃的强度提高近10倍,韧性提高5倍以上,在温差120~130℃时仍不会炸裂,即使遭受破坏,其碎片小而无锐角,不会伤人,安全系数较大。

钢化玻璃在建筑上可用作高层建筑物的门窗、玻璃幕墙、隔墙、屏蔽、桌面玻璃、辐射式气体加热器、弧光灯用玻璃,以及汽车风挡、电视屏幕等。

(2)夹丝玻璃。

夹丝玻璃是采用压延成型方法,将金属丝或金属网嵌于玻璃板内制成的,是一种具有特殊功能的平板玻璃。

夹丝玻璃的表面可以是压花或磨光的,颜色可以是无色透明或彩色的。

与普通平板玻璃相比,夹丝玻璃具有以下特点:

①整体性有很大提高,耐冲击性。在外力作用下破而不散,不易被洞穿,用于门窗玻璃亦有一定的防盗作用。

②耐热性好。温度聚变时,具有一定的防火作用,在火灾中虽然产生炸裂,但由于有金属丝或网的支撑而不会崩落洞穿,可在相当程度上保持整体性,防止了空气的流动,对火灾蔓延有较好的阻滞作用,可作为二级门窗防火材料使用。

③抗振性好

总之,夹网玻璃改善了平板玻璃的易脆性,是一种价格低廉、应用广泛的建筑玻璃,适用于公共建筑的阳台、楼梯、电梯间、走廊、防火门、厂房天窗和各种采光屋顶;适用于对地震防护要求较高的建筑和有工业振动的厂房等建筑。

(3) 夹层玻璃。

夹层玻璃是在两层或多层平板玻璃之间嵌夹以聚乙烯醇缩丁醛为主要成分的 PVB 中间透明薄膜材料,经加温加压而制成的平面或弯曲的复合玻璃制品,其结构如图 8-4 所示,其性能特点如下:

①抗冲击性、抗振、抗弯强度均较普通玻璃高许多倍。夹层玻璃中的胶合层与夹丝玻璃中的金属丝网一样,起到骨架增强的作用,膜能抵御锤子等重器的连续攻击,也能在相当长时间内抵御子弹穿透,其安全防范程度极高。

②隔声效果好。使用了 PVB 中间膜的夹层玻璃能阻隔声波,维持安静、舒适的办公环境。

③有过滤紫外线功能。既保护了人们的皮肤健康,又可使家中的贵重家具、陈列品等摆脱褪色的厄运。它还可减弱太阳光的透射,降低制冷能耗。

夹层玻璃适用于具有防弹或有特殊安全要求的建筑门窗,大面积的玻璃间隔。

2) 节能、隔热、防辐射玻璃

(1) 中空玻璃。

中空玻璃是在两片或多片玻璃中间,用注入干燥剂的铝框或胶条,将玻璃隔开,四周用胶接法密封,使中间腔体始终保持干燥气体(也有采用空腔内抽真空或充氩气)的玻璃,其结构如图 8-5 所示,性能特点如下:

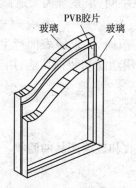

图 8-4 普通夹层玻璃组成示意图

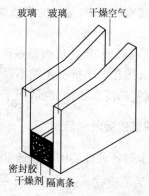

图 8-5 中空玻璃结构示意图

①隔热、节能。中空玻璃由于铝框内的干燥剂通过框上面缝隙使玻璃空腔内空气长期保持干燥,所以隔温性能极好。

②隔声功能强。

③结露温度低。中空玻璃则由于与室内空气接触的内层玻璃受空气隔层影响,即使外层接触温度很低,也不会因温差在玻璃表面结霜。

④抗风压能力强。中空玻璃的抗风压强度是传统单片玻璃的15倍。

中空玻璃的不足之处是价格较高,一般不能现场切割,主要用于大型公用建筑的门窗及对温度控制及防止结露、节能环保有很高要求的建筑。

(2)吸热玻璃。

吸热玻璃是在普通玻璃中加入有着色作用的氧化物,或在玻璃表面喷涂有色氧化物薄膜而制得的玻璃。

吸热玻璃带色,并具有较高的吸热性能,能吸收20%~60%的太阳辐射热,透光率为70%~75%,除了能够吸收红外线之外,还可以减少紫外线的射入,降低紫外线对人体和室内家具的损害。

吸热玻璃多用于商品陈列窗、冷库、仓库、计算机房、炎热地区的大型公共建筑、体育馆、展览厅等;用于建筑工程的门窗或外墙以及车船的风挡玻璃等,起到采光、隔热、防眩的作用。

(3)热反射玻璃。

热反射玻璃又称镀膜玻璃,是在平板玻璃上镀一层金属(金、银、铜、铝、镍、铬、铁等)或金属氧化物薄膜或有机物薄膜,或采用某种金属离子置换玻璃表层中原有的离子而得的玻璃。

热反射玻璃对于太阳辐射的热反射率约为70%,故也称为镜面玻璃。其具有良好的遮光性和隔热性,并且具有单向透视性,即迎光面具有镜子效果,而反光面具有透视性。用于因为太阳辐射而增热及设置空调的大型公用建筑的门窗、幕墙等。

3)装饰类玻璃

(1)彩色玻璃:又称饰面玻璃,它是采用高科技电脑分色、制版和丝网的印刷技术,将各种无机和有机色料经喷涂着色和高温处理等特种工艺制成的装饰玻璃。彩色玻璃分为透明、半透明和不透明三种,呈红、蓝、灰、茶色等多种颜色,图案丰富、立体感强,风格高雅豪华,耐腐蚀、抗冲刷、易清洗、色彩耐久,是现代居室的高档装饰材料。透明的彩色玻璃常用于门窗等,不透明玻璃用于内外墙等装饰。

(2)磨(喷)砂玻璃:又称为毛玻璃,一面平滑,另一面经加工后形成均匀的粗糙表面,具有透光不透视的特点,透过的光线柔和不刺眼,适用于做卫生间、浴室等需要遮蔽场所的门窗和隔断。

(3)压花玻璃:压花玻璃是在玻璃硬化前用刻有花纹的滚筒,使玻璃表面产生凹凸不平花纹制得。压花玻璃折射光线不规则,透光不透视,兼具使用功能和装饰功能,用于宾馆、办公楼、会议室的门窗装饰,也适用于卫生间门窗的装饰。

三、玻璃的验收和储运

工程上对各种玻璃的验收通常包括各种出厂资料的验收和玻璃产品的验收。

1. 玻璃的验收

1)资料验收

(1)出厂合格证、质保书和3C认证书。

出厂合格证上通常列出该批产品出厂检验的项目和数据,检验结果标明该批产品是否为合格产品,以及检验人员的工号。

质保书是厂商对自己所提供的产品质量的一种承诺,厂家应在质保书上指明该产品执行的标准(国家标准或行业标准);列出该批产品出厂检验的检测数据;标清该批产品所属的质量等级,比如普通平板玻璃分优等品、一等品、合格品三个等级;并在质保书上承诺该产品在一定使用年限内保证质量(通常为3年或5年)。

3C认证即中国强制认证,英文缩写为CCC(China Compulsory Certification)。对安全玻璃需要检查其3C认证的标志及年度监督检查报告,如果中空玻璃的原片玻璃经过钢化,也需要追溯检查其钢化玻璃的3C认证标志和年度监督检查报告。

(2)检验报告。

在工程中检查厂商提供的产品检测报告时,要注意报告上应有"CMA"(即计量认证)标志,如果报告上有"CNAL"标志,则证明出具该检测报告的检测机构的实验室已通过国家认可,管理及技术水平属该领域层次较高的检测机构之一。另外厂商提供的报告还可分为厂商自行送样的检测报告和厂商委托检测机构抽样的检测报告,后者比前者可信度更高。

2)产品验收

(1)普通平板玻璃的验收。

普通平板玻璃在工程上验收时,要检查厂商的质保书、出厂合格证,检查时应注意产品的质量等级。普通平板玻璃分优等品、一等品、合格品三个等级。不同等级之间的外观质量要求不同。必要时应该抽查产品的尺寸偏差、外观等指标。

普通平板玻璃的厚度分为2、3、4、5(mm)四种规格,其厚度允许偏差见表8-9,其外观要求见表8-10。

普通平板玻璃的厚度允许偏差 表8-9

厚度(mm)	允许偏差(mm)	厚度(mm)	允许偏差(mm)
2	±0.20	4	±0.20
3	±0.20	5	±0.25

普通平板玻璃的外观要求 表8-10

缺陷种类	说明	优等品	一等品	合格品
波筋(不包括波纹辊子花)	不产生变形的最大入射角	60°	45° 50mm边部,45°	30° 100mm边部,0°
气泡	长度1mm以下的	集中的不许有	集中的不许有	
	长度大于1mm的每平方米允许个数	≤6mm,6	≤8mm,8	≤10mm,12
划伤	宽≤0.1mm每平方米允许条数	长≤50mm 3	长≤100mm 5	
	宽>0.1mm每平方米允许条数	不允许	宽≤0.4mm 长<100mm 1	宽≤0.8mm 长<100mm 3
砂粒	非破坏性的,直径0.5~2mm,每平方米允许个数	不允许	3	8
疙瘩	非破坏性的疙瘩波及范围直径不大于3mm,每平方米允许个数	不允许	1	3

续上表

缺陷种类	说 明	优等品	一等品	合格品
线道	正面可以看到的每片玻璃允许条数	不允许	30mm 边部 宽≤0.5mm 1	宽≤0.5mm 2
麻点	表面呈现的集中麻点	不允许	不允许	每平方米不超过3处
	稀疏的麻点,每平方米允许个数	10	15	30

注:1. 集中气泡、麻点是指100mm 直径圆面积内超过6个。
　　2. 砂粒的延续部分,入射角0°时能看出的为线道。

(2)浮法玻璃的验收。

浮法玻璃分为制镜级、汽车级、建筑级,本书中所列技术指标均按建筑级列出。浮法玻璃在工程上验收的内容和普通平板玻璃一样,但技术指标要求较高。

浮法玻璃的厚度规格分为2、3、4、5、6、8、10、12、15、19mm 十种规格,其厚度允许偏差见表8-11,其外观要求见表8-12。

建筑级浮法玻璃的厚度允许偏差(mm)　　　　　表8-11

厚　度	允许偏差	厚　度	允许偏差
2、3、4、5、6	±0.2	15	±0.6
8、10	±0.3	19	±1.0
12	±0.4		

建筑级浮法玻璃的外观质量要求　　　　　表8-12

缺陷种类	质量要求			
	长度及个数允许范围			
气泡	长度,L(mm) $0.5 \leq L \leq 1.5$	长度,L(mm) $1.5 \leq L \leq 3.0$	长度,L(mm) $3.0 \leq L \leq 5.0$	长度,L(mm) $L > 5.0$
	$5.5 \times S$(个)	$1.1 \times S$(个)	$0.44 \times S$(个)	0(个)
	长度及个数允许范围			
夹杂物	长度,L(mm) $0.5 \leq L \leq 1.0$	长度,L(mm) $1.0 \leq L \leq 2.0$	长度,L(mm) $2.0 \leq L \leq 3.0$	长度,L(mm) $L > 3.0$
	$2.2 \times S$(个)	$0.44 \times S$(个)	$0.22 \times S$(个)	0(个)
点状缺陷密集度	长度大于1.5mm 的气泡和长度大于1.0mm 的夹杂物:气泡与气泡、夹杂物与夹杂物或气泡与夹杂物的间距应大于300mm			
线道	照明良好条件下,距离600mm 肉眼不可见			
划伤	长度及宽度允许范围、条数 长60mm,宽0.5mm,($3 \times S$)条			
光学变形	入射角:2mm 40°;3mm 45°;4mm 以上50°			
表面裂纹	照明良好条件下,距离600mm 肉眼不可见			
断面缺陷	爆边、凹凸、缺角等不应超过玻璃板的厚度			

注:S 为以平方米为单位的玻璃板面积,保留小数点后两位。气泡、夹杂物的个数及划伤条数允许范围为各系数与S 相乘所得的数值(修约至整数)。

需要说明的是:在工地上需在良好的光照条件下验收玻璃上述外观技术指标,观察距离约600mm,视线垂直玻璃。如果发现外观、厚度问题需仲裁,或对其他技术指标如可见光透射率、弯曲度等进行验收应委托专业的检验机构。

（3）钢化玻璃的验收。

钢化玻璃属安全玻璃，工程上验收时除质保书、出厂合格证、近期检测报告外，还必须检查产品是否通过3C认证。工地现场可抽查尺寸偏差和外观等技术指标。钢化玻璃分优等品和合格品两个等级，其外观质量要求不同。

建筑用钢化玻璃厚度规格包括4、5、6、8、10、12、15、19（mm）八种规格，其尺寸允许偏差要求见表8-13，其外观要求见表8-14。

钢化玻璃尺寸允许偏差要求（mm） 表8-13

厚 度	长（宽）$L \leq 1000$	$1000 < L \leq 2000$	$2000 < L \leq 3000$	厚度允许偏差
4、5、6	$-2 \sim +1$	±3	±4	±0.3
8、10	$-3 \sim +2$	±3	±4	±0.6
12	$-3 \sim +2$	±3	±4	±0.8
15	±4	±4	±4	±0.8
19	±5	±5	±6	±1.2

钢化玻璃的外观要求 表8-14

缺陷名称	说　明	允许缺陷数	
		优等品	合格品
爆边	每片玻璃每米边长上允许有长度不超过10mm，自玻璃边部向玻璃板表面延伸深度不超过2mm，自板面向玻璃厚度延伸不超过厚度三分之一	不允许	1个/片
划伤	宽度小于0.1mm的轻微划伤，每平方米面积内允许存在条数	长≤50mm 4	长≤100mm 4
	宽度大于0.1mm的划伤，每平方米面积内允许存在条数	宽0.1～0.5mm 长≤50mm 1	宽0.1～1.0mm 长≤100mm 4
夹钳印	夹钳印中心与玻璃边缘的距离	玻璃厚度≤9.5mm ≤13mm	
		玻璃厚度>9.5mm ≤19mm	
结石、裂纹、缺角	均不允许存在		
波筋、气泡	优等品符合建筑级浮法玻璃的技术要求； 合格品符合普通平板玻璃一等品的要求		

钢化玻璃的抗冲击性及内部应力状况对其性能非常重要，应要求厂商提供近期型式检测报告。型式检验报告的检测内容包括外观质量、尺寸偏差、弯曲度、抗冲击性、碎片状态、霰弹袋冲击性能、透射比和抗风化性能试验。

（4）夹层玻璃的验收。

夹层玻璃和钢化玻璃一样，属于安全玻璃，工程上验收时除质保书、出厂合格证、近期检测报告外，还必须检查产品是否通过3C认证。同时如果用于制造夹层玻璃的原材料玻璃是钢化玻璃，则需要厂商提供原材料玻璃的3C认证及与3C认证相符合的采购合同等资料。工地现场可抽查尺寸偏差和外观等技术指标。其尺寸允许偏差要求见表8-15，外观要求见表8-16。

夹层玻璃尺寸允许偏差要求 表 8-15

总厚度 D	长度或宽度 L	
	L≤1200	1200<L≤2400
4≤D<6	-1~+2	
6≤D<11	-1~+2	-1~+3
11≤D<17	-2~+3	-2~+4
17≤D<24	-3~+4	-3~+5

夹层玻璃的外观要求 表 8-16

缺陷种类	质量要求				
裂纹	不允许				
爆边	长度或宽度不得超过原材料玻璃的厚度				
划伤和磨伤	不得影响使用				
脱胶	不允许				
气泡、中间层杂质、其他不透明点缺陷允许个数缺陷尺寸 λ(mm)板面面积 S(mm²)	玻璃层数	0.5<λ<1.0	1.0<λ≤3.0		
		S 不限	S≤1	1<S≤2	2<S≤8	S≥8
	2	不得密集存在	1	2	1/m²	1.2/m²
	3		2	3	1.5/m²	1.8/m²
	4		3	4	2/m²	2.4/m²
	≥5		4	5	2.5/m²	3/m²

注：1. 小于 0.5mm 的缺陷不予考虑,不允许出现大于 3mm 的缺陷。
2. 当出现下列情况之一时,视为密集存在：
①两层玻璃时,出现 4 个或 4 个以上的缺陷,且彼此间距不到 200mm；
②三层玻璃时,出现 4 个或 4 个以上的缺陷,且彼此间距不到 180mm；
③四层玻璃时,出现 4 个或 4 个以上的缺陷,且彼此间距不到 150mm；
④五层以上玻璃时,出现 4 个或 4 个以上的缺陷,且彼此间距不到 100mm。

(5)中空玻璃的验收。

中空玻璃在工地上验收时要检查厂商的质保书、出厂合格证,近期的检测报告。如果用于制造中空玻璃的原材料玻璃是钢化玻璃或夹层玻璃,则需厂商提供原材料玻璃的3C认证及与3C认证相符合的采购合同等资料。

由于中空玻璃的密封性和耐久性对其性能非常重要,应要求厂商提供型式检测报告。型式检验报告的检测内容包括外观、尺寸偏差、密封性能、露点、耐紫外线辐照性能、气候循环耐久性能和高温高湿耐久性能试验。中空玻璃尺寸允许偏差要求见表8-17。

中空玻璃尺寸允许偏差要求(mm) 表 8-17

长(宽)度 L(mm)	允许偏差	公称厚度 t(mm)	允许偏差
L<1000	±2	t<17	±1.0
1000≤L<2000	-3~+2	17≤t<22	±1.5
L≥2000	±3	t≥22	±2.0

注：中空玻璃的公称厚度为玻璃原片的公称厚度与间隔层厚度之和。
除原材料玻璃应符合其标准规定的要求外,中空玻璃的外观要求不得有妨碍透视的污迹、夹杂物及密封胶飞溅现象。

2. 运输和储存

玻璃属于薄板状脆性材料，运输、储存中应注意以下问题：

（1）用木箱或集装箱（架）包装。要特别注意保护边部，避免出现边部破损现象，以免影响工程使用或缩短使用寿命。

（2）施工前，玻璃应贮存在干燥、隐蔽的场所，避免淋雨、潮湿和强烈的阳光。

（3）玻璃叠放时玻璃之间应垫上一层纸，以防再次搬运时，两块玻璃相互吸附在一起。

（4）绝对禁止玻璃之间进水。因为玻璃之间的水膜几乎不会挥发，它会吸收玻璃的碱成分，侵蚀玻璃表面，在较短的时间内形成白色的无法去除的污迹，像发霉一样，使玻璃褪色，强度降低。

（5）施工现场搬运过程中，应根据玻璃的重量、尺寸、现场状况和搬运距离，选用适当的搬运工具和方法，应排除管道障碍，保证足够的空间高度和宽度。

刮风天搬运特别大的平板玻璃时，操作人员应注意搬运安全，避免从上风向下风搬运甚至出现坠落事故。

四、其他类玻璃制品

1. 玻璃马赛克

玻璃马赛克又称玻璃锦砖，是一种小规格的方形彩色饰面玻璃块。玻璃马赛分为透明、半透明和不透明三种；有红、蓝、黄、白、黑等几十种颜色。它质地坚硬、性能稳定、表面不易受污染，耐久性好；常用作办公楼、礼堂、医院和住宅等建筑物内外墙面装饰，能镶嵌出各种艺术图案和大型壁画。

2. 空心玻璃砖

空心玻璃砖是一种带有干燥空气层的、周边密封的玻璃制品。它具有抗压强度高、保温隔热性能好、不结霜、隔声、防水、耐磨、不燃烧和透光不透视的特点，是一种较高档的装饰材料，可用作办公楼、写字间、宾馆和别墅等建筑物内部隔断、淋浴隔断、门厅、柱子和吧台等不承受负荷的墙面装饰。

总之，随着高新技术的不断发展，建筑装饰玻璃新品种将越来越多，广泛用于建筑物内外装饰，特别是居室的空间装饰，营造舒适温馨和典雅华贵的氛围，体现时代的气息和鉴赏的价值。

第八节　建筑幕墙

建筑幕墙是自20世纪70年代末传入我国的一种新型建筑结构形式，它是指由支承结构体系与面板组成的、相对主体结构有一定位移能力、不分担主体结构所受作用的建筑外围护结构或装饰性结构。建筑幕墙以其施工快、自重轻、外观美、精度高等优点而被广泛应用于建筑立面的围护与装饰工程中。

按幕墙使用面板材料的不同可分为玻璃幕墙、金属幕墙、石材幕墙和各类材料组合使用的组合幕墙。按幕墙使用框架材料材质的不同可分为铝合金（框架）幕墙、彩钢（框架）板幕墙和不锈钢（框架）幕墙。

按幕墙框架材料的不同构造可分为铝合金挤出型材明框幕墙、铝合金挤出型材隐框幕墙、铝合金挤出型材半隐框幕墙、金属板轧制型材明框幕墙、金属板轧制型材隐框幕墙、金属板轧制型材半隐框幕墙。

按工厂加工程度和在主体结构上安装工艺可分为单元式幕墙和构件式幕墙。

本节主要介绍玻璃幕墙、金属幕墙、石材幕墙和相关材料、配件。

一、几种常用幕墙的性能及应用简介

1. 玻璃幕墙

玻璃幕墙用于装饰建筑物外墙面,由骨架、玻璃和附件三部分组成。具体又可做如下分类:

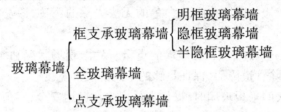

玻璃幕墙是现代建筑的重要组成部分,它的优点是自重轻、可光控、保温绝热、隔声以及装饰性好等。

玻璃幕墙选用优质的保温材料、绝热材料、功能性和装饰性材料,如使用钢化玻璃、夹层玻璃、空玻璃、浮法玻璃、镀膜玻璃、着色玻璃、吸热玻璃、夹丝玻璃等,实现其保温、绝热、隔声、装饰性和艺术性的完满结合;如对透明部分采用吸热玻璃或热反射玻璃等,降低了热传导系数;对不透明分,则采用低密度、多孔洞、抗压强度低的保隔热材料。缜密的设计与施工,采用中空玻璃和加强密封设施,减少幕墙之间的缝隙,减少了噪声的传入。

北京、上海、广州、南京等地大型公共建筑广泛采用玻璃幕墙,取得了良好的使用功能和装饰效果。

2. 金属幕墙

金属幕墙是指幕墙面板材料为金属板材的建筑幕墙。

金属幕墙所使用的面材主要有以下几种:铝复合板、单层铝板、铝蜂窝板、夹芯保温铝板、不锈钢板、彩涂钢板、珐琅钢板等。

1) 铝板幕墙

(1) 铝板幕墙的性能特点。

①轻量化的材质,减少了建筑的负荷,为高层建筑提供了良好的选择条件;

②防水、防污、防腐蚀性能优良,保证了建筑外表面的耐久性;

③加工、运输、安装施工等都比较容易实施,为其广泛使用提供强有力的支持;

④色彩的多样性及可以组合加工成不同的外观形状,拓展了建筑师的设计空间;

⑤较高的性能价格比,易于维护,使用寿命长,符合业主的要求。

(2) 铝板幕墙的分类。

铝板幕墙按所用的面材又可分为:铝复合板、单层铝板、蜂窝铝板、夹芯保温铝板幕墙四种,目前使用量较大的是前两种。

①铝复合板。

铝复合板是由内外两层均为0.5mm厚的铝板中间夹持2~5mm厚的聚乙烯或硬质聚乙烯发泡板构成,板面涂有氟碳树脂涂料,形成一种坚韧、稳定的膜层,附着力和耐久性非常强,色彩丰富,板的背面涂有聚酯漆以防止可能出现的腐蚀。铝复合板是金属幕墙早期出现时常用的面板材料。

②单层铝板。

单层铝板是采用2.5mm或3mm厚铝合金板,外幕墙用单层铝板表面与铝复合板正面涂膜材料一致,膜层坚韧性、稳定性、附着力和耐久性完全一致。单层铝板是继铝复合板之后的又一种金属幕墙常用面板材料,而且应用的越来越多。

③蜂窝铝板。

蜂窝铝板是两块铝板中间加蜂窝芯材粘接成的一种复合材料。

蜂窝铝板厚度为10mm、12mm、15mm、20mm和25mm;蜂窝的形状有正六角形、扁六角形、长方形、正方形、十字形、扁方形等;蜂窝芯材除铝箔外还有玻璃钢蜂窝和纸蜂窝。

由于造价较高,蜂窝铝板实际使用的不是很多。

④夹芯保温铝板。

与铝蜂窝板和铝复合板形式类似,只是中间的芯层材料不同,夹芯保温铝板芯层采用的是保温材料(岩棉等)。由于夹芯保温铝板价格很高,而且用其他铝板内加保温材料也能达到与夹芯保温铝板相同的保温效果,所以目前夹芯保温铝板用量不大。

2) 不锈钢板幕墙

不锈钢板幕墙用的不锈钢有镜面不锈钢板、亚光不锈钢板、钛金板等。不锈钢板的耐久、耐磨性非常好,但过薄的板板会鼓凸,过厚的自重和价格又非常高,所以不锈钢板幕墙使用的不多,只是在幕墙的局部装饰上发挥着较大的作用。

3) 彩涂钢板幕墙

彩涂钢板幕墙所用的钢板是一种带有有机涂层的钢板,具有耐蚀性好,色彩鲜艳,外观美观,加工成型方便,并具有钢板原有的强度,而且成本较低。彩涂钢板的表面状态可分为涂层板、压花板和印花板,它广泛用于建筑家电和交通运输等行业,对于建筑业主要用于钢结构厂房、机场、库房和冷冻等工业及商业建筑的屋顶墙面和门等,民用建筑采用彩钢板的较少。

二、幕墙的物理性能

幕墙的物理性能等级应依据《建筑幕墙》(GB/T 21086—2007)按照建筑物所在地区的地理、气候条件、建筑物高度、体型和环境以及建筑物的重要性等选定。

1. 风压变形性能

建筑幕墙的风压变形性能又称抗风压性能,它是指开启部位处于关闭状态时,幕墙在风压作用下,变形不超过允许范围且不发生结构损坏(如:裂缝、镶嵌材料破损、局部屈服、五金件松动、开启功能障碍、黏结失效等)的能力,具体检测方法详见《建筑幕墙气密、水密、抗风压性能检测方法》(GB/T 15227—2007)的相关内容。以安全检测压力差值P_3进行分级,其分级指标应符合表8-18的规定。

风压变形性能分级(kPa)　　　　表8-18

分级指标	等级				
	Ⅰ	Ⅱ	Ⅲ	Ⅳ	Ⅴ
P_3	$P_3 \geq 5.0$	$5.0 > P_3 \geq 4.0$	$4.0 > P_3 \geq 3.0$	$3.0 > P_3 \geq 2.0$	$2.0 > P_3 \geq 1.0$

注:表中的分级值表示在此风荷载标准值作用下,幕墙主要受力杆件的相对挠度值不应大于$L/180$。(L为杆件长度),其绝对挠度值在20mm以内。如绝对挠度值超过20mm时,以20mm所对应的压力值作为分级值。

2. 雨水渗漏性能

建筑幕墙的雨水渗漏性能又叫水密性能,它是指开启部位为关闭状态时,在风雨同时作用下,建筑幕墙阻止雨水渗漏的能力,其具体的检测方法详见《建筑幕墙雨水渗漏能检测方法》(GB/T 15228—1994)的相关内容。

以发生渗漏现象的前级压力值 P 作为分级依据,其分级指标值应符合表8-19的规定。

雨水渗透性能分级(Pa)　　　　　　　　　　表 8-19

分级指标	部位区分	等级				
		Ⅰ	Ⅱ	Ⅲ	Ⅳ	Ⅴ
P	固定部位	$P \geq 2500$	$2500 > P \geq 1600$	$1600 > P \geq 1000$	$1000 > P \geq 700$	$700 > P \geq 500$
	可开启部分	$P \geq 500$	$500 > P \geq 350$	$350 > P \geq 250$	$250 > P \geq 150$	$150 > P \geq 100$

注:设计时固定部分 P 值根据风荷载除以 2.25 所得数据进行确定,可开启部分的等级和固定部分相应。

3. 空气渗漏性能

空气渗漏性能又称为气密性能,它是指在压力差作用下,其开启部分为关闭状态时幕墙阻止透过空气的能力,其具体的检测方法详见《建筑幕墙气密、水密、抗风压性能检测方法》(GB/T 15227—2007)。

以标准状态下,压力差为10Pa的空气渗透量 q 为分级依据,其分级指标应符合表8-20的规定。

空气渗漏性能的分级指标　　　　　　　　　　表 8-20

分级指标	部位区分	等级				
		Ⅰ	Ⅱ	Ⅲ	Ⅳ	Ⅴ
q	固定部位	$q \leq 0.01$	$0.01 < q \leq 0.05$	$0.05 < q \leq 0.1$	$0.1 < q \leq 0.2$	$0.2 < q \leq 0.50$
	可开启部分	$q \leq 0.5$	$0.5 < q \leq 1.5$	$1.5 < q \leq 2.5$	$2.5 < q \leq 4.0$	$4.0 < q \leq 6.0$

4. 平面内变形性能

建筑幕墙平面方向的变形主要是建筑物受地震力引起的,建筑物各楼层间发生相对位移,形成了幕墙层间变位,使幕墙构件产生水平方向的强制位移。层间变位以一个楼层高度内发生的水平位移量计算,与建筑物的结构类型有关,一般是按弹性方法计算的位移控制值的3倍作为幕墙体系水平位移控制值,仍可维持幕墙的正常工作状态,如主体结构位移控制值为1/400,则幕墙一般以1/150的计算值为控制幕墙全部构造在建筑物层间变位强制幕墙变形时的允许量,不会导致构件损坏。

平面内变形性能用建筑物层间相对位移值 γ 表示。要求幕墙在该相对位移范围内不受损伤,其分级指标值应符合表8-21的规定。

平面内变形性能分级　　　　　　　　　　表 8-21

分级指标	等级				
	Ⅰ	Ⅱ	Ⅲ	Ⅳ	Ⅴ
γ	$\gamma \geq 1/100$	$1/100 > \gamma \geq 1/150$	$1/150 > \gamma \geq 1/200$	$1/200 > \gamma \geq 1/300$	$1/300 > \gamma \geq 1/400$

注:表中 $\gamma = \Delta/h$。式中 Δ 为层间位移量,h 为层高。

5. 保温性能

保温性能是指在结构两侧存在空气温差条件下,结构阻止从高温一侧向低温一侧传热的能力,一般以其传热系数与传热阻表示,其具体的检测方法详见《建筑外墙保温性能分级及其检测方法》(GB 8484—2008)。以传热系数 K 进行分级,其分级指标值应符合表 8-22 的规定。

保温性能分级[W/(m²·K)]　　　　　　　　　　　　　　　　　表 8-22

分级指标	等级			
	Ⅰ	Ⅱ	Ⅲ	Ⅳ
K	$K \leqslant 0.7$	$0.7 < K \leqslant 1.25$	$1.25 < K \leqslant 2.0$	$2.0 < K \leqslant 3.3$

注:表中 K 值为幕墙中固定部分和可开启部分各占面积的加权平均值。

6. 隔声性能

隔声性能以空气计权隔声量 R_w 进行分级,其分级指标值应符合表 8-23 的规定。

隔声性能分级　　　　　　　　　　　　　　　　　　　　　　表 8-23

分级指标	等级			
	Ⅰ	Ⅱ	Ⅲ	Ⅳ
R_w	$R_w \geqslant 40$	$40 > R_w \geqslant 35$	$35 > R_w \geqslant 30$	$30 > R_w \geqslant 25$

注:按不同构造单元分类进行隔声量测量,然后通过传声量的计算求得整体幕墙发隔声量值。

7. 耐撞击性能

以撞击物体的运动量 F 进行分级,分界线以不使幕墙发生损伤为依据,其分级指标值符合表 8-24 的规定。

性能分级　　　　　　　　　　　　　　　　　　　　　　　　表 8-24

分级指标	等级			
	Ⅰ	Ⅱ	Ⅲ	Ⅳ
F	$F \geqslant 280$	$280 > F \geqslant 210$	$210 > F \geqslant 140$	$140 > F \geqslant 70$

8. 防火性能

幕墙应按建筑防火设计分区和层间分隔等要求采取防火措施,设计应符合《建筑设计防火规范》(GB 50016—2014)。

9. 防雷性能

幕墙的防雷设计应符合《建筑物防雷设计规范》(GB 50057—2010)的有关规定。

三、产品标志、包装、出厂检验、运输和储存

1. 标志

(1)在幕墙明显部位应标明制造厂厂名、产品名称、标志、制作日期和编号。
(2)包装箱上的标志应符合《运输包装收发货标志》(GB/T 6388—1986)的规定。
(3)包装箱上应有明显的"怕湿"、"小心轻放"、"向上"等标志,其图集应符合《包装储运图示标志》(GB/T 191—2008)的规定。

2. 包装

(1)幕墙部分应使用无腐蚀作用的材料包装。
(2)包装箱应有足够的牢固度,以能保证在运输过程中不会损坏。
(3)装入箱内的各类部件应保证不会发生相互碰撞。

3. 出厂检验

幕墙组装完毕后的检验为出厂检验,出厂检验包括:

(1)试验结果检验。

幕墙组件结构胶剥离试验、试样的试验报告。双组分胶还应检查其折断和蝴蝶试样等小样试验报告。

(2)渗漏检验。

幕墙在组装中宜进行连接缝部位的渗漏检验,应按《建筑幕墙》(GB/T 21086—2007)规定的方法进行检测。

(3)表面质量检验。

幕墙表面应平整、无锈蚀。装饰表面颜色不应超过一个级差。胶缝应横平竖直、缝宽均匀。

(4)几何尺寸检验。

按《金属与石材幕墙工程技术规范》(JGJ 133—2013)检查幕墙的几何尺寸,每幅幕墙抽检5%的合格,且不得少于5个合格。允许偏差项目中有80%抽检实测值合格,其余抽检实测值不影响安全和使用,则可判为合格。

(5)工程纪录检验。

检验隐蔽工程记录。

(6)合格证检验。

幕墙的主控项目全部合格,一般项目的不合格项数不超过两项,则该幕墙判定为合格。幕墙出厂应有合格证书。

4. 运输

(1)部件在运输过程中应保证不会发生相互碰撞。

(2)部件搬运时应轻拿轻放,严禁摔、扔、碰撞。

5. 储存

(1)部件应放在通风、干燥的地方,严禁与酸碱等类物质接触,并要严防雨水渗入。

(2)部件不允许直接接触地面,应用不透水的材料在部件底部垫高100mm以上。

(3)已加工好的部件应存放于通风良好的仓库内,按相应要求摆放。

目前,各种建筑材料充斥建筑市场,材料的质量也不尽相同,选择合格的材料,是保证幕墙质量之根本。使用幕墙必须选择设计、生产、安装实力强的施工单位进行设计制造加工和安装施工,以保证整个建筑物的整体质量。

本 章 小 结

天然石材包括天然大理石和花岗石两种。花岗石强度高、耐蚀性强,可用于室内外的装饰工程中,大理石相对强度较低、耐蚀性差,较多用于室内装饰工程中。人造石材是人造大理石和人造花岗石的总称。它们耐腐蚀能力较强、强度较高,仿真性较好,可用于室内外装饰工程中,但与天然石材相比,其耐老化能力差。

建筑用瓷砖主要是釉面砖、墙地砖。釉面砖只适于室内装饰工程,且使用前必须水浸2小时以上;墙地砖主要适用于地面和外墙的装饰,它们强度高、耐磨、耐腐蚀、耐火、耐水性均好,不褪色。

建筑装饰用木材包括天然实木板材和人造板材。天然木材色彩柔和、纹理细腻、质感好，涂饰功能强，表面可通过贴、喷、涂等工艺达到理想的外部装饰效果；常用的人造板有细木工板(大芯板)、胶合板、饰面板、纤维板、刨花板等，不同的人造板材性能有差异。

金属装饰材料通常包括铝、钢、铜三种金属材料及其制品；铝及其制品使用较多，铜由于价格较高因而较少使用。铝合金板材制品包括波纹板、压型板、冲孔平板，铝合金冲孔平板可用于影剧院、播音室、人防地下室等作为降噪措施。装饰用钢材包括不锈钢板、钢管，彩色不锈钢板，彩色涂层钢板和彩色压型钢板以轻钢龙骨等。彩色不锈钢常用作厅堂墙板、顶棚、电梯厢板、外墙饰面等；彩色涂层钢板可用作外墙板、壁板、屋面板等；彩色压型钢板用做商业亭、候车亭的瓦楞板、工业厂房大型车间的壁板与屋顶等。

塑料按受热后的形态性能不同分为热塑性塑料和热固性塑料。与金属相比，塑料的自重轻、比强度大、电绝缘性好，但易老化；常用的塑料制品是塑料门窗、壁纸、地板。

按在建筑物中使用部位涂料分内墙涂料、外墙涂料、地面涂料、顶棚涂料、屋面防水涂料等；涂料的技术性质包括：遮盖力、黏度、细度、附着力；内外墙涂料都要求装饰性好、耐水性好、防污性能良好，但外墙涂料还要具有良好的耐候性。

玻璃应具有良好的光学、热学和化学性质，建筑玻璃包括平板玻璃及由平板玻璃制成的深加工玻璃。深加工玻璃品种很多，可分别具有安全、节能、隔热、防辐射等功能。

建筑幕墙包括玻璃幕墙、金属幕墙、石材幕墙。玻璃幕墙具有良好的使用功能和装饰效果。

复习思考题与习题

1. 选择建筑装饰材料时应主要考虑哪些问题？
2. 大理石板材为何常用于室内？
3. 分析花岗岩板材防火性能差的原因？
4. 常用装饰陶瓷有哪些品种？各适用于何处？
5. 为什么釉面砖只能用于室内而不适合于室外？使用釉面砖时要注意什么？
6. 装饰木材有哪些品种？各有什么特点？
7. 什么是木材的纤维饱和点？
8. 木地板的种类有哪些？各有什么优缺点？
9. 谈谈木装饰的综合应用。
10. 什么是不锈钢钢板？不锈钢装饰制品有哪些种类？应用于何处？
11. 彩色涂层钢板有哪些优点？应用于何处？
12. 什么是塑料？它的种类有哪些？
13. 塑料地板的有哪些特点？施工时应注意什么？
14. 什么叫建筑涂料？
15. 涂料的作用是什么？
16. 涂料的种类有哪些？
17. 涂料常见的质量指标有哪些？
18. 常用安全玻璃有哪些品种？
19. 中空玻璃有何特性？常用于何处？

第九章 电气材料

学习要求

了解常用电气材料(电线导管、电线电缆和开关插座)的类型;掌握常用电气材料的性能;熟悉常用电气材料的用途及运输与保管。

建筑安装工程中,从预埋配管到管线敷设、导线穿入、电柜电箱和照明器具安装,所用的电气材料有几十种。诸多电气材料,一般均由电线导管、电线电缆、开关、插座等组成。

本章重点介绍电线导管、电线电缆、开关、插座的材料性能和规格要求。

第一节 电线导管

电线导管又称电线穿管,即套在电线外部起着保护电线作用的管材。

一、电线导管的分类

电线导管分三种:绝缘导管、金属导管和柔性导管。

1. 绝缘导管

绝缘导管又称PVC电气导管,可分为轻型管、中型管和重型管三种规格。根据规范要求,目前在建设工程中通常使用中型管、重型管,产品规格详见表9-1。

中型管、重型管的产品规格　　　　表9-1

序号	公称口径 (mm)	(in)	外径尺寸 (mm)	壁厚 中型管(mm)	壁厚 重型管(mm)	极限偏差 (mm)
1	16	5/8	16	1.5	1.9	-0.3
2	20	3/4	20	1.57	2.1	-0.3
3	25	1	25	1.8	2.2	-0.4
4	32	$1\frac{1}{4}$	32	2.1	2.7	-0.4
5	40	1	40	2.3	2.8	-0.4
6	50	2	50	2.85	3.4	-0.5
7	63	$2\frac{1}{2}$	63	3.3	4.1	-0.6

绝缘导管具有以下特点。

(1)阻燃性能好。PVC管在火焰上烧烤离开后,自燃火能迅速熄灭,避免火势沿管道蔓延;当电线因过热起火时,它能有效地阻燃,防止火灾的发生。

(2)传热性差。在火灾情况下,能在较长时间内有效地保护线路,保证电器控制系统运行,便于人员疏散。

(3)绝缘性好。能承受高压而不被击穿,有效避免漏、触电危险。

(4)耐腐蚀、防虫害。PVC管具有耐一般酸碱性能,同时,由于PVC管内不含增塑剂,因此无虫鼠危害。

(5)拉压力强。能承受强压力,适合于明装或暗装在混凝土中,不怕受压破裂。

(6)施工简便:

①PVC管质量轻,便于车辆运输和人工搬运,施工安装时轻便省力;

②PVC管容易弯曲,只要插入一根弯弹簧,可以在室温下人工弯曲成型;

③剪接方便,用剪管器可以方便地剪断直径32mm以下的PVC管,用黏合剂和有关附件,可以迅速方便地把PVC管连接成所需的形状。

绝缘电线导管主要适用于住宅、公共建筑和一般工业厂房内的照明系统,它可以直接埋设在混凝土中,可墙面开槽后暗敷,可在墙面粉刷层外明敷,也可在吊顶内敷设,作照明电源的配管。

2. 金属导管

金属导管分为薄壁导管和厚壁导管两种。

(1)薄壁导管。

薄壁导管又分为非镀锌薄壁导管(俗称电线导管)和镀锌薄壁导管(俗称镀锌电线导管)两种,详见表9-2和表9-3。

非镀锌薄壁导管的产品规格　　　　表9-2

序号	公称口径 (mm)	公称口径 (in)	外径尺寸 (mm)	壁厚 (mm)	理论质量 (kg/m)
1	16	5/8	15.88	1.6	0.581
2	20	3/4	19.05	1.8	0.766
3	25	1	25.40	1.8	1.048
4	32	1 1/4	31.75	1.8	1.329
5	40	1 1/2	38.10	1.8	1.611
6	50	2	63.5	2.0	2.407
7	63	2 1/2	76.2	2.5	3.76

镀锌薄壁导管的产品规格　　　　表9-3

序号	公称口径 (mm)	公称口径 (in)	外径尺寸 (mm)	壁厚 (mm)	理论质量 (kg/m)
1	16	5/8	15.88	1.6	0.605
2	19	3/4	19.05	1.8	0.796
3	25	1	25.40	1.8	1.089
4	32	1 1/4	31.75	1.8	1.382
5	40	1 1/2	38.10	1.8	1.675
6	50	2	63.5	2.0	2.503
7	63	2 1/2	76.2	2.5	3.991

金属薄壁电线导管一般用于工程内照明系统、弱电系统的配管,它的适用范围与绝缘电线导管相同。但不能在潮湿、易燃易爆场合、室外和埋地敷设。

(2)厚壁导管。

厚壁导管分焊接导管(俗称"黑铁管")和镀锌焊接导管(俗称"白铁管"),见表9-4、表9-5。

焊接导管的产品规格   表9-4

序号	公称口径 (mm)	公称口径 (in)	外径尺寸 (mm)	壁厚 (mm)	理论重量 (kg/m)
1	15	1/2	21.3	2.75	1.26
2	20	3/4	26.8	2.75	1.63
3	25	1	33.5	3.25	2.42
4	32	$1\frac{1}{4}$	42.3	3.25	3.13
5	40	$1\frac{1}{2}$	48.0	3.50	3.84
6	50	2	60.0	3.50	4.88
7	65	$2\frac{1}{2}$	77.5	7.75	6.64
8	80	3	88.5	4.00	8.34
9	100	4	114.0	4.00	10.85

镀锌焊接导管的产品规格   表9-5

序号	公称口径 (mm)	公称口径 (in)	外径尺寸 (mm)	壁厚 (mm)	理论质量 (kg/m)
1	15	1/2	21.3	2.75	1.34
2	20	3/4	26.8	2.75	1.73
3	25	1	33.5	3.25	2.57
4	32	$1\frac{1}{4}$	42.3	3.25	3.32
5	40	$1\frac{1}{2}$	48.0	3.50	4.07
6	50	2	60.0	3.50	5.17
7	65	$2\frac{1}{2}$	77.5	7.75	7.04
8	80	3	88.5	4.00	8.84
9	100	4	114.0	4.00	11.50

金属厚壁电线导管,主要用于工程内的动力系统,可直接敷设在地下室潮湿、易燃易爆场合、室外、埋地等,也可用作于与绝缘电线导管相同的敷设范围。

3. 柔性导管

柔性导管又分为绝缘柔性导管、金属柔性导管和镀塑金属柔性导管三种,它的产品、规格应与电线导管相匹配。

柔性电线导管,主要用于电源的接线盒、接线箱与照明灯具、机械设备、母线槽和穿越建筑物变形缝等的连接,但不能代作绝缘电线导管、金属电线管使用。

二、电线导管的验收

1. 绝缘电线导管

（1）产品检验报告、企业的产品合格证的验收。

要求产品检验报告和企业的产品合格证必须由政府主管部门认可的检测机构出具。

（2）产品的实物检查。

实物检查包括三个方面：

①查看导管表面，是否有间距不大于1m的连续阻燃标记和制造厂标。

②进行明火试验，检查是否为阻燃的。

③用卡尺检查导管壁厚是否有未达到标准偏薄现象，主要是防止导管厚度因偏薄，施工时受压变形和弯曲时圆弧部位出现弯瘪现象，影响到导线穿越和更换。

2. 金属电线导管

（1）查看产品合格证内各种金属元素的成分是否符合要求；

（2）进行实物检查。

镀锌导管检查导管表面锌层的质量，是否有漏镀和起皮现象。检查焊接导管的焊缝，将导管进行弯曲，是否出现弯曲部位焊缝有裂开现象。根据标准，用卡尺进行壁厚检查，防止壁厚未达标的导管用在工程上。另外要防止导管验收时按重量算或按长度算，如按重量算，一些供货商会提供壁厚超标的导管，按长度算，提供一些壁厚未达标的导管。

3. 柔性电线导管

（1）查看产品合格证。

（2）实物检查。

绝缘柔性导管，要进行明火试验，检查是否能阻燃自灭，以及导管是否有压扁现象；金属镀塑柔性导管，应对镀塑层进行阻燃自灭试验；金属镀锌柔性导管应检查其表面镀锌质量。

第二节 电线电缆

一、电线

电线又名导线，在选用时，电线的额定电压与电流必须大于线路的工作电压。在一般民用建筑工程中，如住宅、公共建筑和一般工业厂房，使用的照明和动力电压一般在220V和380V，因此，当采购电线时，应选用额定电压不低于500V的电线。

1. 橡胶绝缘电线

橡胶绝缘系列的电线是供室内敷设用，有铜芯和铝芯之分，在结构上有单芯、双芯和三芯之分。长期使用温度不得超过60℃。

橡胶绝缘电线，具有良好的耐老化性能和不延燃性，并有一定的耐油、耐腐蚀性能，适用于户外敷设。其型号、用途及其他指标见表9-6和表9-7。

橡胶绝缘电线的型号和主要用途 表9-6

型号	名称	主要用途
BX	铜芯橡胶线	供干燥和潮湿场所固定敷设用,用于交流额定电压250V和500V的电路中
BXR	铜芯橡胶软线	供安装在干燥和潮湿场所,连接电气设备的移动部分用,交流额定电压500V
BLX	铝芯橡胶线	与BX型电线相同
BXF	铝芯橡胶线	固定敷设,尤其适用于户外
BLXF	铝芯橡胶线	

橡胶绝缘电线芯数和截面 表9-7

序号	型号	芯数	截面范围(mm²)
1	BX	1	0.75~500
2	BX	2、3、4	1.0~95
3	BXR	1	0.75~400
4	BLX	1	2.5~630
5	BLX	2、3、4	2.5~120
6	BXF	1	0.75~95
7	BLXF	1	2.5~9.5

2. 聚氯乙烯绝缘电线

聚氯乙烯绝缘系列电线(简称塑料线),具有耐油、耐燃、防潮,不发霉,与耐日光、耐大气老化和耐寒等特点。可供各种交直流电器装置、电工仪表、电气设备、电力及照明装置配线用,也可以穿管使用。其线芯长期允许工作温度不超过+65℃,敷设温度不低于-15℃。主要性能见表9-8,芯数和截面范围表9-9。

聚氯乙烯绝缘电线的型号和主要用途 表9-8

型号	名称	主要用途
BLV(BV)	铝(铜)芯塑料线	交流电压500V以下,直流电压1000V以下室内固定敷设
BLVV(BVV)	铝(铜)芯塑料护套线	交流电压500V以下,直流电压1000V以下室内固定敷设
RVR	铜芯塑料软线	交流电压500V以下,直流电压1000V以下室内固定敷设

聚氯乙烯绝缘电线芯数和截面范围 表9-9

序号	型号	芯数	截面范围(mm²)
1	BV	1	0.03~185
2	BLV	1	1.5~185
3	BVR	1	0.75~50
4	BVV	2,3	0.75~10
5	BLVV	2,3	1.5~10

3. 聚氯乙烯绝缘电线(软)

聚氯乙烯绝缘系列的电线(软)(简称塑料软线),可供各种交直流移动电器、电工仪表、电气设备及自动化装置接线用,其线芯长期允许工作温度不超过+65℃,敷设温度不低于-15℃。截面为0.06mm²及以下的电线,只适用于做低压设备内部接线,其有关性能指标见表9-10,芯数和截面范围表9-11。

聚氯乙烯绝缘电线(软)的型号和用途 表9-10

型号	名称	主要用途
RV	铜芯聚氯乙烯绝缘软线	供交流250V及以下各种移动电气接线用
RVB	铜芯聚氯乙烯绝缘平型软线	
RVB	铜芯聚氯乙烯绝缘绞型软线	
RVS	铜芯聚氯乙烯绝缘双绞型软线	
RVV	铜芯聚氯乙烯绝缘聚氯乙烯护套软线	同上,额定电压为500V及以下

聚氯乙烯绝缘电线(软)芯数和截面范围 表9-11

序号	型号	芯数	截面范围(mm^2)
1	RV	1	0.012~6
2	RVB(平型)	2	0.012~2.5
3	RVB(绞型)	2	0.012~2.5
4	RVS	2	0.012~2.5
5	RVV	2、3、4	0.012~6
6	RVV	5、6、7	0.012~2.5
7	RVV	10、12、14、16、19	0.012~1.5

4. 丁腈聚氯乙烯复合物绝缘软线

丁腈聚氯乙烯复合物绝缘软线(简称复合物绝缘软线),可供各种移动电器、无线电设备和照明灯座等接线用。其线芯的长期允许工作温度为+70℃。主要性能指标见表9-12,芯数和截面范围表9-13。

丁腈聚氯乙烯复合物绝缘软线型号和主要用途 表9-12

型号	名称	主要用途
RFB	铜芯丁腈聚氯乙烯复合物平型软线	供交流250V及以下和直流500V及以下各种移动电器连接线用
RFS	铜芯丁腈聚氯乙烯复合物绞型软线	

丁腈聚氯乙烯复合物绝缘软线芯数和截面范围 表9-13

序号	型号	芯数	截面范围(mm^2)
1	RFB	2	0.12~2.5
2	RFS	2	0.12~2.5

5. 橡胶绝缘棉纱编织软线

橡胶绝缘棉纱编织软线适用于室内干燥场所,供各种移动式日用电气设备和照明灯座与电源连接用。线芯的长期允许工作温度不超过+65℃。其主要性能指标见表9-14,芯数和截面范围表9-15。

橡胶绝缘棉纱编织软线 表9-14

型号	名称	主要用途
RXS	橡胶绝缘棉纱编织双织软线	供交流250V及以下和直流500V及以下各种移动式日用电气设备和照明灯座与电源连接用
RX	橡胶绝缘棉纱总编织软线	

橡胶绝缘棉纱编织软线的芯数和截面范围　　　表 9-15

序　号	型　号	芯　数	截面范围(mm²)
1	RXS	1	0.2~2
2	RX	2	0.2~2
3	RX	3	0.2~2

6. 聚氯乙烯绝缘尼龙护套电线

聚氯乙烯绝缘尼龙护套电线系铜芯镀锡,用于交流 250V 及以下、直流 500V 及以下的低压线路中。线芯长期允许工作温度为 -60~+80℃,在相对湿度为 98% 条件下使用,环境温度应不小于 +45℃。FVN 聚氯乙烯绝缘尼龙护套电线的芯数为 1,截面范围在 0.3~3mm² 之间。

二、电缆

电缆通常包括电力电缆和控制电缆。电力电缆是用于输送和分配大功率功能的,由于目前工程中,电源的高压部分是由供电部门负责施工,因此在一般情况下,选用额定电压 1kV 的电缆。控制电缆是配电装置中传导操作电流,连接电器仪表、继电器。在选用时,应根据图纸要求,选用满足功能要求的多芯控制电缆。BX、BLX、BV、BLV、BVV、BXF、BLXF 等型号电线的标称截面与线芯结构如表 9-16 所示,其他型号电线的标称截面与线芯结构如表 9-17 和表 9-18 所示。

BX、BLX、BV、BLV、BVV、BXF、BLXF 等型号电线的标称截面与线芯结构　　　表 9-16

标称截面(mm²)	线芯结构 根数/线径(mm)	标称截面(mm²)	线芯结构 根数/线径(mm)
0.03	1/0.20	10	7/1.33
0.06	1/0.30	16	7/1.7
0.12	1/0.40	25	7/2.12
0.2	1/0.50	35	7/2.5
0.3	1/0.60	50	19/1.83
0.4	1/0.70	70	19/2.4
0.5	1/0.80	95	19/2.5
0.75	1/0.97	120	37/2.0
1.0	1/1.13	150	37/2.24
1.5	1/1.37	185	37/2.5
2.5	1/1.76	240	61/2.24
4	1/2.24	300	61/2.5
6	1/2.73	400	61/2.85

BVR 型号电线的标称截面与线芯结构　　　　　　表 9-17

标称截面(mm²)	线芯结构 根数/线径(mm)	标称截面(mm²)	线芯结构 根数/线径(mm)
0.75	7/0.37	10	49/0.52
1.0	7/0.43	16	49/64
1.5	7/0.52	25	98/0.58
2.5	19/0.41	35	133/0.58
4	19/0.52	50	133/0.68
6	19/0.54		

RFB、RFS、RXS、RX 型号电线的标称截面与线芯结构　　　　表 9-18

标称截面(mm²)	线芯结构 根数/线径(mm)	标称截面(mm²)	线芯结构 根数/线径(mm)
0.12	7/0.15	0.75	42/0.15
0.2	12/0.15	1	32/0.2
0.3	16/0.16	1.5	48/0.2
0.4	23/0.15	2.0	64/0.2
0.5	28/0.15	2.5	77/0.2

电缆的种类较多,性能用途较广,在电缆选用上,应根据电缆的有关性能,结合电缆敷设的环境、部位和施工图,严格选用电缆的型号。常见的辐照交联、低烟无卤、阻燃、耐热电缆在火烟中具有低烟无卤、无毒等功能。

1. 电力电缆

(1)135℃辐照交联低烟无卤阻燃聚乙烯绝缘电缆。

该电缆导体允许长期最高工作温度不大于 135℃,当电源发生短路时,电缆温度升至 280℃时,可持续时间达 5min。电缆敷设时环境温度最低不能低于 -40℃,施工时应注意电缆弯曲半径,一般不应小于电缆直径的 15 倍。常见的 135℃辐照交联低烟无卤阻燃聚乙烯绝缘电缆的型号、名称、用途、芯数及截面范围见表 9-19 和表 9-20,其他型号电缆性能指标见表 9-21、表 9-22 和表 9-23。

135℃辐照交联低烟无卤阻燃聚乙烯绝缘电缆型号和主要用途　　　　表 9-19

型　号	名　称	主要用途
WDZ-BYJ(F)	铜芯辐照交联低烟无卤阻燃聚乙烯绝缘电线电缆	固定布线
WDZ-BYJ(F)R	软铜芯辐照交联低烟无卤阻燃聚乙烯绝缘电线电缆	固定布线要求柔软场合
WDZ-RYJ(F)	铜芯辐照交联低烟无卤阻燃聚乙烯绝缘软电线电缆	固定布线要求柔软场合
WDZ-BYJ(F)EB	铜芯辐照交联低烟无卤阻燃聚乙烯绝缘低烟无卤阻燃聚乙烯护套扁平型电线电缆	固定布线
WDZN-BYJ(F)	铜芯辐照交联低烟无卤阻燃聚乙烯绝缘耐火电线电缆	固定布线

135℃辐照交联低烟无卤阻燃聚乙烯绝缘电缆芯数和截面范围

表9-20

序号	型号	芯数	截面范围(mm²)
1	WDZ-BYJ(F)	1	0.5~400
2	WDZ-BYJ(F)R	1	0.75~300
3	WDZ-RYJ(F)	1	0.5~300
4	WDZ-BYJ(F)EB	2、3	0.75~10
5	WDZN-BYJ(F)	1	0.5~400

WDZ-BYJ(F)型号电缆的标称截面与线芯结构

表9-21

标称截面(mm²)	线芯结构 根数/线径(mm)	标称截面(mm²)	线芯结构 根数/线径(mm)
0.5	1/0.80	35	7/2.52
0.75	7/0.37	50	19/1.78
1	7/0.43	70	19/2.14
1.5	7/0.52	95	19/2.52
2.5	7/0.68	120	37/2.03
4	7/0.85	150	37/2.25
6	7/1.04	185	37/2.52
10	7/1.35	240	61/2.25
16	7/1.70	300	61/2.52
25	7/2.14	400	61/2.85

WDZ-BYJ(F)R型号电缆的标称截面与线芯结构

表9-22

标称截面(mm²)	线芯结构 根数/线径(mm)	标称截面(mm²)	线芯结构 根数/线径(mm)
0.75	19/0.22	35	133/0.58
1	19/0.26	50	133/0.68
1.5	19/0.32	70	259/0.58
2.5	19/0.41	95	259/0.68
4	19/0.52	120	427/0.60
6	49/0.40	150	427/0.67
10	49/0.52	185	427/0.74
16	49/0.64	240	427/0.85
25	133/0.49	300	549/0.83

WDZ-RPJ(F)型号电缆的标称截面与线芯结构　　表 9-23

标称截面(mm²)	线芯结构 根数/线径(mm)	标称截面(mm²)	线芯结构 根数/线径(mm)
0.5	16/0.20	35	285/0.40
0.75	24/0.20	50	399/0.40
1	32/0.20	70	700/0.50
1.5	30/0.25	95	481/0.50
2.5	50/0.25	120	610/0.50
4	56/0.30	150	732/0.50
6	84/0.30	185	915/0.52
10	77/0.40	240	1220/0.50
16	133/0.40	300	1525/0.50
25	190/0.40		

（2）辐照交联低烟无卤阻燃聚乙烯电力电缆。

该电缆导体允许长期最高工作温度不大于135℃，当电源发生短路时，电缆温度升至280℃时，可持续时间达5min。电缆敷设时环境温度最低不能低于-40℃。施工时要注意单芯电缆弯曲应大于等于20倍电缆外径，多芯电缆应大于等于15倍电缆外径。其性能指标见表9-24，电线芯数及截面范围见表9-25。

辐照交联低烟无卤阻燃聚乙烯电力电缆的性能指标　　表 9-24

型　号	名　称	主要用途
WDZ-YJ(F)E WDZ-YJ(F)Y	铜芯或铝芯辐照交联低烟无卤阻燃聚乙烯绝缘低烟无卤阻燃聚乙烯护套电力电缆	敷设在室外，可经受一定的敷设牵引，但不能承受机械外力作用的场合；单芯电缆不允许敷设在磁性管道中
WDZ-YJ(F)E22 WDZ-YJ(F)Y22	铜芯或铝芯辐照交联低烟无卤阻燃聚乙烯绝缘钢带铠装低烟无卤阻燃聚乙烯护套电力电缆	适用于埋地敷设，能承受机械外力作用，但不能承受大的拉力
WDZN-YJ(F)E WDZN-YJ(F)Y	铜芯辐照交联低烟无卤阻燃聚乙烯绝缘低烟无卤阻燃聚乙烯护套耐火电力电缆	敷设在室内外，可经受一定的敷设牵引，但不能承受机械外力作用的场合；单芯电缆不允许敷设在磁性管道中
WDZN-YJ(F)E22 WDZN-YJ(F)Y22	铜芯辐照交联低烟无卤阻燃聚乙烯绝缘钢带铠装低烟无卤阻燃聚乙烯护套耐火电力电缆	适用于埋地敷设，能承受机械外力作用，但不能承受大的拉力

辐照交联低烟无卤阻燃聚乙烯电缆芯数及截面范围　　　　表9-25

序　号	型　号	芯　数	截面范围(mm²)
1	WDZ-YJ(F)E WDZ-YJ(F)Y	1~5	1.5~300
2	WDZ-YJ(F)E22 WDZ-YJ(F)Y22	1~5	4~300
3	WDZN-YJ(F)E WDZN-YJ(F)Y	1~5	1.5~300
4	WDZN-YJ(F)E22 WDZN-YJ(F)Y22	1~5	4~300

注：芯数1为单芯电缆，标称截面为1×(导线截面)；
　　芯数2为双芯电缆，标称截面为2×(导线截面)；
　　芯数3为三芯电缆，标称截面为3×(导线截面)；
　　芯数4为四芯电缆，标称截面为3×(导线截面)+1×(导线截面)；
　　芯数5为五芯电缆，标称截面为3×(导线截面)+2×(导线截面)。

2. 控制电缆

辐照交联低烟无卤阻燃聚乙烯控制电缆，该电缆导体允许长期工作温度不大于135℃，当电源发生短路时，电缆温度升至280℃时可持续时间达5min。电缆敷设时，环境温度最低不能低于-40℃。其弯曲时最小半径为电缆直径的10倍。其性能指标见表9-26和表9-27。

辐照交联低烟无卤阻燃聚乙烯控制电缆　　　　表9-26

型　号	名　称	主要用途
WDZ-KYJ(F)E	铜芯辐照交联低烟无卤阻燃聚乙烯绝缘及低烟无卤阻燃聚乙烯护套控制电缆	报警系统、消防系统、门示系统、BA系统、可视系统等弱电系统，亦可用作于强电配电柜箱内二次线的连接
WDZ-KYJ(F)E22	铜芯辐照交联低烟无卤阻燃聚乙烯绝缘及低烟无卤阻燃聚乙烯护套钢带铠装控制电缆	
WDZ-KYJ(F)E32	铜芯或铝芯辐照交联低烟无卤阻燃聚乙烯绝缘及低烟无卤阻燃聚乙烯护套细钢丝铠装控制电缆	
WDZ-KYJ(F)	铜芯辐照交联低烟无卤阻燃聚乙烯绝缘及低烟无卤阻燃聚乙烯护套铜丝编织屏蔽控制电缆	
WDZ-KYJ(F)EP	铜芯辐照交联低烟无卤阻燃聚乙烯绝缘及低烟无卤阻燃聚乙烯护套铜铜带屏蔽控制电缆	
WDZN-KYJ(F)E	铜芯辐照交联低烟无卤阻燃聚乙烯绝缘及低烟无卤阻燃聚乙烯护套耐火控制电缆	

3. 电缆的验收

(1) 查看该型号产品的生产许可证、检测报告和该批产品的合格证。

检测报告和该批产品的合格证应是由国家认可的检测机构出具。

(2) 查看产品实物。

产品实物主要从以下方面查看：

①导线表面上是否有产品生产厂家的全称和有关技术参数；

②检查金属导体的质量,是否有可塑性,防止再生金属用于产品上;

③用卡尺对金属导体的直径进行测量,检查是否达到产品规定的要求;

④截取一段多股导线,剥离绝缘层进行根数检查,查验多股导线的总根数量是否达到产品规定的根数;

⑤进行长度测量,检查是否有"短斤缺两"的现象;

⑥根据检测报告,检查导线表面的绝缘层的厚度;

⑦导线各种颜色的数量,是否满足工程的需要。

每根辐照交联低烟无卤阻燃聚乙烯控制电缆的芯数和导体的标称截面　　　表9-27

芯　数	标 称 截 面				
	1mm²	1.5mm²	2.5mm²	4mm²	6mm²
4	有	有	有	有	有
5	有	有	有	有	有
6	有	有	有	有	有
7	有	有	有	有	有
8	有	有	有	有	有
10	有	有	有	有	有
12	有	有	有	有	有
14	有	有	有	有	有
16	有	有	有		
19	有	有	有		
24	有	有	有		
27	有	有	有		
30	有	有	有		
33	有	有	有		
37	有	有	有		
44	有	有	有		
48	有	有	有		
52	有	有	有		
61	有	有	有		

第三节　开关与插座

在电源线路中,开关的作用是切断或连通电源,而插座是为用电设备提供电源时的一个连接点。常见的微型断路器具有当导线过载、短路和电压突然升高进行保护,并具有隔离功能。微型断路器的外壳是采用高绝缘性和高耐热性的材料制成,燃烧时没有熔点,即使是明火,也只会逐步碳化而不熔化,故使用相当安全。86系列开关与插座具有美观新,操作方便,使用灵活,它的面板采用耐高温、抗冲击、阻燃性能好的聚碳酸酯料制成。开关采用纯银触点,最大限度减小了接触电阻,长时间使用,不会形成发热现象,且通断自如,使用次数高达40000次。插座采用加厚磷青铜,弹性极佳,可使插头与座接触紧密,当设备用电负荷过大时不形成温升,增加了使用寿命。因此微型断电器、86 型系列开关、插座,目前在工程上被广泛使用。

一、微型断路器与开关插座的分类

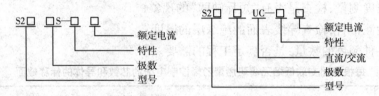

1. 微型断电器型号说明

特性 C——对感性负荷和高感照明系统提供线路保护。

特性 D——对高感性负荷和有较大冲击电流产生的配电系统提供线路保护。

特性 K——对额定电流 40A 以下的电动机系统及变压器配电系统提供可靠保护。

微型断路器品种及性能指标见图 9-1 和表 9-28。

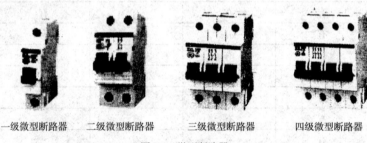

一级微型断路器　　二级微型断路器　　三级微型断路器　　四级微型断路器

图 9-1　微型断路器

S250S、5260、5270、5280、S280DC、5290 系列产品　　表 9-28

系列名称	额定电流	一　极	二　极	三　极	四　极
S250S-C	1~63	S251S-C(1-63)	S252S-C(1-63)	S253S-C(1-63)	S2545-C(1-63)
S250S-D	4~63	S251S-D(4-63)	S252S-D(4-63)	S253S-D(4-63)	S254S-D(1-63)
S250S-K	1~40	S251S-K(1-40)	S252S-K(1-40)	S253S-K(1-40)	S253S-K(1-40)
S260-C	0.5~63	S261-C(0.5-63)	5262-C(0.5-63)	S263-C(0.5-63)	S264-C(0.5-63)
S260-D	0.5~63	S261-D(0.5-63)	S262-D(0.5-63)	S263-D(0.5-63)	S264-D(0.5-63)
S270-C	6~63	S271-C(6-63)	S272-C(6-63)	S273-D(6-63)	S274-D(6-63)
5280-C	80~100	S281-C(80-100)	5282-C(80-100)	S283-C(80-100)	S284-C(80-100)
S280UC-C	0.5~63	S281UC-C(0.5-63)	S282UC-C(0.5-63)	S283UC-C(0.5-63)	
S280UC-K	0.5~63	S281UC-K(0.5-63)	S282UC-K(0.5-63)	S283UC-K(0.5-63)	
S290-C	80~125	S291-C(80-125)	S292-C(80-125)	S293-C(80-125)	S294-C(80-125)

注:1. 额定电流系列有 0.5、1、2、3、4、6、10、16、20、25、32、40、50、63 十四种规格。

2. 表内额定电流(0.5~63)是十四种规格的合写。

3. 应根据用电负荷量,按微型断路器的额定电流系列的规格,选择满足功能要求的微型断路器。

2. 开关与插座

开关与插座见表 9-29。

部分 86 系列开关与插座 表 9-29

产品外观	名称与规格	产品外观	名称与规格
	10A250V 单联单控开关 10A250V 单联双控开关		250A440V 三相四极插座
	10A250V 双联单控开关 10A250V 双联双控开关		一位四线美式电话插座
	10A250V 三联单控开关 10A250V 三联双控开关		二位四线美式电话插座
	10A250V 四联单控开关 10A250V 四联双控开关		一位六线英式电话插座
	10A250V 五联单控开关 10A250V 五联双控开关		一位普通型电视插座
	10A250V 单相三级插座		二位普通型电视插座
	10A250V 单相二极和 单相三极组合插座		0.5A220V 轻触延时开关
	10A250V 单相二极和单相三极, 单相三极带开关 组合插座组合插座		0.5A220V 声光控延时开关
	10A250V 双联单相 二极扁圆双用插座		250V 门铃开关
	16A250V 双联美式电脑插座		250V 门铃开关带指示
	13A250V 单相三极方脚插座		调速开关
	10A250V 单相三极万能插座		开关防潮面板
	10A250V 单相二极和 单相三极组合万能插座		插座防溅面板

二、适用范围

微型断路器的用途较广,在民用住宅、公共建筑、工业厂房内均可使用。民用住宅适用于电表箱和室内分户箱内。公共建筑适用于楼层照明控制,会议室和配电间。工业厂房适用于办公室和车间内照明。它的特点是:容量和控制范围大,能同时切断某个部位的电源,并对电源电流量声高提供线路保护。

三、验收

微型断路器和86系列开关与插座验收时,应先查看企业的生产许可证和产品合格证,其次进行实物检查。实物检查的主要内容:一查微型断路器的型号与规格是否与图纸要求相符;二查接线桩头是否完好,螺钉是否齐全;三查开关启闭是否灵活;四查是否阻燃性。

目前,市场上的假冒伪劣产品主要反映在两个方面:一是用劣质的原料加工成面板。二是用再生铜加工成铜片。当这些劣质的产品流入市场,在多次使用后,铜片发热,刚性退化,使连接点处的电阻增大,热量上升,从而引发烧毁现象,严重的将燃烧。所以在采购和验收时应特别注意。

四、开关插座选购、使用注意事项

1. 选购注意事项

(1) 看外观。

开关的款式、档次应该与室内装饰的整体风格相吻合。

(2) 看手感。

品质好的开关大多使用防弹胶等高级材料制成,防火性能、防潮性能、防撞击性能等都较好;板体表面光滑,插座的插孔需装有保护门,插头插拔应需要一定的力度并单脚无法插入。

(3) 掂分量。

即要掂量一下单个开关的分量。因为铜片是开关内部最关键的部分,铜片厚,单个开关的重量就重;如果是合金的或者薄的铜片将不会有同样的重量和品质。

(4) 看标识。

要注意开关、插座底座上的标识:如额定电流电压值、国家强制性产品认证(CCC)等。

(5) 看包装。

产品包装完整,上面应该有清晰的厂家地址电话,包装盒(或箱)内有应附有使用说明和产品生产合格证。

2. 开关插座使用注意事项

(1) 开关插座等产品的最大负荷能力是经过计算设计标定的,不可过载超负荷使用。

(2) 调光开关是通过电压变化来调节光源的,不适用于荧光灯、节能灯、环型灯管等光源上。

第四节 电气材料的运输及保管

一、运输

电气材料在运输时要轻拿轻放,以免损坏灯具、灯泡等玻璃制品,同时要注意防雨雪、防潮、防挤压。

二、保管

电气材料要存放入库,防日晒、雨淋,灯管、灯泡、灯具要用箱装,垛高不高于1.2m,垛底要高出地面20cm,开关、面板要防潮、防污染。要分门别类、分厂家保管。

本 章 小 结

电线导管(穿管)都是由绝缘性能较好的聚氯乙烯(PVC)或改性的聚氯乙烯塑料构成,主要起着保护、绝缘作用,利于日后维修工作的进行。

电缆由一根或多根相互绝缘的导电线芯置于密封护套中构成的绝缘导线。其外可加保护覆盖层,用于传输、分配电能或传送电信号。它与普通电线的差别主要是电缆尺寸较大,结构较复杂。

开关和插座按安装方式和使用功能可以分为很多种,选择开关与插座要看质量,使用开关插座要注意荷载,对特种开关要注意它的使用特性。

复习思考题与习题

1. 电线导管的材料组成和作用?
2. 电线的种类、电线与电缆的异同点?
3. 开关的分类、作用?
4. 电气材料的运输及保管有哪些要求?

第十章 试验技能训练

学习要求

通过试验实训,使学习者能够运用建筑材料的基本知识和试验技术,正确掌握并运用相应标准及规范,分析和整理试验检测数据,对工程所用的材料性能及质量做出准确的评价,提供科学的、真实的工程质量检测结果。请按照以下试验指导书的要求完成试验并认真填写实训报告,并通过试验技能题检查对试验的掌握情况。

第一节 绪 论

一、材料试验目的

对材料进行试验是为了准确评定材料的性质,在设计和施工中经济合理地选用材料。通过试验可以了解材料是否符合国家标准或技术规范,工程中自备材料是否能达到预期的性质,材料的质量是否随时间而变化,材料性质是否稳定等。

通过试验,既可以巩固所学的理论知识、丰富学习内容,又可以熟悉试验设备的性能和操作规程,掌握各种主要建筑材料的技术性质,培养学生的基本试验技能和严谨的科学态度,提高分析问题和解决问题的能力。

二、材料试验的过程

1. 选取试样

所选试样必须有代表性。各种材料的取样方法,在有关的技术标准或规范中均有规定。

2. 按规定的方法进行试验

在试验过程中,仪器设备及试验操作等试验条件,必须符合标准试验方法中的有关规定,以保证获得准确的试验结果。认真记录试验过程所得数据,在试验过程中应注意观察出现的各种现象。

3. 处理试验数据,分析试验结果

计算结果应与测量的准确度相一致,数据运算按有效数字法则进行。

试验结果分析包括结果的可靠度、结果与标准对比、结论。

三、试验态度

在整个试验过程中,既要有探索的精神,发挥自己的学识,提出独立见解,又要有科学的态度严肃认真地对待每项试验步骤,绝不允许任意涂改试验数据,故意地与预期结果相吻合。

(1)明确试验目的,试验前对该材料的性质及技术要求应有一定程度的了解;
(2)建立严格的科学工作秩序,遵守试验室各项制度及试验操作规程;
(3)密切注视试验中出现的各种现象,并分析其原因;
(4)试验数据按有关规定进行处理,在此基础上,对试验结果作出实事求是的结论。

第二节 建筑材料基本物理性质试验

实训一 密度(李氏比重瓶法)

一、试验目的

测定材料的密度,用于确定材料的种类。

二、主要仪器设备

包括李氏瓶(见图10-1)、筛子(孔径0.2mm)、天平(1000g,感量0.01g)、温度计、烘箱、干燥器、量筒等。

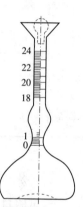

图10-1 李氏瓶

三、试验步骤

(1)将试样破碎研磨并全部通过0.2mm孔筛,再放入105~110℃的烘箱中,烘至恒重,然后在干燥器内冷却至室温。

(2)将不与试样起反应的液体注入李氏瓶中,使液体至突颈下0~10mL刻度线范围内,记下刻度数,将李氏瓶放入盛水的容器中,在试验过程中水温控制在(20±0.5)℃。

(3)用天平称取60~90g试样,用小勺和漏斗小心地将试样徐徐送入李氏瓶中(下料速度不得超过瓶内液体浸没试样的速度,以免阻塞),直至液面上升至20mL刻度左右为止。再称剩余的试样质量,算出装入瓶内的试样质量m(g)。

(4)转动李氏瓶使液体中的气泡排出,记下液面刻度。根据前后两次液面读数算出液面上升的体积$V(cm^3)$,即为瓶内试样所占的体积。

四、结果评定

(1)计算试样密度ρ(精确至0.01g/cm³)。

$$\rho = \frac{m}{V}$$

式中:m——装入瓶中试样的质量(g);

V——装入瓶中试样的体积(cm³)。

(2)以两次试验结果的平均值作为密度的测定结果,但两次试验结果之差不应大于0.02g/cm³,否则得重做。

五、填写试验报告

试验后按要求填写如表10-1所示的实训报告。

材料密度试验实训报告

日期_____ 班级_____ 组别_____ 姓名_____ 学号_____　　　表 10-1

试验题目								成绩	
实训目的									
主要仪器									
试验步骤									

试验编号	试样质量 m_1 (g)	试样余量 m_2 (g)	装入粉末的质量 ($m = m_1 - m_2$) (g)	液面读数(mL)		装入粉末的体积 ($V = V_1 - V_2$) (cm^3)	密度 ρ (g/cm^3)	备注
				装入粉末前 V_1	装入粉末后 V_2			
试验总结								

实训二　材料的表观密度(量积法)

一、试验目的

测定材料的表观密度,用于确定材料的种类。

二、主要仪器设备

包括游标卡尺(精度 0.1mm)、天平(感量 0.1g)、烘箱、干燥器等。

三、试验步骤

(1)将规则形状的试件放入 105~110℃的烘箱中烘干至恒温,取出后放入干燥器中,冷却至室温并用天平称量出试件的质量 $m(g)$。

(2)用游标卡尺量出试件尺寸(每边测量上、中、下三处,取其算术平均值),并计算出其体积 $V_0(cm^3)$。

四、结果评定

(1)计算材料的表观密度 ρ_0:

$$\rho_0 = \frac{m}{V_0} \quad (g/cm^3)$$

(2)以 5 次试验结果的平均值作为最后测定结果,精确至 $0.01g/cm^3$。

五、填写试验报告

试验后按要求填写如表10-2所示的实训报告。

材料表观密度试验实训报告

日期_____ 班级_____ 组别_____ 姓名_____ 学号_____ 表10-2

实验题目														成绩		
试验目的																
试验仪器																
试验步骤																

试验编号	试样质量 $m(g)$	边长 A(cm)				边长 B(cm)				边长 C(cm)				体积 V_0 $A \times B \times C$ (cm³)	密度 ρ_0 (g/cm³)	备注
		A_1	A_2	A_3	平均	B_1	B_2	B_3	平均	C_1	C_2	C_3	平均			
试验总结																

实训三 材料的吸水率

一、试验目的

测定材料的吸水率,用于评定材料的吸水性。

二、主要仪器设备

包括天平、烘箱、干燥箱、游标卡尺等。

三、试验步骤

(1)将试样置于不超过110℃的烘箱中,烘干至恒量,再放到干燥器中冷却至室温,称其质量 $m(g)$。

(2)将试件放入金属盆或玻璃盆中,在盆底部放些垫条(避免试件与盆底紧贴)试件之间应留1~2cm的间隔。

(3)加水至试件高度的1/3处,过24h后再加水至高度的2/3处,再过24h加满水,并再放置24h。这样逐次加水的目的在于使试件孔隙中空气逐渐逸出。

(4)取出试件,抹去表面水分,称其质量 m_b。用排水法测试件的体积 V_0(cm³)。

(5)为了检查试件是否吸水饱和,可将试件再浸入水中至高度的2/3处,过24h重新称量,两次质量之差不超过1%。

四、结果评定

(1)计算试件吸水率:

$$W_\mathrm{m} = \frac{m_\mathrm{b} - m}{m} \times 100\%$$

质量吸水率:

$$W_\mathrm{V} = \frac{m_\mathrm{b} - m}{V_0} \times \frac{1}{\rho_\mathrm{w}} \times 100\%$$

体积吸水率:

(2)以三个试件吸水率的算术平均值作为测定结果。

五、填写试验报告

试验后按要求填写如表 10-3 所示的实训报告。

材料吸水率试验实训报告

日期_____ 班级_____ 组别_____ 姓名_____ 学号_____　　　表 10-3

试验题目			成绩	
实训目的				
主要仪器				
试验步骤				
试件编号	烘干试件的质量 $m(\mathrm{g})$	吸水至恒量时的试件质量 $m_\mathrm{b}(\mathrm{g})$	吸水率 $W_\mathrm{m} = \frac{m_\mathrm{b} - m}{m} \times 100\%$	备注 温度、湿度
实验总结				

第三节　水　泥　试　验

无特殊说明时,试验室温度应为 17~25℃,相对湿度大于 50%。试验用水必须是洁净的淡水,如有争议可使用蒸馏水。水泥试样、标准砂、拌和水、仪器的用具的温度均与试验室温度一致。

实训一　水泥细度(负压筛法)

一、试验目的

评定水泥的细度。

二、主要仪器设备

负压筛析仪由筛座、负压筛(方孔边长0.080mm)、负压源及收尘器组成,天平最大称量为100g,分度值不大于0.05g。

三、试验步骤

(1)水泥样品应充分拌匀,通过0.9mm方孔筛,记录筛余物情况,要防止过筛时混进其他水泥。

(2)筛析试验前,应把负压筛放在筛座上,盖上筛盖,接通电源,检查控制系统,调节负压至4000~6000Pa范围内。

(3)称取试样25g,置于洁净的负压筛中,盖上筛盖,放在筛座上,开动筛析仪连续筛析2min,在此期间如有试样附着在筛盖上,可轻轻地敲击,使试样落下。筛毕,用天平称取筛余物。

(4)当工作负压小于4000Pa时,应清理吸尘器内水泥,使负压恢复正常。

四、结果评定

(1)计算:

$$A = \frac{m_0}{m} \times 100\% \quad (计算至0.1\%)$$

(2)评定:根据国家标准评定是否合格。

五、填写试验报告

试验后按要求填写如表10-4所示的实训报告。

水泥细度试验实训报告

日期_____ 班级_____ 组别_____ 姓名_____ 学号_____ 表10-4

试验题目			成绩	
实训目的				
主要仪器				
试验步骤				
试验次数	筛析用试样质量$m(g)$	在0.8mm筛上筛余物质量$m_0(g)$	筛余百分数$A(\%)$	
试验总结				

实训二　水泥标准稠度用水量

一、试验目的

测定水泥净浆达到标准稠度时的用水量,为测定水泥凝结时间和体积安定性做准备。

二、主要仪器设备

(1)标准法维卡仪。
(2)净浆搅拌机。
(3)湿气养护箱:应使温度控制在20℃±1℃,相对湿度大于90%。
(4)天平:称量精确至1g。
(5)量水器:最小刻度为0.1mL,精度1%。

三、试验步骤

(1)仪器的校核和调整:检查维卡仪的金属棒能否自由滑动,试杆接触玻璃板时将指针对准零点,检查搅拌机是否运行正常。

(2)水泥净浆的拌制:用水泥净浆搅拌机搅拌,搅拌锅和搅拌叶片先用湿布擦过,将拌和水倒入搅拌锅内,然后在5~10s内小心将称好的500g水泥加入水中,防止水和水泥溅出;拌和时,先将锅放在搅拌机的锅座上,升至搅拌位置,启动搅拌机,低速搅拌120s,停15s,同时将叶片和锅壁上的水泥浆刮入锅中间,接着高速搅拌120s停机。

(3)标准稠度用水量的测定:拌和结束后,立即将拌制好的水泥净浆装入已置于玻璃底板上的试模中,用小刀插捣,轻轻振动数次,刮去多余的净浆;抹平后迅速将试模和底板移到维卡仪上,并将其中心定在试杆下,降低试杆直至与水泥净浆表面接触,拧紧螺钉1~2s后,突然放松,使试杆垂直自由沉入水泥净浆中。在试杆停止沉入或释放试杆30s时记录试杆距底板之间的距离,升起试杆后,立即擦净;整个操作应在搅拌后1.5min内完成。以试杆沉入净浆并距底板6mm±1mm的水泥净浆为标准稠度净浆,其拌和水量为该水泥的标准稠度用水量(P),按水泥质量的百分比计。

四、结果评定

计算:

$$P = \frac{W}{500} \times 100\%$$

实训三　凝结时间测定

一、试验目的

测定水泥净浆达到标准稠度时的用水量,为测定水泥凝结时间和体积安定性做准备。

二、主要仪器设备

(1)标准法维卡仪:如图10-2所示,测定凝结时间时取下试杆,用试针(图10-2d、图

10-2e)代替试杆。

(2)其他仪器设备与标准稠度用水量相同。

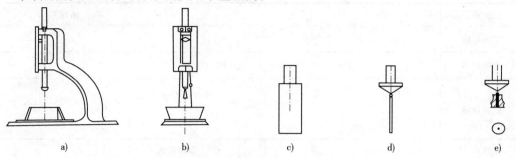

图 10-2 测定水泥标准稠度和凝结时间用的维卡仪
a)初凝时间测定用立式试模侧视图;b)终凝时间测定用反转试模前视图;c)标准稠度试杆;d)初凝用试针;e)终凝用试针

三、试验步骤

(1)测定前准备工作:调整凝结时间测定仪的试针接触玻璃板时将指针对准零点。

(2)试件的制备:以标准稠度的水泥净浆一次装满试模,振动数次刮平,立即放入湿气养护箱中。记录水泥全部加入水中的时间作为凝结时间的起始时间。

(3)初凝时间的测定:试件在湿气养护箱中养护至加水后 30min 时进行第一次测定。测定时,从湿气养护箱中取出试模放到试针下,降低试针与水泥净浆表面接触,拧紧螺钉 1~2s,突然放松,试针垂直自由地沉入水泥净浆。观察试针停止下沉或释放试针 30s 时指针的读数。当试针沉至距底板 4mm±1mm 时,为水泥达到初凝状态,由水泥全部加入水中至初凝状态所经历时间为水泥的初凝时间,用"min"表示。

(4)终凝时间的测定:为了准确观测试针沉入的状况,在终凝针上安装了一个环形附件(图 10-2e)。在完成初凝时间测定后,立即将试模连同浆体以平移的方式从玻璃板取下,翻转 180°,直径大端向上,小端向下放在玻璃板上,再放入湿气养护箱中继续养护,临近终凝时间每隔 15min 测定一次,当试针沉入试体 0.5mm 时,即环形附件开始不能在试体上留下痕迹时,为水泥达到终凝状态,由水泥全部加入水中至终凝状态所经历的时间为水泥的终凝时间,用"min"表示。

(5)测定时应注意,最初的测定操作时应用手轻轻扶持金属柱,使其徐徐下降,以防试针撞弯,但结果要以自由下落为准。在整个测试过程中试针沉入的位置至少要距试模内壁 10mm,临近初凝时,每隔 5min 测定一次,临近终凝时每隔 15min 测定一次,到达初凝或终凝时应立即重复测一次,当两次结论相同时才能定为到达初凝或终凝状态。每次测定不能让试针落入原针孔,每次测试完毕须将试针擦净并将试模放回湿气养护箱内,整个测试过程要防止试模受振。

注意:可以使用能得出与标准中规定方法相同结果的凝结时间自动测定仪,使用时不必翻转试体。

四、结果评定

(1)评定:根据国家标准评定是否合格。
(2)记录格式示例见表 10-5。

水泥标准稠度用水量、凝结时间、安定性试验实训报告

日期_____ 班级_____ 组别_____ 姓名_____ 学号_____   表 10-5

试验题目					成绩	
实训目的						
主要仪器						
试验步骤						
试样名称				材料产地		
试验次数	标准稠度用水量试验		凝结时间试验		安定性试验	
	试锥下沉深度 S	标准稠度用水量	初凝时间 T_i	终凝时间 T_t	雷氏法	试饼法
试验总结						

实训四　水泥安定性试验

一、试验目的

检定由于游离氧化钙而引起水泥体积变化,以表示水泥体积安定性是否合格。

安定性的测定有两种方法,即雷氏法和试饼法、雷氏法是标准法、试饼法为代用法,有争议时以雷氏法为准。雷氏法是测定水泥净浆在雷氏夹中沸煮后的膨胀值;试饼法是观察水泥净浆试饼沸煮后的外形变化来检验水泥的体积安定性。

二、主要仪器设备

1. 雷氏夹

雷氏夹及其受力示意图见图 10-3 和图 10-4。

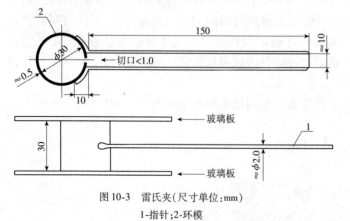

图 10-3　雷氏夹(尺寸单位:mm)
1-指针;2-环模

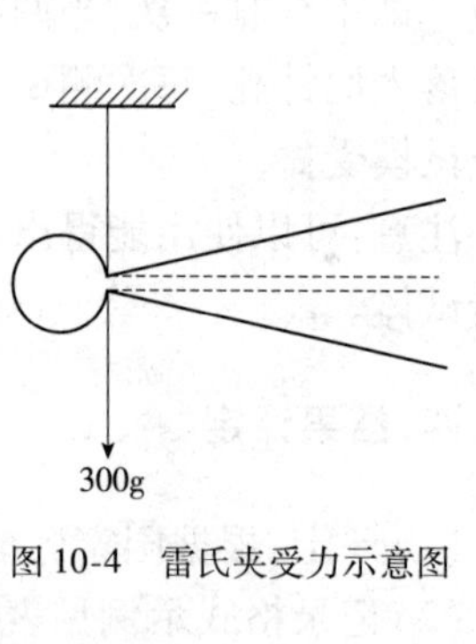

图 10-4　雷氏夹受力示意图

2. 雷氏夹膨胀值测定仪

雷氏夹膨胀测定仪如图 10-5 所示,其标尺最小刻度为 0.5mm。

3. 沸煮箱

有效容积约为 410mm×240mm×310mm,篦板的结构应不影响试验结果,篦板与加热器之间的距离大于 50mm。箱的内层由不易锈蚀的金属材料制成,能在 30min±5min 内将箱内的试验用水由室温升至沸腾并可以保持沸腾状态 3h 以上,整个试验过程中不需补充水量。

4. 其他设备

(1)玻璃板、抹刀、直尺。

(2)其他仪器设备与标准稠度用水量相同。

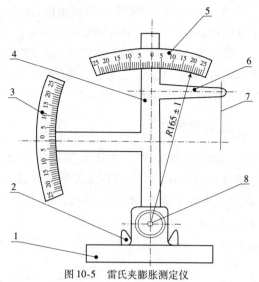

图 10-5 雷氏夹膨胀测定仪
1-底座;2-模子座;3-测强性标尺;4-立柱;5-测膨胀值标尺;6-悬臂;7-悬丝;8-弹簧顶钮

三、试验步骤

1. 雷氏法(标准法)

(1)测定前的准备工作:每个试样需成型两个试件,每个雷氏夹需配备质量约 75~80g 的玻璃板两块,凡与水泥净浆接触的玻璃板表面和雷氏夹内表面都要稍稍涂上一层油。

(2)雷氏夹试件的成型:以标准稠度用水量加水,按水泥净浆的拌制方法制备标准稠度净浆。将预先准备好的雷氏夹放在已稍擦油的玻璃板上,并立即将已制备好的标准稠度净浆装满雷氏夹。装浆时一只手轻轻扶持雷氏夹,另一只手用宽约 10mm 的小刀插捣数次,然后抹平,盖上稍涂油的玻璃板,接着立即将试件移至湿气养护箱内养护 24h±2h。

(3)沸煮:调整好沸煮箱内的水位,使之在整个沸煮过程中都能没过试件,不需中途添补试验用水,同时保证水温在 30min±5min 内能升至沸腾。

脱去玻璃板取下试件,先测量雷氏夹指针尖端间的距离 A,精确到 0.5mm,接着将试件放入沸煮箱水中的试件架上,指针朝上,试件之间互不交叉,30min±5min 内加热至沸并恒沸 3h±5min。

(4)结果判别:沸煮结束后,立即放掉沸煮箱中的热水,打开箱盖,待箱体冷却至室温,取出试件进行判别。测量雷氏夹指针尖端的距离 C,精确到 0.5mm,当两个试件煮后增加距离 (C-A) 的平均值不大于 5.0mm 时,即认为该水泥安定性合格;当两个试件的 (C-A) 值相差超过 4.0mm 时,应用同一样品立即重做一次试验。再如此,则认为该水泥安定性不合格。

2. 试饼法(代用法)

(1)测定前的准备工作:每个样品需准备两块约 100mm×100mm 的玻璃板,凡与水泥净浆接触的玻璃板都要稍稍涂上一层油。

(2)试饼的成型方法:将制好的标准稠度净浆取出一部分分成两等份,使之呈球形,放在预先准备好的玻璃板上,轻轻振动玻璃板并用湿布擦净的小刀由边缘向中央抹动,做成直径 70~80mm、中心厚约 10mm、边缘渐薄、表面光滑的试饼,接着将试饼放入湿气养护箱内养护 24h±2h。

(3)沸煮:调整好沸煮箱内的水位,使之在整个沸煮过程中都能没过试件,不需中途添补试验用水,同时保证水温在 30min±5min 内能升至沸腾。

脱去玻璃板取下试件,用试饼法时,先检查试饼是否完整(如已开裂、翘曲,要检查原因,确定无外因时,该试饼已属不合格品,不必沸煮),在试饼无缺陷的情况下,将试饼放在沸煮箱水中的篦板上,然后在 30min±5min 内加热至水沸腾并恒沸 3h±5min。

四、结果评定

(1)结果判别:沸煮结束后,立即放掉沸煮箱中的热水,打开箱盖,待箱体冷却至室温,取出试件进行判别。目测试饼未发现裂缝,用钢直尺检查也没有弯曲(使钢直尺和试饼底部紧靠,以两者间不透光、不弯曲)的试饼为安定性合格,反之为不合格。当两个试饼判别结果有矛盾时,该水泥的安定性为不合格。

(2)填写试训报告:所填写的实训报告如表 10-5 所示。

实训五 水泥胶砂强度(ISO 法)

一、试验目的

测定水泥的抗折强度和抗压强度,从而确定水泥的强度等级。

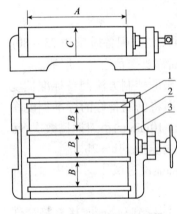

图 10-6 水泥胶砂试验试模
1-底座;2-隔板;3-端板

二、主要仪器设备

(1)水泥胶砂搅拌机:由胶砂搅拌锅和搅拌叶片及相应的机构组成,属行星式搅拌机。

(2)振实台:胶砂试体成型振实台由可以跳动的台盘和使其跳动的轮等组成。

(3)试模:试模由三个水平的模槽组成,可同时成型三条截面为 40mm×40mm×160mm 的菱形试体,如图 10-6 所示。

(4)抗折强度试验机。

(5)抗压强度试验机及夹具。

(6)刮平直尺和播料器。

(7)试验筛、天平、量筒等。

三、试验步骤

1. 试件成型准备

成型前将试模擦净,用黄干油等密封材料涂覆试模的外接缝,试模的内表面应涂上一薄层机油。

2. 胶砂组成

(1)水泥:当试验水泥从取样至试验要保持 24h 以上时,应把水泥贮存在基本装满和气密的容器里,这个容器不与水泥反应。

(2)中国 ISO 标准砂:中国 ISO 标准砂完全符合 ISO 基准砂颗粒分布和含水量的规定。

(3)水:仲裁试验或其他重要试验用蒸馏水,其他试验可用饮用水。

3. 胶砂制备

(1)每成型三条试体各种材料用量如表 10-6 所示。

每锅胶砂的材料数量(g)　　　　　表 10-6

材料量 水泥品种	水　泥	标　准　砂	水
硅酸盐水泥			
普通硅酸盐水泥			
矿渣硅酸盐水泥	450±2	1350±5	225±1
粉煤灰硅酸盐水泥			
复合硅酸盐水泥			
石灰石硅酸盐水泥			

(2)水泥、砂、水和试验用具的温度与试验室相同,称量用的天平精度应为±1g。当用自动滴管加 225mL 水时,滴管精度应达到±1mL。

(3)每锅胶砂用搅拌机进行机械搅拌。先使搅拌机处于待工作状态,然后按下面的程序进行操作:先把水倒入锅内,再加入水泥,把锅放在固定架上,上升至固定位置后立即开动机器,低速搅拌 30s 后,在第二个 30s 开始的同时均匀地将砂子加入,当各级砂分装时,从最粗粒级开始,依次将所需的每级砂倒入锅内,再高速拌和 30s,停拌 90s,在第 1 个 15s 内用一胶胶刮具将叶片和锅壁上的胶砂刮入锅中间,再高速继续搅拌 60s。各个搅拌阶段,时间误差应在 ±1s 以内。

4. 试件制备

胶砂制备后立即成型。将空试模和模套固定在振实台上,用小勺从搅拌锅里把胶砂分两层装入试模,装第一层时,每个槽里约放 300g 胶砂,用大播料器垂直架在模套顶部沿每个模槽来回一次将料层播平,接着振实 60 次。再装入第二层胶砂,用小播料器播平,再振实 60 次,移走模套,从振实台上取下试模,用一金属直尺以近似 90°的角度架在试模模顶的一端,然后沿试模长度方向以横向锯割动作慢慢向另一端移动,一次将超过试模部分的胶砂刮去,并用同一直尺以近乎水平的情况下将试体表面抹平。在试模上作标记或加字条对试件编号。

5. 试件的养护

(1)脱模前的处理和养护:去掉留在试模四周的胶砂,立即将做好标记的试模放入雾室或湿箱的水平架子上养护,湿空气应能与试模各边接触。养护时不应将试模放在其他试模上,一直养护到规定的脱模时间时取出脱模。脱模前,用防水墨汁或颜料笔对试体进行编号或做其他标记,对两个龄期以上的试体,在编号时应将同一试模中的三条试体分在两个以上龄期内。

(2)脱模:脱模应非常小心。对于 24h 龄期的,应在破型试验前 20min 内脱模,对于 24h 以上龄期的,应在成型后 20~24h 之间脱模。

注意:如经 24h 养护,会因脱模对强度造成损害时,可以延迟至 24h 以后脱模,但在试验报告中应予说明。

已确定作为 24h 龄期试验(或其他不下水直接做试验)的已脱模试体,应用湿布覆盖至做试验时为止。

(3)水中养护:将做好标记的试件立即水平或竖直放在 20℃±1℃ 水中养护,水平放置时刮平面应朝上,试件放在不易腐烂的篦子上,并彼此间保持一定间距,以让水与试件的6个面接触。养护期间试件之间间隔或试体上表面的水深不得小于5mm。

注意:不宜用木篦子。

每个养护池只养护同类型的水泥试件。最初用自来水装满养护池(或容器),随后随时加水保持适当的恒定水位。不允许在养护期间全部换水,除24h龄期或延迟至48h脱模的试体外,任何到龄期的试体应在试验(破型)前15min从水中取出,揩去试体表面沉积物,并用湿布覆盖到试验为止。

(4)试体龄期从水泥加水搅拌开始试验时算起,不同龄期强度试验在下列时间里进行:

24h±15min;

48h±30min;

72h±45min;

7d±2h;

28d±8h。

6. 强度测定

(1)抗折强度测定。

如图10-7所示,将试体一个侧面放在试验机支撑圆柱上,试体长轴垂直于支撑圆柱,通过加荷圆柱以50N/s±10N/s的速率均匀地将荷载垂直地加在棱柱体相对侧面上,直至折断。

保持两个半截棱柱体处于潮湿状态直至抗压试验。

(2)抗压强度测定。

如图10-8所示,在半截棱柱体的侧面上进行,半截棱柱体中心与压力机压板受压中心差应在±0.5mm内,棱柱体露在压板外的部分约10mm,以2400N/s±200N/s的速率均匀地加荷直至破坏。

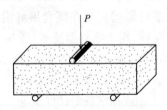

图10-7 水泥胶砂抗折强度

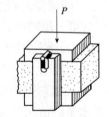

图10-8 水泥胶砂抗压强度

四、结果评定

1. 计算

(1)抗折强度 $f_{ce,m}$ 以 MPa 表示,按下式计算:

$$f_{ce,m} = \frac{1.5FL}{b^3}$$

式中:$f_{ce,m}$——标准试件的抗折强度(MPa);

　　　F——试件折断时施加在棱柱体中部的荷载(N);

　　　L——支撑圆柱之间的距离(mm)。

(2)抗压强度 $f_{ce,c}$ 以"MPa"表示,按下式计算:

$$f_{ce,c} = \frac{F_c}{A}$$

式中：$f_{ce,c}$——试件的抗压强度（MPa）；

F_c——试件破坏时的最大荷载（N）；

A——试件受压部分面积（mm^2，$40mm \times 40mm = 1600mm^2$）。

2. 水泥的合格检验

（1）以一组三个棱柱体抗折强度的平均值作为试验结果。当三个强度值中有一个超出平均值的 ±10% 时，应将其剔除后再取平均值作为抗折强度试验结果。

（2）以一组三个棱柱体上得到的 6 个抗压强度测定值的算术平均值为试验结果。如 6 个测定值中有一个超出平均值的 ±10%，将其剔除，以剩下 5 个的平均值为测定结果，如果 5 个测定值中再有超出它们平均值的 ±10% 的，则此组结果作废。

（3）各试体的抗折强度记录至 0.1MPa，按规定计算平均值，计算精确到 0.1MPa。各个半棱柱体得到的单个抗压强度结果计算至 0.1MPa，按规定计算平均值，计算精确至 0.1MPa。水泥胶砂强度试验记录见表 10-7。

水泥胶砂强度试验实训报告

日期_____ 班级_____ 组别_____ 姓名_____ 学号_____　　　　表 10-7

试验题目						试验成绩				
试验目的										
主要仪器										
试验步骤										
试样名称					材料产地					
试件编号	试件龄期(d)	抗折强度			试件编号	抗压强度				水泥强度等级(MPa)
		破坏荷载 F_c(N)	支点间距 L(mm)	试件尺寸(mm)		破坏荷载 F_e(N)	受压面积 A(mm^2)	抗压强度 $f_{ce,c}$(MPa)		
				抗折强度 $f_{ce,m}$(MPa)						
				正方形截面边长 b	单值 均值			单值	均值	
					1					
1					2					
					3					
2					4					
					5					
3					6					
试验总结										

第四节 水泥混凝土试验

实训一 砂的筛分析

一、试验目的

测定砂子的颗粒级配并计算细度模数,为混凝土配合比设计提供依据。

二、主要仪器设备

电热鼓风干燥箱(能使温度控制在 105℃ ±5℃);方孔筛(孔径为 150μm、300μm、600μm、1.18mm、2.36mm、4.75mm 及 9.50mm 的筛各一只,并附有筛底和筛盖);天平(称量 1000g,感量 1g);摇筛机、搪瓷盘、毛刷等。

三、试样制备

按规定方法取样约 1100g,放入电热鼓风干燥箱内于 105℃±5℃下烘干至恒量,待冷却至室温后,筛除大于 9.50mm 的颗粒,记录筛余百分数;将过筛的砂分成两份备用。

注意:恒量系指试样在烘干 1~3h 的情况下,其前后两次质量之差不大于该项试验所要求的称量精度。

四、试验步骤

(1)称取试样 500g,精确至 1g。将试样倒入按孔径从大到小顺序排列、有筛底的套筛上,然后进行筛分。

(2)将套筛置于摇筛机上,筛分 10min;取下套筛,按孔径大小顺序再逐个手筛,筛至每分钟通过量小于试验总量的 0.1% 为止。通过筛的试样并入下一号筛中,并和下一号筛中的试样一起筛分;依次按顺序进行,直至各号筛全部筛完为止。

(3)称取各号筛的筛余量,精确至 1g。试样在各号筛上的筛余量不得超过按下式计算出的质量。超过时应按下列方法之一处理:

$$G = \frac{A \cdot d^{\frac{1}{2}}}{200}$$

式中:G——在一个筛上的筛余量(g);

A——筛面面积(mm^2);

d——筛孔尺寸(mm)。

(1)将该粒级试样分成少于按上式计算出的量,分别筛分,并以筛余量之和作为该号筛的筛余量。

(2)将该粒级及以下各粒级的筛余混合均匀,称出其质量,精确至 1g。再用四分法缩分为大致相等的两份,取其中一份,称出其质量,精确至 1g,继续筛分。计算该粒级及以下各粒级的分计筛余量时,应根据缩分比例进行修正。

五、结果评定

(1)计算分计筛余率:以各号筛筛余量占筛分试样总质量百分率表示,精确至 0.1%。

(2)计算累计筛余率：累计未通过某号筛的颗粒质量占筛分试样总质量的百分率，精确至 0.1%。如各号筛的筛余量同筛底的剩余量之和，与原试样质量之差超过 1% 时，须重新试验。

(3)砂的细度模数按下式计算（精确至 0.01）：

$$M_x = \frac{(A_2 + A_3 + A_4 + A_5 + A_6) - 5A_1}{100 - A_1}$$

式中： M_x——细度模数；

A_1、A_2、A_3、A_4、A_5、A_6——分别为 4.75mm、2.36mm、1.18mm、0.60mm、0.30mm、0.15mm 筛的累计筛余百分率。

(4)试验后按要求填写如表 10-8 所示的实训报表。

水泥混凝土细集料（砂）筛分试验实训报告　　　　　　　表 10-8

实训题目	水泥混凝土细集料筛分试验							成绩	
试验目的									
试验仪器									
试验步骤									
干筛试样总量 m_1(g)	第 1 组				第 2 组				平均
筛孔尺寸(mm)	筛上质量(g)	分计筛余(%)	累计筛余(%)	通过百分率(%)	筛上质量(g)	分计筛余(%)	累计筛余(%)	通过百分率(%)	通过百分率(%)
	1	2	3	4	1	2	3	4	5
细度模数计算									
筛分曲线绘制									
试验结果分析及总结									

实训二 粗集料(石子)筛分析

一、试验目的

测定粗集料的颗粒级配及粒级规格,以便于选择优质粗集料,达到节约水泥和提高混凝土强度的目的,同时为使用集料和混凝土配合比设计提供依据。

二、主要仪器设备

电热鼓风干燥箱(能使温度控制在 105℃ ±5℃);方孔筛(孔径为 2.36mm、4.75mm、9.50mm、16.0mm、19.0mm、26.5mm、31.5mm、37.5mm、53.0mm、63.0mm、75.0mm 及 90mm 筛各一只,并附有筛底)和筛盖(筛框内径为 300mm);台秤(称量 10kg,感量 1g);摇筛机、搪瓷盘、毛刷等。

三、试样制备

按规定方法取样,并将试样缩分至略大于表 10-9 规定的数量,烘干或风干后备用。

颗粒级配所需试样数量　　　　　表 10-9

最大粒径(mm)	9.5	16.0	19.0	26.5	31.5	37.5	63.0	75.0
最少试样质量(kg)	1.9	3.2	3.8	5.0	6.3	7.5	12.6	16.0

四、试验步骤

(1)称取按表 10-9 规定数量的试样一份,精确至 1g。将试样倒入按孔径大小从上到下组合、附底筛的套筛上进行筛分。

(2)将套筛置于摇筛机上,筛分 10min;取下套筛,按筛孔尺寸大小顺序逐个手筛,筛至每分钟通过量小于试样总质量的 0.1% 为止。通过的颗粒并入下一号筛中,并和下一号筛中的试样一起过筛,按此顺序进行,直至各号筛全部筛完为止。

注意:当筛余颗粒的粒径大于 19.00mm 时,在筛分过程中,允许用手指拨动颗粒。

(3)称出各号筛的筛余量,精确至 1g。

五、结果评定

(1)计算分计筛余百分率:以各号筛的筛余量占试样总质量的百分率表示,计算精确至 0.1%。

(2)计算累计筛余百分率:该号筛的分计筛余百分率加上该号筛以上各分计筛余百分率之和,精确至 1%。筛分后,如每号筛的筛余量与筛底的筛余量之和,与原试样质量之差超过 1% 时,需重新试验。

(3)根据各号筛的累计筛余百分率,评定该试样的颗粒级配。

(4)试验后按要求填写如表 10-10 所示的实训报告。

混凝土用粗集料筛分试验实训报告

日期_____ 班级_____ 组别_____ 姓名_____ 学号_____   表 10-10

实训题目	混凝土用粗集料筛分试验	成绩	
试验目的			
试验仪器			
试验步骤			

干筛试样总量 m_1(g)	第1组				第2组				平均
筛孔尺寸（mm）	筛上质量（g）	分计筛余（%）	累计筛余（%）	通过百分率（%）	筛上质量（g）	分计筛余（%）	累计筛余（%）	通过百分率（%）	通过百分率（%）
	1	2	3	4	1	2	3	4	5
试验结果分析									

实训三 混凝土拌和物和易性

一、混凝土拌和物取样及试样制备

1. 一般规定

（1）混凝土拌和物试验用料应根据不同要求，从同一盘或同一车运送的混凝土中取出，或在试验室用机械或人工单独拌制。取样方法和原则按《钢筋混凝土施工及验收规范》（GB 50204—2015）及《混凝土强度检验评定标准》（GB 50107—2010）有关规定进行。

（2）在试验室拌制混凝土进行试验时，拌和用的集料应提前运入室内。拌和时试验室的温度应保持在20℃±5℃。

(3)材料用量以质量计,称量的精确度:集料为±1%;水、水泥和外加剂均为±0.5%。混凝土试配时的最小搅拌量为:当集料最大粒径小于30mm时,拌制数量为15L;最大粒径为40mm时,拌制数量为25L。搅拌量不应小于搅拌机额定搅拌量的$\frac{1}{4}$。

2. 主要仪器设备

搅拌机(容量75~100L,转速18~22r/min);磅秤(称量50kg,感量50g);天平(称量5kg,感量1g);量筒(200mL、100mL各一只);拌板(1.5m×2.0m左右);拌铲、盛器、抹布等。

3. 拌和方法

1)人工拌和

(1)按所定配合比备料,以全干状态为准。

(2)将拌板和拌铲用湿布润湿后,将砂倒在拌板上,然后加入水泥,用铲自拌板一端翻拌至另一端,然后再翻拌回来,如此重复直至颜色混合均匀,再加入石子翻拌至混合均匀为止。

(3)将干混合料堆成堆,在中间作一凹槽,将已称量好的水,倒入一半左右在凹槽中(勿使水流出),然后仔细翻拌,并徐徐加入剩余的水,继续翻拌。每翻拌一次,用铲在混合料上铲切一次,直至拌和均匀为止。

(4)拌和时力求动作敏捷,拌和时间从加水时算起,应大致符合以下规定:

拌和物体积为30L以下时为4~5min;拌和物体积为30~50L时为5~9min;拌和物体积为51~75L时为9~12min。

(5)拌好后,根据试验要求,即可做拌和物的各项性能试验或成型试件。从开始加水时至全部操作完必须在30min内完成。

2)机械搅拌

(1)按所定配合比备料,以全干状态为准。

(2)预拌一次,即用按配合比的水泥、砂和水组成的砂浆和少量石子,在搅拌机中涮膛,然后倒出多余的砂浆,其目的是使水泥砂浆先黏附满搅拌机的筒壁,以免正式拌和时影响混凝土的配合比。

(3)开动搅拌机,将石子、砂和水泥依次加入搅拌机内,干拌均匀,再将水徐徐加入。全部加料时间不得超过2min。水全部加入后,继续拌和2min。

(4)将拌和物从搅拌机中卸出,倒在拌板上,再经人工拌和1~2min,即可做拌和物的各项性能试验或成型试件。从开始加水时算起,全部操作必须在30min内完成。

二、混凝土拌和物性能

1. 和易性(坍落度)试验

采取定量测定流动性,根据直观经验判定黏聚性和保水性的原则,来评定混凝土拌和物的和易性。定量测定流动性的方法有坍落度法和维勃稠度法两种。坍落度法适合于坍落度值不小于10mm的塑性拌和物;维勃稠度法适合于维勃稠度在5~30s之间的干硬性混凝土拌和物。要求集料的最大粒径均不得大于40mm。

本试验只介绍坍落度法。

1)主要仪器设备

坍落度筒(截头圆锥形,由薄钢板或其他金属板制成,形状和尺寸见图10-9);捣棒(端部应磨圆,直径 16mm,长度 650mm);装料漏斗、小铁铲、钢直尺、抹刀等。

2)试验步骤

(1)湿润坍落度筒及其他用具,并把筒放在不吸水的刚性水平底板上,然后用脚踩住两边的踏脚板,使坍落度筒在装料时保持位置固定。

(2)把按要求取得的混凝土试样用小铲分三层均匀地装入坍落度筒内,使捣实后每层高度为筒高的三分之一左右。每层用捣棒插捣 25 次、插捣应沿螺旋方向由外向中心进行,每次插捣应在截面上均匀分布。插捣筒边混凝土时,捣棒可以稍稍倾斜。插捣底层时,捣棒应贯穿整个深度;插捣第二层或顶层时,捣棒应插透本层至下一层的表面。

浇灌顶层时,混凝土应灌到高出筒口。插捣过程中,如混凝土沉落到低于筒口,则应随时添加。顶层插捣完后,刮去多余的混凝土,并用抹刀抹平。

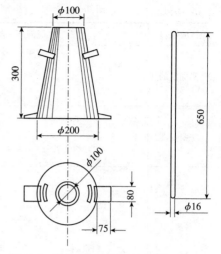

图 10-9 坍落度筒及捣棒(尺寸单位:mm)

(3)清除筒边底板上的混凝土后,垂直平稳地提起坍落度筒,应在 5~10s 内完成;从开始装料至提起坍落度筒的整个过程应不间断地进行,并应在 150s 内完成。

(4)提起坍落度筒后,量测筒高与坍落后混凝土试体最高点之间的高度差,即为该混凝土拌和物的坍落度值(以 mm 为单位,读数精确至 5mm)。如混凝土发生崩坍或一边剪坏的现象,则应重新取样进行测定。如第二次试验仍出现上述现象,则表示该混凝土和易性不好,应予以记录备查,见图 10-10。

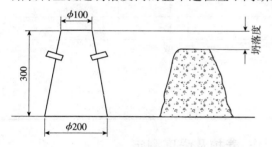

图 10-10 坍落度试验示意图(尺寸单位:mm)

(5)测定坍落度后,观察拌和物的下述性质,并记录:

①黏聚性:用捣棒在已坍落的混凝土锥体侧面轻轻敲打,如果锥体逐渐下沉,表示黏聚性良好;如果锥体坍塌、部分崩裂或出现离析现象,表示黏聚性不好。

②保水性:坍落度筒提起后如有较多的稀浆从底部析出,锥体部分的混凝土也因失浆而集料外露,则表明保水性不好;如无稀浆或只有少量稀浆自底部析出,表明保水性良好。

(6)坍落度的调整:

①在按初步配合比计算好试拌材料的同时,内外还须备好两份为调整坍落度用的水泥和水。备用水泥和水的比例符合原定水胶比,其用量可为原计算用量的 5% 和 10%。

②当测得的坍落度小于规定要求时,可掺入备用的水泥或水,掺量可根据坍落度相差的大小确定;当坍落度过大,黏聚性和保水性较差时,可保持砂率一定,适当增加砂和石子的用量。如保水性较差,可适当增大砂率,即其他材料不变,适当增加砂的用量。

三、填写试验报告

试验后按要求填写如表 10-11 所示的实训报告。

水泥混凝土拌和物和易性试验实训报告

日期_____ 班级_____ 组别_____ 姓名_____ 学号_____　　　表10-11

试验题目	水泥混凝土拌和物稠度试验(坍落度仪法)								成绩	
实训目的										
主要仪器										
试验步骤										

试验次数	拌和混凝土各种材料用料				坍落度（mm）	三级评定			黏聚性
	水泥(kg)	砂(kg)	石子(kg)	水(kg)		棍度	含砂情况	保水性	
1									
2									

试验总结	

实训四　混凝土试件制作、养护及强度测定

一、目的与适用范围

本试验规定了测定混凝土抗压极限强度试件制作、养护方法及强度测定方法,检查水泥混凝土施工品质和确定混凝土的强度等级。

二、主要仪器设备

压力试验机(精度不低于±2%,试验时有试件最大荷载选择压力机量程。使试件破坏时的荷载位于全量程的20%~80%范围内);振动台(频率50Hz±3Hz,空载振幅约为0.5mm);搅拌机、试模、捣棒、抹刀等。

三、试件制作与养护

(1)混凝土立方体抗压强度测定,以三个试件为一组。每组试件所用的拌和物的取样或拌制方法按试验三的方法进行。

(2)混凝土试件的尺寸按集料最大粒径选定,见表10-12 制作试件前,应将试模擦干净并在试模内表面涂一层脱模剂,再将混凝土拌和物装入试模成型。

混凝土试件的尺寸　　　　　　　　　　　　　表10-12

粗集料最大粒径(mm)	试件尺寸(mm)	结果乘以换算系数
31.5	100×100×100	0.95
40	150×150×150	1.00
60	200×200×200	1.05

(3)对于坍落度不大于70mm的混凝土拌和物，将其一次装入试模并高出试模表面，将试件移至振动台上，开动振动台振至混凝土表面出现水泥浆并无气泡向上冒时为止。振动时应防止试模在振动台上跳动；刮去多余的混凝土，用抹刀抹平；记录振动时间。

对于坍落度大于70mm的混凝土拌和物，将其分两层装入试模，每层厚度大约相等。用捣棒按螺旋方向从边缘向中心均匀插捣，次数一般每100cm²应不少于12次。用抹刀沿试模内壁插入数次，最后刮去多余混凝土并抹平。

(4)养护：按照试验目的不同，试件可采用标准养护，采用标准养护的试件成型后表面应覆盖，以防止水分蒸发，并在20℃±5℃的条件下静置1~2昼夜，然后编号拆模。拆模后的试件立即放入温度为20℃±2℃，湿度为95%以上的标准养护室进行养护，直至试验龄期28d。在标准养护室内试件应搁放在架上，彼此间隔为10~20mm，避免用水直接冲淋试件。当无标准养护室时，混凝土试件可在温度为20℃±2℃的不流动的$CaOH_2$饱和溶液中养护。

(5)抗压强度测定

①试件从养护室取出后尽快试验。将试件擦拭干净，测量其尺寸(精确至1mm)，据此计算出试件的受压面积。如实测尺寸与公称尺寸之差不超过1mm，则按公称尺寸计算。

②将试件安放在试验机的下压板上，试件的承压面与成型面垂直。开动试验机，当上压板与试件接近时，调整球座，使其接触均匀。

③加荷时应连续而均匀，加荷速度为：当混凝土强度等级低于C30时，取0.3~0.5MPa/s；高于或等于C30时，取0.5~0.8MPa/s。当试件接近破坏而开始迅速变形时，停止调整试验机油门，直至试件破坏，记录破坏荷载$P(N)$。

四、结果评定

(1)混凝土立方体抗压强度f_{cu}按下式计算(MPa，精确至0.01MPa)：

$$f_{cu} = \frac{F}{A}$$

式中：f_{cu}——混凝土立方体试件抗压强度(MPa)；

F——破坏荷载(N)；

A——试件受压面积(mm^2)。

(2)取标准试件150mm×150mm×150mm的抗压强度值为标准，对于100mm×100mm×100mm和200mm×200mm×200mm的非标准试件，须将计算结果乘以相应的换算系数换算为标准强度。换算系数见表10-12。

(3)以三个试件强度值的算术平均值作为该组试件的抗压强度代表值(精确至0.1MPa)。三个测值中的最大值或最小值与中间值之差超过中间值的15%时，取中间值作为该组试件的抗压强度代表值；如最大值和最小值与中间值之差均超过中间值的15%时，则该组试件的试验结果无效。

(4)试验完成后按要求填写如表10-13所示的实训报告。

水泥混凝土抗压强度试验实训报告

日期_____ 班级_____ 组别_____ 姓名_____ 学号_____   表10-13

试验题目	混凝土抗压强度试验		试验成绩		
试验目的					
主要仪器					
试验步骤					
试样编号	试验日期	龄期(d)	最大荷载(kN)	试件尺寸(mm)	抗压强度(MPa)
					单值 / 平均
1					
2					
3					
试验结果计算及分析					

第五节　墙体材料试验

实训一　砖的外观检测

一、尺寸测量

1. 主要仪器设备

砖用卡尺(分度值为0.5mm)。

2. 测量方法

砖样的长度和宽度应在砖的两个大面的中间处分别测量两个尺寸,高度应在砖的两个条面的中间处分别测量两个尺寸(图10-11),当被测处缺损或凸出时,可在其旁边测量,但应选择不利的一侧进行测量。

3. 结果评定

结果分别以长度、宽度和高度的最大偏差值表示,不足1mm者按1mm计。

二、外观质量检查

1. 主要仪器设备

砖用卡尺(分度值为0.5mm),钢直尺(分度值1mm)。

2. 方法及步骤

(1) 缺损。

缺棱掉角在砖上造成的破损程度,以破损部分对长、宽、高三个棱边的投影尺寸来度量,称为破坏尺寸。如图 10-12 所示,L_1、L_2、L_3 为长度方向投影量;b_1、b_2、b_3 为宽度方向的投影量;h_1、h_2、h_3 为高度方向的投影量。

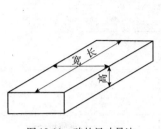

图 10-11 砖的尺寸量法

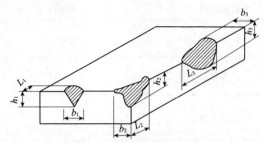

图 10-12 缺棱掉角砖的破坏尺寸量法

空心砖内壁残缺及肋残缺尺寸,以长度方向的投影尺寸来度量。

(2) 裂纹。

裂纹分为长度方向、宽度方向和高度方向三种(图 10-13),以被测方向上的投影长度表示。如果裂纹从一个面延伸至其他面上时,则累计其延伸的投影长度。

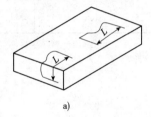

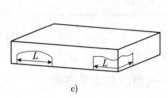

图 10-13 砖裂纹长度量法

a) 长度方向延伸;b) 宽度方向延伸;c) 高度方向延伸

多孔砖的孔洞与裂纹相通时,则将孔洞包括在裂纹内一并测量,见图 10-14。裂纹长度以在三个方向上分别测得的最长裂纹作为测量结果。

(3) 弯曲。

测量时分别在大面和条面上测量,方法是:将砖用卡尺的两支脚沿棱边两端放置,择其弯曲最大处将垂直尺推至砖面,见图 10-15。但不应将因杂质或碰伤造成的凹陷计算在内,以弯曲测量中测得的较大者作为测量结果。

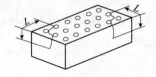

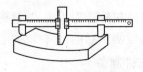

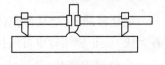

图 10-14 多孔砖裂纹通过孔洞时的尺寸量法　　图 10-15 砖的弯曲量法　　图 10-16 砖的杂物凸出量法

(4) 砖杂质凸出高度量法。

杂质在砖面上造成的凸出高度,以杂质距砖面的最大距离表示。测量时将砖用卡尺的两支脚置于杂质凸出部分两侧的砖平面上,以垂直尺测量(图 10-16)。

3. 结果评定

外观测量以 mm 为单位，不足 1mm 者均按 1mm 计。

试验完成后按要求填写如表 10-14 所示的实训报告。

烧结砖的外观试验实训报告

日期_____ 班级_____ 组别_____ 姓名_____ 学号_____　　　　表 10-14

试验题目		砖的外观检验			试验成绩		
试验目的							
主要仪器							
试验步骤							
试样编号	试验日期	外观尺寸(mm)			外观质量		
		长	宽	高	缺损	裂纹	弯曲
1							
2							
3							
试验结果计算及分析							

实训二　烧结砖的抗压强度检测

一、目的与适用范围

本试验规定了测定烧结砖的抗压极限强度试件制作、养护方法及强度测定方法，检查烧结砖施工品质和确定混凝土的强度等级。

二、主要仪器设备

与抗折强度测试所用仪器设备相同。

三、试样数量及试件制备

1. 试样数量

烧结普通砖、烧结多孔砖和蒸压灰砂砖为 5 块，其他砖为 10 块（空心砖大面和条面抗压各 5 块）。非烧结砖也可用抗折强度测试后的试样作为抗压强度试样。

2. 烧结普通砖、非烧结砖的试件制备

将试样切断或锯成两个半截砖，断开后的半截砖长不得小于 100mm，见图 10-17。在试样制备平台上将已断开的半截砖放入室温的净水中浸 10~20min 后取出，并使断口以相反方向叠放，两者中间抹以厚度不超过 5mm 的水泥净浆黏结，上下两面用厚度不超过 3mm 的同种水泥浆抹平。水泥浆用 32.5 级普通硅酸盐水泥调制，稠度要适宜。制成的试件上、下两面须相互平行，并垂直于侧面（图 10-18）。

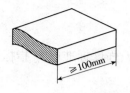 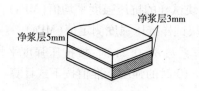

图 10-17　断开的半截砖　　　　图 10-18　砖的抗压试件

3. 多孔砖、空心砖的试件制备

多孔砖以单块正传沿竖孔方向加压。空心砖以单块整砖沿大面和条面方向分别加压。试件制作采用坐浆法操作,即用玻璃板置于试件制备平台上,其上铺一张湿的垫纸,纸上铺一层厚度不超过 5mm,用 32.5 级普通硅酸盐水泥制成的稠度适宜的水泥净浆,再将经水中浸泡 10~20min 的试样平稳地将受压面坐放在水泥净浆上,在另一受压面上稍加压力,使整个水泥层与砖的受压面相互黏结,砖的侧面应垂直于玻璃板,待水泥浆适当凝固后,连同玻璃板翻放在另一铺纸放浆的玻璃板上,再进行坐浆,其间用水平尺校正玻璃板使之水平。

四、试件养护

制成的抹面试件应置于温度不低于 10℃ 的不通风室内养护 3d,再进行强度测试。非烧结砖不需要养护,可直接进行测试。

五、试验步骤

测量每个试件连接面或受压面的长、宽尺寸各 2 个,分别取其平均值(精确至 1mm)。将试件平放在加压板的中央,垂直于受压面加荷,加荷过程应均匀平稳,不得发生冲击或振动,加荷速度以 4~6kN/s 为宜。直至试件破坏为止,记录最大破坏荷载 P。

六、结果计算

每块试样的抗压强度 f_p 按下式计算(精确至 0.1MPa)。

$$f_p = \frac{P}{Lb}$$

式中:f_p——砖样试件的抗压强度(MPa);
　　　P——最大破坏荷载(N);
　　　L——试件受压面(连接面)的长度(mm);
　　　b——试件受压面(连接面)的宽度(mm)。

七、结果评定

(1)试验后按以下两式分别计算出强度变异系数 δ、标准差 S。

$$\delta = \frac{S}{f}$$

$$S = \sqrt{\frac{1}{9}\sum_{i=1}^{n}(f_i - \bar{f})^2}$$

式中:δ——砖强度变异系数;
　　　S——10 块试样的抗压强度标准差(MPa);

$\bar{f}$——10 块试样的抗压强度平均值(MPa);
f_i——单块试样抗压强度测定值(MPa)。

(2)当变异系数 $\delta \leqslant 0.21$ 时,按抗压强度平均值 $\bar{f}$、强度标准值 f_K 指标评定砖的强度等级。样本量 $n=10$ 时的强度标准值按下式计算

$$f_K = \bar{f} - 1.8S$$

式中:f_K——强度标准值(MPa)。

(3)当变异系数 $\delta > 0.21$ 时,按抗压强度平均值 $\bar{f}$、单块最小抗压强度值 f_{min} 指标评定砖的强度等级。

(4)试验完成后按要求填写如表10-15所示的实训报告。

烧结砖抗压强度试验实训报告

日期_____ 班级_____ 组别_____ 姓名_____ 学号_____　　　　　表10-15

试验题目	烧结砖抗压强度试验			试验成绩	
试验目的					
主要仪器					
试验步骤					
试样编号	试验日期	龄期(d)	最大荷载(kN)	试件尺寸(mm)	抗压强度(MPa)
					单值　平均
1					
2					
3					
4					
5					
6					
7					
8					
9					
10					
试验结果计算及分析					

第六节　钢　筋　试　验

一、一般规定

(1)钢筋的检查和验收按照《钢及钢产品交货一般技术要求》(GB/T 17505—1998)的规

定进行。钢筋应该分批进行检查和验收,每批应该由同一牌号、同一炉罐号、同一规格的钢筋组成。允许同一牌号、同一冶炼方法、同一浇注方法的不同炉罐号组成混合批,但各炉罐号含碳量之差不大于0.02%,含锰量之差不大于0.15%。

(2)钢筋应有出厂证明书或试验报告中。验收时应抽样作机械性能试验,包括拉伸试验和冷弯试验两个项目。两个项目中如有一个项目不合格,该批钢筋即为不合格品。钢筋在使用时如有脆断、焊接性能不良或机械性能显著不正常时,尚应进行化学成分分析。验收时还包括尺寸、表面及质量偏差等检验项目。

(3)直径12mm或小于12mm的热轧Ⅰ级钢筋有出厂证明书或试验报告单时,可不再作机械性能试验。

(4)取样方法和结果评定规定:自每批钢筋中任意抽取4根,于每根距端部50cm处截取一定长度的钢筋作试样,两根作拉伸试验,另两根作冷弯试验。在拉伸试验的两根试件中,如其中一根试件的屈服点、抗拉强度和伸长率3个指标中有一个指标达不到钢筋标准中规定的数值,应再抽取双倍(4根)钢筋,制取双倍试件重作试验,如仍有一根试件的一个指标达不到标准要求,则不论这个指标在第一次试件中是否达到标准要求,拉伸试验项目也作为不合格。在冷弯试验中,如有一根试件不符合标准要求,应同样抽取双倍钢筋制成双倍试件重做试验,如仍有一根试件不符合标准要求,冷弯试验项即为不合格。

(5)钢筋拉伸及冷弯使用的试样不允许进行车削加工。试验应在20℃±10℃的温度下进行,如试验温度超出这一范围,应于试验记录和报告中注明。

实训一 拉 伸 试 验

1. 试验目的

测定钢筋的屈服点、抗拉强度和伸长率,评定钢筋的强度等级。

2. 主要仪器设备

(1)万能材料试验机:为保证机器安全和试验准确,其吨位选择最好是使试件达到最大荷载时指针位于第二象限内。试验机的测力示值误差不大于1%。

(2)量具游标卡尺,精确度为0.1mm。

3. 试样制备

拉伸试验用钢筋试件不得进行车削加工,可以用两个或一系列等分小冲点或细划线标出试件原始标距,测量标距长度 L_0,精确至0.1mm,见图10-19。根据钢筋的公称直径按表10-16选取公称横截面积(mm^2)。

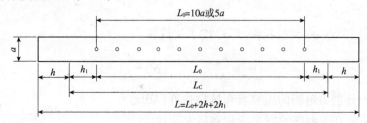

图10-19 钢筋拉伸试验试件

a-试样原始直径;L_0-标距长度;h_1-取$(0.5\sim1)a$;h-夹具长度;L_C-试样平行长度(不小于L_0+a)

钢筋的公称横截面积 表10-16

公称直径(mm)	公称横截面积(mm²)	公称直径(mm)	公称横截面积(mm²)
8	50.27	22	380.1
10	78.54	25	490.9
12	113.1	28	615.8
14	153.9	32	804.2
16	201.1	36	1018
18	254.5	40	1257
20	314.2	50	1964

4. 试验步骤

(1) 调整试验机测力度盘指针,使对准零点,并拨动副指针,使与主指针重叠。装好描绘器、纸、笔等。

(2) 将试件固定在试验机夹头内,开动试验机进行拉伸,拉伸速度为:屈服前应力增加速度为10MPa/s;屈服后试验机活动夹头在荷载下移动速度不大于$0.5L_c$/min,直至试件拉断。

(3) 拉伸过程中,测力度盘指针停止转动时的恒定荷载,或第一次回转时的最小荷载,即为屈服荷载F_s(N)。向试件继续加荷直至试件拉断,读出最大荷载F_b(N)。

(4) 将已拉断的试件两端在断裂处对齐,尽量使其轴线位于同一条直线上,测量拉伸后标距两端点间的长度L_1(精确至0.1mm)。如拉断处形成缝隙,则此缝隙应计入该试件拉断后的标距内。

(5) 如试件拉断处到邻近标距端点处距离大于$L_0/3$时,可用游标卡尺直接量出L_1。如拉断处距离邻近标距端点小于或等于$L_0/3$时,可按下述移位法确定L_1:在长段上自断点O起,取等于短段格数得B点,再取等于长段所余格数(偶数如图10-20a)所示)之半得C点;或者取所余格数(奇数如图10-20b)所示)减1与加1之半得C与C_1点。则移位后的L_1分别为$AO+OB+2BC$或$AO+OB+BC+BC_1$。

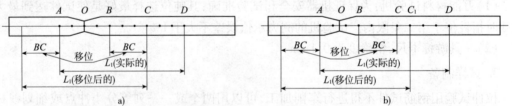

图10-20 用移位法计算标距

如果直接测量所求得的伸长率能达到技术条件要求的规定值,则可不采用移位法。

5. 结果评定

(1) 钢筋的屈服点σ_s和抗拉强度σ_b按下式计算:

$$\sigma_s = \frac{F_s}{A} \qquad \sigma_b = \frac{F_b}{A}$$

式中:σ_s、σ_b——分别为钢筋的屈服点和抗拉强度(MPa);

F_s、F_b——分别为钢筋的屈服荷载和最大荷载(N);

A——试件的公称横截面积(mm²)。

当σ_s、σ_b大于1000MPa时,应计算至10MPa,按"四舍六入五单双法"修约;为200~

1000MPa 时,计算至5MPa,按"二五进位法"修约;小于200MPa 时,计算至1MPa,小数点数字按"四舍六入五单双法"处理。

(2)钢筋的伸长率 $A_{gt}(\%)$ 按下式计算:

$$\delta_5(或\delta_{10}) = \frac{L_1 - L_0}{L_0} \times 100\% \qquad A_{gt} = \left[\frac{L - L_o}{L_o} + \frac{R_m^o}{E}\right] \times 100\%$$

式中:δ_5 或 δ_{10}——分别为 $L_0 = 5a$ 或 $L_0 = 10a$ 时的伸长率(精确至1%);

L_0——原标距长度 $5a$ 或 $10a$(mm);

L_1——试件拉断后直接量出或按移位法的标距长度(mm,精确至0.1mm)。

L——图10-20 所示断裂后的任务(mm);

R_m^o——抗拉强度实测值(MPa);

L_o——试验前同样数值间的任务(mm);

E——弹性模量,可取 2×10^5(MPa)。

(3)如试件在标距端点上或标距处断裂,则试验结果无效,应重做试验。

(4)试验完成后填写如表10-17所示的实训报告。

钢筋拉伸试验实训报告

日期_____ 班级_____ 组别_____ 姓名_____ 学号_____   表10-17

试验题目				试验成绩		
试验目的						
主要仪器						
试验步骤						

	公称直径(mm)	截面面积(mm)	屈服荷载(N)	极限荷载(N)	屈服点(MPa)		抗拉强度(MPa)	
屈服点和抗拉强度测定					测定值	平均值	测定值	平均值

	公称直径(mm)	原始标距长度(mm)	拉断后标距长度(mm)	拉伸长度(mm)	伸长率	
伸长率测定					测定值	平均值

结果评定:依据国标判定所测的钢筋抗拉性能是否合格	

实训二 冷弯试验

1. 试验目的

通过冷弯试验,对钢筋塑性进行严格检验,也间接测定钢筋内部的缺陷及可焊性。

2. 主要仪器设备

压力机或万能材料试验机,具有不同弯心直径的冷弯冲头。

3. 试验步骤

(1)钢筋冷弯试件不得进行车削加工,试样长度通常按下式确定:

$$L \approx 5a + 150 (mm)$$

式中:a——试件原始直径。

(2)半导向弯曲:试样一端固定,绕弯心直径进行弯曲,试件弯曲到规定的弯曲角度或出现裂纹、裂缝或裂断为止。

(3)导向弯曲:

①试件放在两个支点上(如图10-21a)所示),将一定直径的弯心在试样两个支点中间施加压力,使试样弯曲到规定角度(如图10-21b)、图10-21c)所示)或出现裂纹、裂缝、裂断为止。

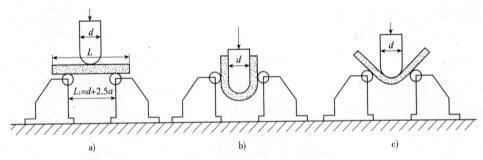

图10-21 钢筋冷弯试验装置示意图
a)冷弯试件和支座;b)弯曲180°;c)弯曲90°

②试验时应在平稳压力作用下,缓慢施加试验力。两支辊间距离 L_1 为 $(d + 2.5a) \pm 0.5a$,其中 d 为冷弯冲头直径,$d = na$,n 为自然数,其值大小根据钢筋级别确定。两支辊间距离 L_1 在试验过程中不允许有变化。

③试验应在10~35℃下进行。在控制条件下,试验在23℃±5℃进行。

4. 结果评定

在常温下,在规定的弯心直径和弯曲角度下对钢筋进行弯曲,检测两根弯曲钢筋的外表面,若无裂纹、断裂或起层,即判定钢筋的冷弯合格,否则冷弯不合格。

5. 填写试验报告

试验完成后按要求填写如表10-18所示的实训报告。

钢筋冷弯试验实训报告

日期_____ 班级_____ 组别_____ 姓名_____ 学号_____　　　表 10-18

试验题目					试验成绩	
试验目的						
主要仪器						
试验步骤						
试件编号	钢材型号	钢材直径或厚度（mm）	冷弯角度	弯心直径与钢材直径(或厚度)的比值	冷弯后钢材的表面状况	冷弯性能是否合格
1						
2						
试验总结						

第七节　沥青材料试验

一、概述

1. 主要试验项目

沥青是一种在常温下呈固体、半固体或液体状的黑褐色的有机胶结剂,由极其复杂的碳氢化合物所组成。沥青具有良好的黏结性、不透水性、耐化学腐蚀性及气候稳定性,广泛应用于建筑工程和公路与桥梁工程中。为保证沥青在使用中的性质,应当对沥青的三大技术指标针入度、延度、软化点进行检验。

2. 沥青材料的取样方法

在生产厂、储存或交货验收地点为检查沥青产品质量应当采集具有代表性的样品。同品种牌号、同一批出厂的沥青,以 20t 为一个单位,不足 20t 亦作为一个取样单位,从每个取样单位的不同位置割取或选取洁净试样。从每块试样的不同部位分割 3 块体积大约相等的小块试样,将采出的试样全部装入一个容器中加热熔化,搅拌均匀后注入铁模内备用。

沥青性质常规检验取样数量规定为:黏稠或固体沥青不少于 1.5kg,液体沥青不少于 1L,沥青乳液不少于 4L。进行沥青性质的非常规检验及沥青混合料性质试验所需沥青的数量,根据实际需要确定。

3. 试样的保护与存放

(1)试样应存放在阴凉干净处,注意防止试样污染。装有试样的盛样器应加盖、密封,外部擦拭干净,并在其上标明试样来源、品种、取样日期、地点及取样人。

(2)冬季乳化沥青试样要注意采取妥善防冻措施。

(3)除试样的一部分用于检验外,其余试样应妥善保存备用。

(4)试样需加热采取时,应一次取够一批试验所需的数量装入另一盛样器,其余试样密封保存,应尽量减少重复加热取样。用于质量仲裁检验的样品,重复加热的次数不得超过 2 次。

4. 沥青试样准备方法

（1）将装有试样的盛样器带盖放入恒温烘箱中，烘箱温度80℃左右，加热至沥青全部熔化。

（2）将盛样器皿放在有石棉垫的炉具上缓慢加热，时间不超过30min，并用玻璃棒轻轻搅拌，防止局部过热。在沥青温度不超过100℃的条件下，仔细脱水至无泡沫为止，最后的加热温度不超过软化点以上100℃（石油沥青）或50℃（煤沥青）。

（3）将盛样器中的沥青通过0.6mm的滤筛过滤，分装入擦拭干净并干燥的一个或数个沥青盛样器中，数量应满足一批试验项目所需的沥青样品并有剩余。

（4）将准备好的沥青一次灌入各项试验的模具中。灌模时如温度下降可适当加热，试验冷却后反复加温的次数不得超过两次，以防沥青老化影响试验结果。

（5）灌模剩余的沥青应立即清洗干净，不得重复使用。

实训一　沥青针入度试验

一、试验目的

沥青针入度是在规定温度（25℃）和规定时间（5s）内，附加一定重量的标准针（100g）垂直贯入沥青试样中的深度，单位为0.1mm。用它来表征沥青材料的性质并作为控制施工质量的依据。

二、主要仪器设备

（1）针入度仪：凡能保证针和针连杆在无明显摩擦下垂直运动，并能指示针贯入深度准确至0.01mm的仪器均可使用。它的组成部分有拉杆、刻度盘、按钮、针连杆组合件，总质量100g±0.05g，调节试样高度的升降操作机件，调节针入度仪水平的螺旋，可自由转动调节距离的悬臂。

当为自动针入度仪时，其基本要求相同，但应附有对计时装置的校正检验方法，以经常校验。

（2）标准针：由硬化回火的不锈钢制成（图10-22），洛氏硬度HRC 54～60，针及针杆总质量2.5g±0.05g，针杆上打印有号码标志，应对针妥善保管，防止碰撞针尖，使用过程中应当经常检验，并附有计量部门的检验单。

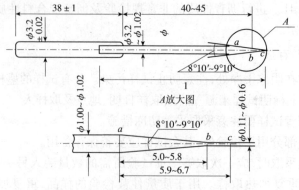

图10-22　针入度标准针（尺寸单位：mm）

(3)盛样皿:金属制的圆柱形平底容器。小盛样皿的内径55mm,深35mm(适用于针入度小于200);大盛样皿的内径70mm,深45mm(适用于针入度200~350);对针入度大于350的试样需使用特殊盛样皿,其深度不小于60mm,试样体积不少于125mL。

(4)恒温水浴:容量不少于10L,控温精度为±0.1℃。水中应备有一带孔的搁板(台),位于水面下不少于100mm,距水浴底不少于50mm处。

(5)平底玻璃皿:容量不少于1L,深度不少于80mm。内设有一不锈钢三脚支架,能使盛样皿稳定。

(6)温度计:0~50℃,分度0.1℃。

(7)盛样皿盖:平板玻璃,直径不小于盛样皿开口尺寸。

(8)其他:秒表、三氯乙烯、电炉或砂浴、石棉网、金属锅或瓷把坩埚铁夹等。

三、试验步骤

(1)将试样放在放有石棉垫的炉具上缓慢加热,时间不超过30min,用玻璃棒轻轻搅拌,防止局部过热。加热脱水温度,石油沥青不超过软化点以上100℃,煤沥青不超过软化点以上50℃。沥青脱水后通过0.6mm滤筛过筛。

(2)试样注入盛样皿中,高度应超过预计针入度值10mm,盖上盛样皿盖,防止落入灰尘。在15~30℃室温中冷却1~1.5h(小盛样皿)、1.5~2h(大盛样皿)、或者2~2.5h(特殊盛样皿)后,再移入保持规定试验温度±0.1℃的恒温水浴中恒温1~1.5h(小盛样皿)、1.5~2h(大盛样皿)或者2~2.5h(特殊盛样皿)。

(3)调整针入度仪使之水平。检查针连杆和导轨应无明显摩擦,用三氯乙烯清洗标准针并擦干,将标准针插入针连杆后用螺钉固紧。

(4)取出恒温后的试件,将试件移入平底玻璃皿中的三脚架上,平底玻璃皿中水温应保持在25℃±1℃范围。试样表面以上的水层深度不少于10mm。

(5)将平底玻璃皿置于针入度仪平台上,慢慢放下针连杆,仔细观察,使针尖恰好与试样表面接触。拉下刻度盘拉杆使与针连杆顶端轻轻接触,调节刻度盘指针指示为零。

(6)开动秒表,在指针正指5s的瞬间,用手紧压按钮,使标准针自动下落贯入试样,经过规定时间5s,停压按钮使针停止下落,拉下刻度盘拉杆与针连杆顶端接触,读取刻度盘指针的读数,即为针入度,精确至0.5(0.1mm)。当采用自动针入度仪测定时,计时与标准针落下贯入试样同时开始,至5s时自动停止。

(7)每次试验后,应换一根干净标准针或将标准针取下,用蘸有三氯乙烯溶剂的棉花或布揩净,再用干棉花或布擦干。将盛有试样皿的平底玻璃皿放入恒温水浴,使平底玻璃皿中水温保持试验温度。测针入度大于200的沥青试样时,至少用3支标准针,每次试验后将针留在试样中,直至3次平行试验完成后,才能将标准针取出。

四、结果评定

(1)同一试样进行3次平行试验,结果的最大值和最小值应在允许偏差范围内,以3次结果的平均值作为针入度试验结果。取至整数作为针入度试验结果,以0.1mm为单位。

当试验结果小于50(0.1mm)时,重复性试验精度的允许差为2(0.1mm)。再现性试验精度的允许差为4(0.1mm)(见表10-19)。当试验结果等于或大于50(0.1mm)时,重复性试验精度的允许差为平均值的4%,再现性试验精度的允许差为平均值的8%。

沥青针入度试验精度要求　　　　　　表 10-19

针入度(0.1mm)	允许偏差(0.1mm)	针入度(0.1mm)	允许偏差(0.1mm)
0~49	2	250~350	10
50~149	4	>350	14
150~249	6		

(2)试验完成后按要求填写如表10-20所示的实训报告。

沥青针入度试验实训报告

日期_____ 班级_____ 组别_____ 姓名_____ 学号_____　　表 10-20

试验题目				试验成绩	
试验目的					
主要仪器					
试验步骤					
试样编号	试验温度(℃)	试验时间(s)	试验荷重(g)	针入度测定单值(0.1mm)	针入度平均值(0.1mm)
1					
2					
3					
试验结果					

五、试验中注意的问题

(1)根据沥青的标号选择盛样皿,试样深度应大于预计穿入深度10mm,不同的盛样皿其在恒温水浴中的恒温时间不同。

(2)测定针入度时,水温应当控制在25℃±1℃范围内,试样表面以上的水层高度不小于10mm。

(3)测定时针尖应刚好与试样表面接触,必要时用放置在合适位置的光源反射来观察。使活杆与针连杆顶端相接触,调节针入度刻度盘使指针为零。

(4)在3次重复测定时,各测定点之间及测定点与试样皿边缘之间的距离不应小于10mm。

(5)三次平行试验结果的最大值与最小值应在规定的允许差值范围内,若超过规定差值试验应重做。

实训二　沥青延度试验

一、试验目的

沥青延度是规定形状(∞字形)的试样在规定温度条件下以规定拉伸速度拉至断开时的长度,以 cm 表示。本方法适用于测定道路石油沥青的延度。

沥青延度通常采用的试验温度为 25℃、15℃、10℃ 或 5℃,拉伸速度为 5cm/min ± 0.25cm/min。当低温采用 1cm/min ± 0.05cm/min 拉伸速度时,应在报告中注明。

二、主要仪器设备

(1)延度仪:将试件浸没于水中,能保持规定的试验温度及按照规定拉伸速度拉伸试件(图 10-23),在试验时无明显振动的延度仪均可使用。

(2)延度试模:黄铜制成,由试模底板、2 个端模和 2 个侧模组成,延度试摸可从试模底板上取下,如图 10-24 所示。

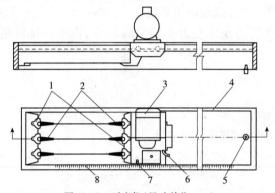

图 10-23　延度仪(尺寸单位:mm)

1-试模;2-试样;3-电机;4-水槽;5-泄水孔;6-开关柄;7-指针;8-标尺

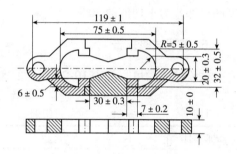

图 10-24　延度试模(尺寸单位:mm)

(3)恒温水浴:容量不少于 10L,控温精度 ±0.1℃,水浴中设有带孔搁架,搁架距底不少于 50mm,试件浸入水中深度不小于 100mm。

(4)甘油滑石粉隔离剂(甘油与滑石粉的质量比 2∶1)。

(5)其他:酒精灯、平刮刀、温度计、石棉网、食盐、酒精。

三、试验步骤

(1)用滑石粉和适量甘油拌和均匀,制成 2∶1 的甘油滑石粉隔离剂。将隔离剂涂于清洁干燥的试模底板和两个侧模的内侧表面。涂好后将试模在试模底板上装妥,拧紧螺钉固定。

(2)将加热脱水的沥青试样,通过 0.6mm 筛过滤,将试样仔细从试模的一端至另一端往返数次缓缓注入模中,略高出试模,注模时应勿使气泡混入。

(3)将试件移入防尘罩中,在室温条件下冷却 30~40min,然后置于规定试验温度的恒温水浴中,保温 30min 后取出试件。用热刀刮除高出试模的沥青,使沥青面与试模面齐平。刮除方法应自试模的中间刮向两端,表面应刮得平滑。刮完后,将试模连同底板再浸入规定试验温度的水浴中保温 1~1.5h。

(4)向延度仪水槽注水,保持水温达试验温度 ±0.5℃,并检查延度仪的运转情况。

(5)将保温后的试件连同底板移入延度仪的水槽中。将盛有试样的试模从底板上取下,并取下侧模。将试模两端的孔分别套在滑板及槽端固定板的金属柱上,水面距试件表面不小于25mm。

(6)开动延度仪,拉伸速度为5cm/min±0.25cm/min,并注意观察试样的延伸情况。在试验过程中,水温应始终保持在试验温度规定范围内,仪器不得有振动,水面不得有晃动。在试验中,如发现沥青浮于水面或沥青沉入槽底,应在水中加入酒精或加入食盐,调整水的密度至与试样接近后重新试验。

(7)试样拉断后,读取指针所指标尺上的读数,以cm表示,即为沥青的延度。在正常情况下,拉断时实际断面接近于零。如不能得到这种结果,应在报告中注明。

四、试验结果与数据整理

同一试样,每次平行试验不少于3个。如3个测定结果均大于100cm,试验结果记作>100cm。如3个测定结果中,有1个以上的测定值小于100cm时,若最大值或最小值与平均值之差满足重复性试验精度要求,取3个测定结果的平均值的整数为延度试验结果。若最大值或最小值之差不符合重复性试验精度要求时,试验应重新进行。

当试验结果小于100cm时,重复性试验精度的允许差为平均值的20%,再现性试验精度的允许差为平均值的30%。

五、填写试验报告

试验完成后填写如表10-21所示的实训报告。

沥青延度试验实训报告

日期_____ 班级_____ 组别_____ 姓名_____ 学号_____ 表10-21

试验题目							试验成绩	
试验目的								
主要仪器								
试验步骤								
样品编号	试验温度(℃)	试验速度(cm/min)	延度(cm)				拉伸情况描述	
			试件1	试件2	试件3	平均值		
①	②	③	④	⑤	⑥	⑦	⑧	
1								
2								
3								
试验总结								

六、试验中注意的问题

(1)按照规定方法制作延度试件,应当满足试件在空气中冷却和在水浴中保温的时间。

(2)检查延度仪拉伸速度是否符合要求,移动滑板是否能使指针对准标尺零点,检查水槽中水温是否符合规定温度。

（3）拉伸过程中水面应距试件表面不小于25mm，如发现沥青丝浮于水面则应在水中加入酒精，若发现沥青丝沉入槽底则应在水中加入食盐，调整水的密度至与试样的密度接近后再进行测定。

（4）试样在断裂时的实际断面应为零，若得不到该结果则应在报告中注明在此条件下无测定结果。

（5）3个平行试验结果的最大值与最小值之差应当满足重复性试验精度的要求。

实训三　沥青软化点试验

一、试验目的

沥青的软化点试样在规定尺寸的金属环内，上置规定尺寸和重量的钢球，放于水（5℃）或甘油（32.5℃）中，以5℃/min±0.5℃/min速度加热，至钢球下沉达到规定距离（25.4cm）时的温度，以℃表示，它在一定程度上表示沥青的温度稳定性。

二、试验仪器及设备

（1）软化点试验仪：如图10-25所示，它由下列部件组成：

钢球：直径9.53mm，质量3.5g±0.05g。

试样环：黄铜或不锈钢等制成，形状尺寸见图10-26。

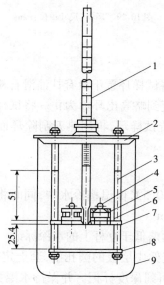

图10-25　软化点试验仪（尺寸单位：mm）
1-温度计；2-盖板；3-立杆；4-钢球；5-钢球定位环；
6-金属球；7-中层板；8-下底板；9-烧杯

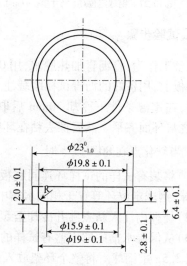

图10-26　试样环（尺寸单位：mm）

钢球定位环：黄铜或不锈钢制成，形状尺寸如图10-27所示。

金属支架：由两个主杆和三层平行的金属板组成（见图10-28）。上层为一圆盘，中间有一圆孔，用以插放温度计。中层板上有两个孔，各放置金属环，中间有一小孔可支持温度计的测温端部。一侧立杆距环上面51mm处刻有水高标记。

耐热玻璃烧杯:容量800~1000mL,直径不小于86mm,高不小于120mm。

(2)温度计:0~80℃,分度0.5℃。

(3)装有温度调节器的电炉或其他加热炉具。

(4)样底板:金属板或玻璃板。

(5)其他:环夹(见图10-29)、恒温水槽、平直刮刀、金属锅、石棉网、坩埚、蒸馏水、甘油滑石粉、隔离剂等。

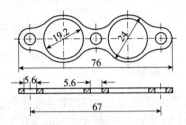

图10-28 中层板(尺寸单位:mm)

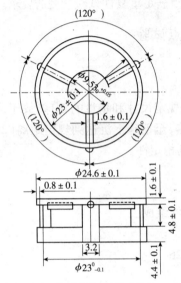

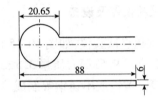

图10-27 钢球定位环(尺寸单位:mm)

图10-29 环夹(尺寸单位:mm)

三、试验步骤

准备工作为:将沥青加热脱水,用0.6mm筛过滤,将试样环置于涂有甘油滑石粉隔离剂的玻璃板上,用备好的沥青试样缓缓注入试样环内,一直到略高出环面为止。将试样移入防尘罩内,在室温条件下冷却30min后取出。用环夹夹着试样环,再用热刀刮除环面上的试样,使之与环面齐平。然后擦去粘在环壁上的沥青。

1. 当软化点在80℃以下时

(1)将装有试样的试样环连同底板置于装有5℃±0.5℃保温槽冷水中,同时将金属支架、钢球、钢球定位环等置于相同水槽中,保温至少15min。

(2)烧杯内注入新煮沸并冷却至5℃的蒸馏水,水面略低于立杆上的水深标记。

(3)从保温水槽中取出盛有试样的试样环放置在支架中层板的圆孔中,套上定位环,环上放置3.5g重钢球。将整个环架放入烧杯中,调整水面到深度标记。并保持水温为5℃±0.5℃。插上温度计,温度计端部测温头底部应与试样环下面齐平。注意环架上任何部分不得附有气泡。

(4)上述工作结束后立即加热,使杯中水温在3min内调节到每分钟上升5℃±0.5℃。在加热过程中如温度上升速度超出此范围时应重作试验。试样受热软化逐渐下坠,直到试样与下层底板表面接触时,读取温度即为软化点,精确至0.5℃。

2. 当软化点在80℃以上时

(1)烧杯内注入预先加热到32℃±1℃的甘油,其液面略低于立杆上的深度标记。

(2)从保温槽中取出装有试样的试样环放入烧杯内,加甘油至标记处,加热3min后维持每分钟上升5℃±0.5℃,加热到试样坠至与下层底板接触,读取温度即为软化点精确至1℃。

四、试验结果与数据整理

同一试样平行试验两次,当两次测定值的差值符合重复性试验精度要求时,取其平均值作为软化点试验结果,准确至0.5℃。

当试样软化点小于80℃时,重复性试验精度的允许差为1℃,再现性试验允许差为4℃。

当试样软化点等于或大于80℃时,重复性试验精度的允许差为2℃,再现性试验精度的允许差为8℃。

五、填写试验报告

试验完成后按要求填写如表10-22所示的实训报告。

沥青软化点试验实训报告

日期_____ 班级_____ 组别_____ 姓名_____ 学号_____　　表10-22

试验题目				试验成绩		
试验目的						
主要仪器						
试验步骤						
试样编号				试样来源		
试样名称				试样用途		
试验次数	加热方式	起始温度(℃)	温度上升速度(℃)	软化温度(℃)	平均软化点(℃)	备注
①	②	③	④	⑤	⑥	⑦
1						
2						
试验总结						

六、试验中注意的问题

(1)按照规定方法制作延度试件,应当满足试件在空气中冷却和在水浴中保温的时间。

(2)估计软化点在80℃以下时,试验采用新煮沸并冷却至5℃的蒸馏水作为起始温度测定软化点,当估计软化点在80℃以上时,试验采用32℃±1℃的甘油作为起始温度测定软化点。

(3)环架放入烧杯后,烧杯中的蒸馏水或甘油应加至环架深度标记处,环架上任何部分均不得有气泡。

(4)加热3min内调节到使液体维持每分钟上升5℃±0.5℃,在整个测定过程中如温度上升速度超出此范围时应重作试验。

(5)两次平行试验测定值的差值应当符合重复性试验精度。

第八节 装饰材料试验

实训一 天然大理石和花岗石的尺寸公差、平度、角度、光泽度的测定

一、试验目的

通过试验,进一步明确常用天然石材的基本性质包括规格尺寸公差、平度、角度、光泽度等指标的含义,掌握各指标的测定方法和试验数据处理和试验结果判断。

二、试验仪具

(1)精度为0.5mm的钢直尺;精度为0.1mm的游标卡尺。

(2)直线度精度为0.1mm的钢直尺;塞尺。

(3)内角边长为450mm×450mm、内角垂直度精度为0.13mm的90°钢角尺,塞尺。

(4)光电光泽计。

三、试验步骤

1. 规格尺寸公差的测定

(1)长度和宽度方向的偏差值:沿石材长度和宽度方向分别测出3条元素线的长或宽,如图10-30所示。用测量的长度极差和宽度极差表示长度和宽度方向的偏差值。读数精确至0.2mm。

(2)用游标卡尺测出4条边的中点在厚度方向的数值,如图10-31所示。用厚度的极差值表示板材的厚度偏差值。读数精确至0.2mm。

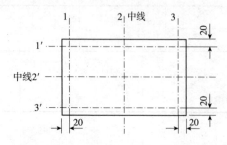

图10-30 长度和宽度的测量位置(尺寸单位:mm)
1、2、3-宽度测量线;1′、2′、3′-长度测量线

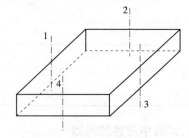

图10-31 厚度的测量位置
1、2、3、4-厚度测量线

（3）试验完成后按要求填写如表 10-23 所示的实训报告。

大理石和花岗石的规格尺寸公差试验实训报告

日期_____ 班级_____ 组别_____ 姓名_____ 学号_____ 表 10-23

试验题目					试验成绩				
试验目的									
主要仪器									
试验步骤									
测项 品种	长度测定（mm）				宽度测定（mm）				厚度测定（mm）	
	个别测值			偏差值	个别测值			偏差值	个别测值	偏差值
大理石	1	2	3		1	2	3		1	2	3
花岗石	1	2	3		1	2	3		1	2	3
试验结论										

2. 平度测定

将钢直尺分别靠在被测板材的两条对角线或两对边位置上，选用厚度合适的塞尺塞入钢尺与板材之间的最大空隙中，读出塞尺的数值，读数精确至 0.05mm。当板材的对角线长度大于 1000m 时，须用长度为 1000mm 的钢尺沿对角线分段测量。

3. 角度测定

将钢角尺的短边紧贴在板材的短边上，使长边紧靠板材的长边，两长边间的空隙用塞尺测量，塞尺的厚度值即为板材的角度偏差，读数精确至 0.05mm。当板材的角度 >90°时，测量点在角尺的根部；当板材的角度 <90°时，测量点在距角尺根部 400mm 处。当板材的长边小于角尺长边时，用上述方法分别测量板材的 4 个角。

4. 光泽度测定

（1）校正仪器。将光电光泽计的电源接通后，先把探头置于高光泽标准板的中央，并将仪器的读数调整至标准板的标定值，然后把探头在置于低光泽标准板的中央，如果此时仪器上的读数与原先的读数之间的差值在一个单位以内，则说明仪器的工作正常，否则应另行调整仪器，直至仪器的读数符合要求为止。

（2）按图 10-32 所示的位置测定板材的 5 个点，这

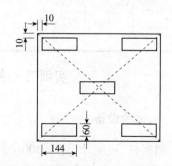

图 10-32 光泽度测定布置（尺寸单位：mm）

5个点的表面应保持洁净光亮。

(3)计算5个点的算术平均值(取小数点后1位有效数)作为板材的光泽度值。

(4)试验完成后按要求填写如表10-24所示的实训报告。

光泽度测定试验实训报告

日期_____ 班级_____ 组别_____ 姓名_____ 学号_____ 表10-24

试验题目											试验成绩	
试验目的												
主要仪器												
试验步骤												
光泽度	大理石						花岗石					
	个别值					算术平均值	个别值					算术平均值
	1	2	3	4	5		1	2	3	4	5	
试验结论												

实训二 外墙面砖与地面砖的耐磨性测定

一、试验设备

耐磨机、照度计(能测300lx的照度)、观察箱、电热恒温干燥箱;直径为1、2、3、5mm的钢球、80号刚玉、蒸馏水、标准筛、玻璃烧杯等。

二、试验方法

（1）首先按表 10-25 的规定配制研磨材料。

每块试样需要的研磨材料　　　　　　　　表 10-25

研 磨 材 料	钢球直径规格(mm)	质量(g)
钢球	5	70.00±0.50
	3	52.50±0.50
	2	43.75±0.10
	1	0.75±0.10
白刚玉	80 号	3.0
蒸馏水	20mL	

（2）取 8 块试样，将试样擦干净后夹紧在夹具下，然后从夹具上方的孔中按表 10-25 的规定加上研磨材料，盖好盖子后开动研磨机。

（3）在研磨机的转数达到 150、300、450、600、750、900、1200 和 1500（r/min）时，分别从研磨机上各取出一块试样。

（4）将取出的试样用浓度为 10% 的盐酸擦洗表面后，再用清水冲洗干净，放入烘箱内，在 110℃±5℃ 的温度下烘干 1h。

（5）将烘干后的试样放入观察箱内，在 300lx 的照度下通过观察孔，目测对比未磨试样与研磨后的试样在表面存在的差异。如果同一块砖的表面有不同的颜色时，应分别进行试验，以可见磨损为准。

三、结果记录与分析

试验结果按表 10-26 的规定进行分类。

耐 磨 性 能 分 类　　　　　　　　表 10-26

可见磨损下的转数	分　　类	可见磨损下的转数	分　　类
150	Ⅰ	750,900,1200,1500	Ⅲ
300,450,600	Ⅱ	>1500	Ⅳ

四、填写试验报告

试验完成后按要求填写如表 10-27 所示的实训报告。

外墙面砖与地面砖的耐磨性试验实训报告

日期_____ 班级_____ 组别_____ 姓名_____ 学号_____   表10-27

试验题目						试验成绩		
试验目的								
主要仪器								
试验步骤								
试件编号	1	2	3	4	5	6	7	8
可见磨损下的转数								
耐磨性分类								

实训三　内墙涂料黏度试验

一、试验目的

通过试验学会涂—4杯法测定内墙涂料的黏度。

二、试验要求

室内温度为23℃±2℃，相对湿度为50%±5%。

三、试验仪具

涂—4杯或旋转黏度计（本书主要介绍涂—4杯的测定方法）。

四、验方法步骤

(1) 试验前用软布将涂—4杯的内壁擦拭干净，并在空气中干燥，黏度计的漏嘴应洁净。将涂—4杯放在支架上，调整支架上的调节螺母，使黏度计处于水平状态。

(2) 黏度计漏嘴下方放置容量为150mL的搪瓷杯，用手指堵住漏嘴孔，将涂料试样倒满黏度计中。用玻璃搅棒轻轻搅动涂料，将黏度计内的气泡赶出，并用玻璃刮板将黏度计上多余的涂料刮入黏度计的凹槽内。此时松开手指使涂料试样流出，同时开动秒表计时。当从漏嘴孔中漏出的涂料流丝出现断丝时停止秒表，读数精确至1s。两次测定值之差不应大于平均值的3%。

五、填写试验报告

试验完成后按要求填写如表 10-28 所示的实训报告。

内墙涂料黏度试验实训报告

日期_____ 班级_____ 组别_____ 姓名_____ 学号_____   表 10-28

试验题目		试验成绩	
试验目的			
主要仪器			
试验步骤			
试验编号	1	2	平均值
测定时间值			
试验结果分析			

参考文献

[1] 中华人民共和国国家标准. GB 175—2007 通用硅酸盐水泥[S]. 北京. 中国标准出版社,2007.

[2] 中华人民共和国国家标准. GB/T 2015—2005 白色硅酸盐水泥[S]. 北京. 中国标准出版社,2005.

[3] 中华人民共和国国家标准. GB 1499.2—2007 钢筋混凝土用钢、热轧带肋钢筋[S]. 北京:中国标准出版社,2009.

[4] 中华人民共和国国家标准. GB/T 1345—2005 水泥细度检验方法 筛析法[S]. 北京:中国标准出版社,2005.

[5] 中华人民共和国国家标准. GB/T 700—2006 碳素结构钢[S]. 北京. 中国标准出版社,2006.

[6] 中华人民共和国国家标准. GB 13788—2008 冷轧带肋钢筋[S]. 北京. 中国标准出版社,2003.

[7] 中华人民共和国国家标准. GB/T 5224—2014 预应力混凝土用钢绞线[S]. 北京. 中国标准出版社,2003.

[8] 中华人民共和国行业标准. JGJ 63—2006 混凝土用水标准[S]. 北京. 中国建筑工业出版社,2006.

[9] 中华人民共和国行业标准. JGJ 12—2006 轻集料混凝土结构技术规程[S]. 北京. 中国建筑工业出版社,2006.

[10] 湖南大学等. 土木工程材料[M]. 北京:中国建筑工业出版社,2004.

[11] 王世芳. 建筑材料[M]. 武汉:武汉大学出版社,2006.

[12] 蔡丽朋. 建筑材料[M]. 北京:化学工业出版社,2007.

[13] 黄伟典. 建筑材料[M]. 北京:中国电力出版社,2004.

[14] 上海市建筑材料质量监督站、上海市建筑施工行业协会工程质量安全专业委员会. 材料员必读[M].2版. 北京:中国建筑工业出版社,2005.

[15] 李志国. 建筑材料[M]. 北京:机械工业出版社,2005.

[16] 魏鸿汉. 建筑材料[M]. 北京:中国建筑工业出版社,2004.

[17] 吴科如,张雄. 建筑材料[M].2版. 上海:同济大学出版社,1999.

[18] 建材局标准化所. 建筑材料标准汇编[M]. 北京:中国标准化出版社,2000.

[19] 毕万利,周明月. 建筑材料[M]. 北京:高等教育出版社,2002.

[20] 宋岩丽. 建筑与装饰材料[M]. 北京:中国建筑工业出版社,2005.

[21] 王立久,李振荣. 建筑材料学[M]. 北京:中国水利水电出版社,1997.

[22] 湖南大学,等. 建筑材料[M].4版. 北京:中国建筑工业出版社,1997.

[23] 中国建筑工业出版社. 现行建筑材料规范大全[M]. 北京:中国建筑工业出版社,2009.

[24] 中国建筑工业出版社. 现行建筑材料规范大全(增补本)[M]. 北京:中国建筑工业出版社,2000.

[25] 赵述智,王忠德. 实用建筑材料试验手册[M]. 北京:中国建筑工业出版社,1997.

[26] 赵方冉. 土木建筑工程材料[M]. 修订版. 北京:中国建材工业出版社,2003.
[27] 张书梅. 建筑装饰材料[M]. 北京:机械工业出版社,2003.
[28] 汪黎明. 常用建筑材料与结构工程检测[M]. 郑州:黄河水利出版社,2002.
[29] 张健. 建筑材料与检测[M]. 北京:化学工业出版社,2003.
[30] 中华人民共和国行业标准. 公路工程沥青及沥青混合料试验规程(JTG E20—2011). 北京:人民交通出版社,2011.
[31] 伍必庆,张青喜. 道路建筑材料[M]. 北京:清华大学出版社,北京交通大学出版社,2006.
[32] 姜志青. 道路建筑材料[M]. 2版. 北京:人民交通出版社,2005.
[33] 中国建筑工业出版社编. 现行防水材料标准及施工规范汇编[S]. 北京:中国建筑工业出版社,2002.
[34] 陈雅福. 土木工程材料[M]. 广州:华南理工大学出版社,2001.
[35] 黄政宇. 土木工程材料[M]. 北京:高等教育出版社,2003.
[36] 钱晓倩. 土木工程材料[M]. 杭州:浙江大学出版社,2003.
[37] 苏达根. 土木工程材料[M]. 北京:高等教育出版社,2003.
[38] 潘全祥. 材料员必读[M]. 北京:中国建筑工业出版社,2001.
[39] 潘全祥. 怎样当好材料员[M]. 北京:中国建筑工业出版社,2002.
[40] 曹民干、袁华,陈国荣. 建筑用塑料制品[M]. 北京:化学工业出版社,2003.
[41] 李文钊. 建筑材料[M]. 北京:中国建材工业出版社,2004.
[42] 张海梅,袁雪峰. 建筑材料[M]. 3版. 北京:科学出版社,2005.
[43] 何平. 装饰材料[M]. 南京:东南大学出版社,2002.
[44] 苏达根. 土木工程材料[M]. 北京:高等教育出版社,2005.
[45] 魏鸿汉. 建筑材料[M]. 北京:中国建筑工业出版社,2004.
[46] 钱觉时. 建筑材料学[M]. 武汉:武汉理工大学出版社,2007.
[47] 张常庆,叶伯铭. 材料员必读[M]. 2版. 北京:中国建筑工业出版社,2005.
[48] 中华人民共和国国家标准. GB 1499.1—2008 钢筋混凝土用钢、热轧光圆钢筋[S]. 北京:中国标准出版社,2008.
[49] 中华人民共和国行业标准. JGJ/T 70—2009 建筑砂浆基本性能试验方法校准[S]. 北京:中国建筑工业出版社,2009.